JN168765

ゲルノット・ワグナー
マーティン・ワイツマン
山形浩生［訳］

気候変動クライシス

CLIMATE SHOCK:
The Economic Consequences of A Hotter Planet

東洋経済新報社

シリとジェニファーに

Original Title:
Climate Shock: The Economic Consequences of A Hotter Planet
by Gernot Wagner and Martin L. Weitzman

Japanese translation published by arrangement with
Princeton University Press through The English Agency (Japan) Ltd.

はじめに：クイズ

まずは問題２つ：[1]

●気候変動は急を要する問題だと思いますか？
●世界が化石燃料依存から抜け出すのは難しいと思いますか？

この質問にどちらも「はい」と答えた人は、ようこそ。本書を読みながらずっとうなずき、ときには快哉を叫ぶだろう。自分の考えが裏づけられたと感じるはずだ。

そしてその人たちは少数派でもある。大半の人々は、いまの質問の片方には「はい」と答えるが、両方ではない。

簡単には抜け出せない

最初の質問にだけ「はい」と答えた人は、たぶん熱心な環境保護論者を自負しているだろう。気候変動こそ社会が直面している唯一無二の大問題だと思っているかもしれない。ひどい状況なのよ、多くの人が思っているよりはるかにひどいわ。すでに影響は出ているし、いずれそれが全力で襲ってくるはずよ。だからあらゆる手を尽くさないと、と思っているだろう。ソーラーパネルとか自転車用レーンとか、その他もろもろを動員しましょう、と。

おっしゃるとおりではある、部分的には。気候変動は急を要する問題だ。でも化石燃料を止めるのが簡単だと思っているなら、それは自己欺瞞だ。これは現代文明がこれまで直面してきた問題のなかで、最も難しいもののひとつとなるだろうし、人類がこれまで実行してきたなかで、最も長期的できちんと管理された、全地球的な協働作業が必要となる。

今すぐ行動すべき理由がある

第2の質問にだけ「はい」と答えた人は、たぶん気候変動がわれわれの世代の最重要課題とは思っていないのだろう。

だからといって、あなたがこの議論の根底にある科学的な証拠についての「懐疑論者」とか、「気候変動否定論者」とかいうわけでは必ずしもないかもしれない。地球温暖化が注目に値する問題とは思っているかもしれない。でも現実的に考えて、全面的な影響が出るまで何十年も何世紀もかかるような問題を抑えるために、いまある生活をやめるわけにはいかないじゃないか。だって、一部の人がいま苦しんでいるのは、エネルギーが足りないからなんだぜ。それに欧米をはじめ大量排出国がエネルギー消費をがんばって減らしたところで、富裕国の生活水準に追いつこうとする中国、インドなどの国々によって帳消しになるだけだ、と思っているはずだ。

あなたは、トレードオフがあることを知っている。そしてソーラーパネルや自転車レーンだけでは役に立たないことも知っている。

あなたもやはり正しい。でもだからといって、気候変動が問題ではなくなるということではない。解決策までのリードタイムが長いことや、参加者の世界的な網目が複雑だというのは、まさに今すぐ決然と行動すべきだという理由なのだ。

トレードオフ

あなたが経済学者なら、たぶん二番目の質問に「はい」と答えただろう。標準的な経済学の扱い[2]からして、「現実主義者」以外の立場はほぼとれない。結局のところ、経済学者はトレードオフの権化みたいなものだ。自分の子どもをこの世の何よりも愛してはいても、経済学者としては、厳密に言えばその愛が無限ではないと言わざるをえない。親として子どもにはお金も暇もやたらに注ぎ込むかもしれないが、でもやはりトレードオフには直面する。日々の仕事をすることと子どもに本を読んで寝かしつけることの間に、あるいはいま甘やかすのと将来に備えて教えることの間には、トレードオフがあるわけだ。

トレードオフは、国レベルでも地球レベルでも、平均的な水準では特に重要だ。そして地球規模では気候変動の問題以上に明確なトレードオフが見られる問題はないかもしれない。それは成長対環境の究極の戦いだ。気候政策を強化すれば、高い経済費用がすぐに発生する。石炭火力発電所が早めに停止するか、そもそも建設されなくなる。石炭火力発電所の所有者にとっても電力消費者にとっても、これには費用がかかる。

すると大きなトレードオフ上の問題は、こうした費用が気候変動対策の行動をとる便益に比べてどのくらいか、ということだ。その便益は、炭素による公害の低下によるものと、きれいで省エネ型の技術にいますぐ投資することで生じるものとがある。

われわれの知らないことは、どこにわれわれを導くのか？

経済学者はしばしば、論争の中間にいる合理的な仲裁者のような顔をしたがる。地球の空気は石器時代よりも汚れているが、期待寿命は一方でずっと延びた。海面上昇は起きていて、何億人もの命や生活手段が脅かされているが、社会が都市を移転させた例は過去にもある。化石燃料を廃止するのはつらいが、人間の創意工夫――技術変化――はまちがいなく今回も世界を救ってくれる。暮らしは変わるだろうが、それが悪くなるかどうかはだれにもわからない。市場は長寿と想像もつかない富を与えてくれた。適切に導かれた市場の力が魔法を起こすに任せようではないか、とこうした論者は述べる。

この理屈はかなり説得力がある。だがここで重要なのは「適切に導かれた」だ。抑えのきかない気候変動の費用とはずばり何だろう？　何がわかっていて、何がわかっておらず、何が知りようのないことなのか？　そしてわれわれの知らないことは、どこにわれわれを導くだろうか？

この最後の問題**こそ**が鍵だ。われわれの知っていることのほぼすべては、気候変動が悪いと告げている。われわれの知らないことはすべて、それがおそらくはずっと悪いと告げている。

「悪い」とか「ずっと悪い」というのは絶望ということではない。実は本書の予測はほぼすべて、「行動しない限り」という前置きがさまざまに形を変えてついている。

人が予測をするのは、別にそれが実現するのを見守るためではない。野放図に任された経済の力がどこへ向かうかを論じるのは、それをもっと生産的で優れた方向に導こうとするからだ。そして導くことはできる。多くの点で、炭素に適切な値段をつけるのは、それが可能かどうかという問題ではない。いつそれをやるか、という問題なのだ。

目次

第8章 エピローグ：ちがう形の楽観論 233

第1章

緊急事態

チェリャビンスクの隕石

ＮＡＳＡを始め、あらゆる宇宙機関が撮れなかった映像が撮れたのは、ロシアの警察が腐敗していたおかげだ。

２０１３年2月15日、直径20メートルの小隕石[1]が、ロシアの都市チェリャビンスク上空で、朝の通勤時間中に爆発して太陽よりもまばゆい閃光を放った。ほどなくして、ネット上には壮絶なビデオがたくさん登場した。そのほとんどは、ロシアのドライバーの多くが交通警察の気まぐれから自衛するために設置した、ダッシュボードカメラの映像だった。この爆発でのけが人は１５００人ほどで、ほとんどは爆発でガラスが割れたせいだ。これを見て宇宙機関は真っ青になり、小隕石の検出力と防衛能力を高めねばと奔走することになる。

こうした活動のための資金はいつだって不足している。でも技術的な手段はある、というか少なくとも実現は可能だ。全米アカデミーの研究の推計では、地球に向かっている小隕石の軌道を変える試験の実施には、10年の歳月と予算20億～30億ドル[2]かかるという。この10年中に月に人を送るというほど華々しいプロジェクトではないが、重要性は少なくともそれに匹敵するものだ。

チェリャビンスクの小隕石は小さすぎて軌道を変えられなかったかもしれないが、それでも事前にわかったほうがいい。もっと大きな隕石が地球に衝突する可能性は低いが、それでもゼロではない。手持ちの情報をもとにせいいっぱいの推測をすると、１０００年に一度くらいの現象とされる[3]。つまり毎世紀ごとに1割の確率ということだ。確実な数字が出せるだけの予算はまだかけられていない。でも事実問題として、数十億ドルあればＮＡＳＡなどの機関が、危険性を明示化して、その防止策を採れるということは言える。これは、ヘタをすると文明を滅ぼしかねない脅威に対する費用としては少額だ。６５００万年ほど前に、地球の第５次大量絶滅現象[4]を引き起こし、恐竜を滅ぼしたのは巨大な隕石だったのだ。

気候変動は、外宇宙からこっちに向かってきているような代物とは言えない。完全にこの地上で生まれ育ったものだ。だが潜在的な文明破壊力は隕石と同じくらい現実的なものだ。エリザベス・コルバートは著書『６度目の大絶滅』に基づいて、説得力ある形で「私たちこそが隕石なのです」と論じている。実際、最近の科学的な推定によると、過去６５００万年[5]のどの時点と比べても、少なくとも10倍は速い地球的な変化を体験することになるとされている。

100年に一度の危機？

ハリケーン・サンディが東海岸を襲い、エンパイア・ステートビルより南のマンハッタンを半ば洪水状態、ほぼ完全に停電状態としたとき、ニューヨーク州知事アンドリュー・クオモはバラク・オバマ大統領に苦々しい調子でこう述べた。「いまや100年に一度の洪水[6]が2年ごとにやってきてますよ」。2011年8月のハリケーン・イレーネで、1世紀もの歴史を持つニューヨーク市の地下鉄とバス網は、気象関連では史上初の予防的な全面閉鎖を行った。2回目の全面閉鎖は、そのたった14カ月後に起きた。最終的に、イレーネは49人を殺し[7]、230万人以上が家を追われた。サンディでは147人が死亡[8]し、37万5000人が家を追われた。

もちろんニューヨークが特別というわけではまったくない。2013年11月にフィリピンを襲った台風30号（ハイエン）[9]は少なくとも6000人の命を奪い、400万人の住まいを奪った。台風24号（ボーファ）[10]が同国を襲い、1000人以上を殺して180万人の家を奪ったのは、それに先立つこと1年にも満たない。2003年夏のヨーロッパの熱波[11]はフランスだけで1万5000人を殺し、ヨーロッパ全体では7万人以上が死んだ。このリストはいくらでも増え、貧困国も富裕国も、あらゆる大陸をもカバーするものとなる。

全体として見た社会は——特に欧米のような裕福な場所は——こうした災害に対して空前の対応力[12]を持っている。実にありがちなこととして、最も苦しむのは貧困者だ。だからこそ、ニューヨークのような場所での最近の死者や浸水はそれだけ衝撃的なものとなる。

こうした台風やその他極端な気候現象が小隕石と似ているのは、どちらも費用的にも死者数の面でも高くつきかねないということだ。重要かつ明らかな両者のちがいを見ると、気候問題のほうがもっと高くつくことがわかる。

大規模な嵐は昔からあった

まずは明白な点から。人類が大気に二酸化炭素を加えはじめるずっと前から、大規模な嵐は起こっていた。だが平均温度が暖かくなると、大気中にもっとエネルギーがあることになり、したがってもっと極端な嵐、洪水、干ばつが予想されるということだ。ニューヨーク沖合の水温[13]は、サンディ以前の日々には平均より3℃高かった。ハイエン台風が上陸しようとする直前のフィリピン沖合の水温は、平均より3℃高かった。偶然か？　そうかもしれない。ニューヨーク沖の水温上昇は海水面のものだ。フィリピン沖の水温上昇は、深度100メートルで起きた。だが証明責任はどうも、温度上昇ともっと強い嵐との関連性を疑問視する人々のほうにあるようだ。

最高の研究は、単なる状況証拠的なつながりを引き出すよりもずっと強い結論を出しているので、これはなおさら言えることだ。科学的に決着がついたわけではないが、最新の研究は気候変動が、さらに多くの、かつもっと強力な嵐[14]の両方をもたらすと示唆している。ハリケーンは数が少ないので、気候変動と結びつけるのが最も難しい気象現象のひとつだ。気候変動と直接のつながりを引き出すなら、もっとありがちな現象、たとえば極端な温度、洪水、干ばつなどのほうが簡単だ。

飲酒運転みたいなものだと思ってほしい。飲酒は事故の確率を増やすが、血中アルコール濃度が高まらなくても事故はたくさん起こる。あるいはスポーツのドーピングとも似ている。バリー・ボンズのホームランのどれかひとつとか、ランス・アームストロングのツール・ド・フランス優勝のどれかひとつがドーピングのせいだというわけではないし、またドーピングだけが効いたわけでもない。ボンズはやはり球を打たねばならないし、アームストロングはやはりペダルを漕がねばならない。でもドーピングはたしかに、打球の飛距離を伸ばしたりペダルの力を増やしたりするのに貢献した。

大規模な嵐は、ホームラン記録やツール・ド・フランス複数優勝と同じく、昔も起きた。だからといって、運動選手の血液中のステロイドや赤血球数が増えていることが影響を及ぼさなかったということにはならない。似たようなことが、大気中の二酸化炭素濃度上昇についても言える。

研究者たちはますます「原因究明科学」[15]を使って個別の事象にすら人間のフットプリントを見つけるのが上手になってきた。イギリスの国立気象庁には気候原因監視チームがあり、まさにそれを行う研究を次々に発表している。こうした研究のひとつは、「人間の影響により、「ヨーロッパで2003年に発生し、1851年以来他に一度も例のない夏の平均温度の」しきい値規模を超える熱波リスクを少なくとも倍増させた」ことが90パーセントの信頼性で言えるとしている。将来的にこのつながりはますます明確になるだろう。というのも、科学はますます改善され、極端な気候事象がますます極端になりつつあるからだ。

堤防を高くすればいいのか?

クオモ知事の「100年に一度の洪水が2年ごと」というコメントは単なる勢いだけのせりふだったかもしれないが、でも的は外していない。今世紀末までに、100年に一度の洪水が、3年から20年に一度[16]の頻度でやってくるものと予想できる。これは100年先の話で、われわれの寿命のはるか先ではあるが、でも行動をとるのにそこまで待てないことはわかっている。嵐による増水がマンハッタンの堤防を越える年間確率は、19世紀に1

パーセントだったものが、今日ではすでに20~25パーセントに上がっている。つまり、ロウアーマンハッタンは4~5年に一度は、ある程度の洪水が予想されるということだ。

小隕石の場合とちがって、嵐や洪水、干ばつといった極端な気象事象の影響を避けるための、20億~30億ドルの10カ年NASAプログラムは存在しない。また、ますます急速に上昇する海面といった、それほど劇的でない事象に対する手早い対応もない。

最初の防衛線として、堤防を高くすればまちがいなく役に立つ。でもこうした対応は、規模も期間も限度がある。海面が上がれば、嵐による高潮も強力になるし、海面上昇自体も独自のコストをいろいろ伴う。お気に入りの沿岸都市の港に立っていると想像してほしい。そして同じ所に今世紀末、海面が30センチから1メートル上昇[17]したときに立っていたと想像しよう。高い堤防では役に立たなくなるのは時間の問題で、唯一の選択は退却することだ。

その時点では、もう行動するには遅すぎる。氷河や極氷冠を作り直すことはできない(少なくとも人間の時間スケールでは)。この問題の深刻さは、過去の行動(またはその欠如)により完全に固定されてしまう。将来世代は、自分の運命に対してほとんど無力となる。

すばやい修正を提供しようとする試みとして考えられるひとつの対応は、大規模なジオエンジニアリングだ。地球を冷やそうとして、成層圏に小さな反射性の粒子を打ち上げるわけだ。これには大量の潜在的な副作用が伴うし、そもそも排出を減らす代わりにはならない。[18] それでも、もっと根本的な手段を一時的に補う方策としては有用かもしれない（ジオエンジニアリングの完全な意味合いの検討は第5章からとなる）。

リスク管理問題としての気候変動

ここまで話してきたことはどれも、真に最悪のシナリオに触れもしていない。チェリャビンスクのような小隕石に相当するものが気象的にますます起きるというのは困ったことだが、それなら対応のしようもある。かなり小さな小隕石であれば、隠れ場所を探して窓から離れればいい。かなり小規模な気候変動なら、ちょっと涼しい気候の地域や高台に引っ越せばいい。これだって行うより言うが易しではあるが、少なくとも実行可能ではある。ずっと劇的な気候変動——たとえば世界の生産的な農地の荒廃——に対してだと、深刻な問題を引き起こさないかたちでの対応策を想像することさえ難しい。

一方、標準的な経済モデルはこの種の考え方をほとんど含まない。多くの観察者は、工業化以前の水準より2℃高い平均地球温暖化は、大小さまざまの「カタストロフ（大災厄）」と呼ぶべき事象を引き起こしかねないと考えている。経済学者たちは通常、この用語の理解に苦しむようだ。かれらは金額を欲しがる。カタストロフというのは、世界経済産出の10パーセントの費用なのか？　50パーセント？　それ以上？

たしかに影響を金額に置き換えるのは必要だが、こうした費用便益分析は、社会がどう対応すべきかに対する目安のひとつにしかならない。そもそもいまある地球を変えてしまいかねない可能性も考慮すべきだ。まず何よりも、気候変動はリスク管理問題だ——もっと厳密に言うなら、全地球的な規模のカタストロフ的[19]なリスク管理問題なのだ。

カナダにラクダ

ほとんど手のつけようがない公共政策問題といえば、気候変動はその典型と言えるだろう。今日の嵐や洪水や山火事がどんなにひどくても、地球温暖化の最悪の影響があらわれるのは、われわれの死後かなり経ってからで、しかもそのあらわれかたもまったく予想外のものとなるだろう。気候変動は、他の環境問題とはまったくちがい、それを言うなら他のどんな公共政策問題ともまったくちがう。**全世界的**という点でも独特だし、**長期**で、**逆転不能**で、**不確実**だという点でもそれぞれ独特だ——そしてこの４つすべてが揃っている点でまちがいなく独特だ。

ビッグ4

この４つの要因をビッグ４と呼ぼう。これらが気候変動を実に解決困難にしている。困難すぎて――世界の集合的な良心に巨大な一撃でも加わらない限り――排出削減やすでに回避不能の結果への適応だけでは、気候変動への対応は困難すぎるかもしれない。最低でも、この結果一覧に苦しみを加える必要がある。金持ちは適応できる。貧困者は苦しむ。

さらに、こうした手のつけようのない問題に対する世界規模の技術対応を試みるものとして、ほとんど他に手がないように聞こえる、ジオエンジニアリングというものが出てくる。最も有力なジオエンジニアリングの発想は、小さな硫黄ベースの粒子を成層圏に放出して、人工的な日焼け止めもどきの役目を果たさせることで地球を冷やそうというものだ。

気候変動の経済学について知られているすべては、この方向を示しているように見える。ジオエンジニアリングは、粗雑にやるなら実に安上がりだし、その効果も実に高いので、炭素公害のほぼ正反対の性質だとさえいえる。問題を引き起こしたのは、炭素公害の「フリーライダー」効果だ。十分な排出対策をするというのは、万人の狭い利己性にあわない。そこから脱出しようとしてジオエンジニアリングを採用するようわれわれに仕向けるのは、

「フリードライバー」[20]効果かもしれない。実に安上がりだから、だれかが自分一人の利益のために、もっと広い影響などお構いなしにそれをやってしまうだろうというわけだ。

だが、先を急ぎすぎた。まずはビッグ4に順番に取り組もう。まずは、なぜ気候変動が究極の「フリーライダー（ただ乗り）」問題かということから。

究極のフリーライダー問題

気候変動はそれが世界的だという点で独特だ。北京のスモッグはひどい。ひどすぎて、本当に劇的な健康上の影響があるため、同市の役人は学校を閉鎖するなどの厳しい対策をとった。でも北京のスモッグ——あるいはメキシコシティやロサンゼルスのスモッグ——はほぼその都市に限られている。中国の粉塵[21]はアメリカの西海岸の観測所で記録はされる。これはサハラ砂漠の砂がときどき中央ヨーロッパにまで吹き飛ばされるのと同じだ。

でもその影響はといえば、その地域に限られる。

二酸化炭素だとそうはいかない。1トンの二酸化炭素を地球のどこで排出しようが関係ない。その影響は地域内にとどまっても、現象は全世界的だ——そして環境問題の中では——こうした例はほかにほぼない。南極上空のオゾンホールは困ったものだが、最大の場合でも、全地球を覆うほどにはならなかった。同じことが生物多様性の喪失や森林減少などについても言える。これらは地域的な問題だ。それらをまとめて、世界的な影響を持つ現象にしているのは気候変動だ。

地球温暖化が世界的な問題だという性質は、まともな気候政策の実施を妨げる要因の大きなひとつだ。有権者に、自分たち自身の公害制限を実施させるのですら難しい。そうした制限の受益者が自分たちで、他のだれにも影響せず、行動の便益が費用を上回る場合ですらそうなのだ。費用が地元の負担となるのに、その便益が全世界的となったら、有権者たちに公害制限を導入させるのはずっと難しくなる。全惑星的な「フリーライダー」問題というわけだ。

長期性

気候変動はその長期性の点でも独特だ。過去10年は、人類史上で最も暖かい10年だった[22]。その前の10年は、2番目に暖かい10年だ。その前は、3番目に暖かい。2014年アメリカ気候変動評価[23]が述べているように「アメリカ人たちは身の回りいたるところで変化に気がつきはじめている」。変化が最も露骨なのは、北極圏だ。北極海の氷は過去たった30年で、すでにその面積を半分失い、体積を4分の3も失っている。「来る北極海ブーム[24]」を描いた『フォーリンポリシー』誌の記事は、これらすべてを当然の前提としている。さらにそこらじゅうに目に見える変化がある。またもやアメリカ気候変動評価を見よう。
「一部沿岸都市の住民たちは、嵐や高潮で街路が以前より頻繁に浸水するのを目にしている。大河に近い内陸部の都市も、特に中西部と北東部で以前より洪水が増えている。一部の脆弱な地域では保険料が上がりつつあり、またもはや保険を引き受けてもらえない地域も出てきた。気候が暑く乾燥したものとなり、雪解けも早まったことで、西部の山火事が春に始まる時期も早まり、秋遅くなっても続き、延焼面積も広がる」

気候変動は起きているし、もはや消える様子はない。

このどれひとつとして、気候変動の最悪の影響はずっと先になるという事実を覆い隠すべきものではない。その影響は、しばしば世界的で長期的な平均値の中にあらわれる。2100年における世界の平均表面温度予想や、何十年何世紀も先の地球平均海面水準の予想値などだ。これがまともな気候政策を阻害する第2の要因だ。最悪の影響はずっと先になる――こうした予想を避けるためには、いま行動しなければならないというのに。

不可逆性

気候変動は逆転不能だという点でも独特だ。明日炭素排出を止めたとしても、何十年にもわたる温暖化[25]と何世紀にもわたる海面上昇[26]はすでにロックインされている。いずれ起こる、巨大な西南極氷床の完全な融解は、すでに止められないかもしれない。もっと極端な気候事象がすでに起こりつつあり、今後当分は起こり続ける。

人類が石炭を燃やしはじめた頃には存在しなかった、大気中の過剰な二酸化炭素[27]の3分の2以上は、100年後もまだ大気中にある。1000年経っても、3分の1は優に残っている。こうした変化は長期的だ。そして——少なくとも人類の時間感覚で言えば——ほぼ不可逆的だ。これが問題を難しくする要因の3つめだ。

不確実性

この3つの要因だけでは足りないとでも言うように、気候変動にはもうひとつ独特の特徴があって、これがビッグ4のしんがりとなるし、また4つの中で最大のものにもなっているかもしれない。**不確実性**だ——いま、わかっていないことがわかっていることすべて、そしておそらくもっと重要なこととして、わかっていないことすらわかっていないことだ。

二酸化炭素濃度が今日と同水準の400ppm[28]だった以前の時期は、地質学の時計では「鮮新世」となっている。つまり300万年以上前であり、大気中の余計な炭素を出したのは自動車や工場ではなく、自然変動だった。地球の平均気温[29]は現代よりも1~2・5℃くらい暖かく、海面は最大20メートル高く、カナダにはラクダ[30]がいた。

今日では、こうした劇的な変化はどれも予想されるものではない。温室効果が全面的に効果を発揮するには、何十年、何世紀も[31]必要とする。最近の北極海での変化はあっても、氷床が融けるには何十年、何世紀とかかる。世界の海面がそれに応じて変わるにも何十年、何世紀とかかる。二酸化炭素の濃度は３００万年前は４００ppmだったにしても、海面上昇はその後何十年、何世紀と遅れて発生した。この時間差は重要だし、こうした現象すべての長期性と不可逆性を示している。前出の、２つ目と３つ目の要因を見よう。でもこれは大した慰めにはならない。そしてこの４つ目の要因には重要なひねりが加わっている。

深い不確実性

今ある最高の気候モデルによる温度予測は、世界が鮮新世に経験した水準に近いものとなっているが、海面が20メートルも上がるとは予測していない。またカナダでラクダがうろつくとも予測していない。今のところは。これから数百年経っても。なぜかといえば、重要な理由が２つある。

まず、ほとんどの気候モデルは必要以上にわかっていることのほうに偏っていて、おかげでときにはあまりに保守的になっている。ごく最近まで、ほとんどの気候モデルは海面上昇を予測するのに、海水の熱膨張だけ（それと山岳氷河の融解）に基づいていたが、氷床の融解の影響は含めなかった。暖かい水は体積が増えるので、海面が上がる。この仕組みだけでもたしかに過去20年の海面上昇の3分の1以上[32]をもたらしている。また、グリーンランドと南極の氷河が融ければ海面が上がるのも明らかだが、それがどの程度になるかはきわめて不確実だ。「既知の未知」とでも呼ぼうか。ごく最近まで、極氷冠の融解についての科学的理解はあまりに乏しかったので、ほとんどのモデルはそれをあっさり無視していた。[33]

第2に、気候モデルはたしかにいろんな部分を正確に示しはするが、気候の働きについてまだわかっていない根本的な問題がいくつかある。平均を見るだけでもかなりひどい。地表温度が平均で10年に0・1℃ずつ上がるというのは、かなり対処できそうだし、[34]快適にすら思えるかもしれないが、この勢いで1世紀以上も温暖化が続いたら深刻な費用が発生するということは、ほとんどだれも否定しない。でもこうした平均値は、真の問題をもたらしかねない、2つのまったくちがう各種不確実性を隠してしまう。

「平均」で隠される4つの事実

最初の不確実性は、世界的な長期推計すべてに存在するものだ。世界平均の数字だけを示すのは、少なくとも4つの重要な事実を覆い隠すことになる。まず、過去1世紀の温度上昇速度[35]はだんだん加速していること。第2に、一般に上昇傾向はあっても、温度は年ごと、10年ごとに変動すること（だから悪名高い「温暖化なき10年[36]」が出てくる）。第3に海の上の空気は通常、陸上のものよりも冷たい。世界の3分の2は海なので、世界平均で10年あたり0・07℃の上昇ということは、陸上では0・11℃の上昇になる。[37]最後に、北極や南極の空気は他のところよりも暖まっている。北極の温度は、地球平均の倍以上[38]の速度で上がるとされている。北極や南極は世界に残る氷のほとんどがあるところなので、これはことさら悪い知らせだ。海面より高い陸地の氷が融けると海水面は上がる。これは最新の海水面予測が公式に認めていることだ。

さらにもっと本当の、根深い不確実性がある。こうした予測結果――平均だろうとなんだろうと――を出すには、いくつかのステップが必要で、そのそれぞれが独自の既知の未知と、そしてもっと困ったことに、未知の未知を抱えているのだ。人類が排出する地球温暖化公害物質の量についても不確実な点はあるし、排出と大気中濃度の関係も、濃度と温度の関係も、温度と物理的な気候被害との関係も、物理的被害とその結果との関係についても不確実性がある。そして少なくとも同じくらい重要な点として、社会がどう反応するかという点が不確実だ。どんな対応策がとられるか、それがどのくらい効果を持つかということだ。

1・5〜4・5℃でおさまるか？

このなかでもある関係——濃度と将来的な温度上昇の関係——を明確にするのは、特にむずかしい。過去30年で気候科学は驚くほど発展したが、それでも真の答えを正確に突き止めるには至っていない。大気中の二酸化炭素濃度が倍増したら——これは野心的な気候政策をいますぐ実施しない限り確実に起きる——いずれ世界の平均気温は1・5℃から4・5℃上がるは<ruby>ず</ruby>だ。この範囲についての信頼性は高まったけれど、「起こりそう」な範囲と今呼ばれているものは、1970年代末から変わっていない。この事実については第3章「ファットテール」で触れる。

この「ファットテール」という用語そのものが、別の問題を示している。1・5℃から4・5℃というのが「起こりそう」というのは、この言葉のいちばんいい意味においてのことだ。濃度が倍増したときに、この範囲のどこかに収まっているという可能性はかなり高い。これは「気候感度」と呼ばれる。でも、そうでない可能性もある。気候変動に関する政府間パネル(IPCC)は1℃以下のものはすべて「きわめて考えにくい」としている。世界がすでに0・8℃温暖化し[39]、これでもまだ産業革命以前の二酸化炭素濃度が倍増すらしていないことを考えれば、この見立てはかなり信用できる(世界が超えたという400ppmは、工業以前の280ppmという水準の4割増しだ)。また二酸化炭素濃度倍増による最終的な温度が4・5℃以上になってしまう可能性もある。これも「考えにくい」が、可能性は否定できない。

その一方で、世界平均温度が4・5℃上がるというのは、ほとんどの想像力の範囲を超える。カナダのラクダを思い出そう。あるいは、現在とは変わり果てた地球くらいは考えよう。

もし二酸化炭素濃度が倍になったら

でもその4・5℃ですら、話のすべてではない。気候感度は、大気中の二酸化炭素濃度が倍増したらどうなるかをあらわす。二酸化炭素濃度が2倍以上になったら? 国際エネルギー機関(IEA)は、工業化前の水準の2・5倍にあたる700ppm[40]を予測している。すると「起こりそう」な範囲の温度は2℃から6℃になる。

気候科学は、平均地球温暖化が2℃を超えたら、潜在的にとんでもない事象が引き起こされかねないと述べている。6℃の平均地球温暖化にどういうレッテルを貼ればいいのかはわからない。「カタストロフ的」ではまったく不十分のようだ。マーク・ライナス[41]は、苦労して気候変動の影響の恐ろしさを、温度上昇1℃ごとに記述したが、著書『+6℃』をそこで止めている。6℃上昇に関する最後の章の序文は、ダンテ『神曲』の地獄の第6層への言及で始まっている。欧州連合の出資により最近始まったHELIX[42]プロジェクトは、個別の温度上昇水準で世界や各地域がどんな影響を受けるか同定しようとしている。これも6℃で終わる。そして第3章でのわれわれ自身の計算では、その水準をいずれ超える可能性は10パーセント[43]とはじき出している。

認知的不協和

科学がこうした種類のカタストロフ的な結果の非常にリアルな可能性を指摘するたびに、認知的不協和[44]が効きはじめる。その理屈だと、事実は事実かもしれないが、それをあまりにたくさん一度に投げつけられると、ほぼまちがいなく人はそれをまとめて否認してしまうということになる。そんなことが真実であるわけがない、あるいはあるべきでないと、理屈はどうあれ感じてしまうわけだ。

こうした人間の天性が持つ天の邪鬼さと、人間の理解の限界が、気候政策ジレンマの核心にある。ここでは、知恵だけでは事態をあまり変えられないようだ。このジレンマを解決するには、まったくちがった考え方が必要となる。

風呂桶問題

大気を巨大な風呂桶[45]だと考えよう。そこに蛇口——人間活動からの排出——と排水口——その公害を吸収する地球の能力——がある。人間文明の相当部分とそれ以前の何十万年にもわたり、流入と流出は比較的つり合ってきた。ところが人間は石炭を燃やしはじめ、排水口が扱えるよりはるかに多いところまで蛇口を回した。大気中の炭素水準は、300万年前以上の鮮新世以来の水準に上がりはじめた。

MITの院生200人の回答

どうすべきだろうか？　MIT教授のジョン・スターマンは、この質問を大学院生

２００人に尋ねた。もっと具体的には[46]、現在の水準に近いところで二酸化炭素濃度を安定化させるにはどうすべきかを尋ねた。濃度を安定化させるには、蛇口をどこまで閉める必要があるだろうか？

やってはいけないことを挙げよう。大気への炭素流入を今日の水準で安定化させても、現在の炭酸ガス濃度に近い水準で炭素が安定化することはない。炭素を加え続けているのに変わりはないからだ。流入量がずっと安定しているからといって、風呂桶の中にすでにある量が増えないということにはならない。流入と流出がつり合う必要があるし、これは現在の風呂桶内の二酸化炭素水準（目下４００ppm）では起こらない[47]。流入量をかなり減らさないと無理だ。

これは自明の点に思えるかもしれない。そしてこれはまたどうも、平均的なＭＩＴの大学院生にはピンとこない点らしい。そしてこの院生たちは全人口の中で決して「平均的」な連中ではない。それなのに、スターマンの研究に出てきた院生の8割以上は、蛇口と風呂桶を混乱してしまったらしい。流入を安定化させるのと、風呂桶の水位を安定化させるのを混乱してしまうのだ。

公平を期すために言っておくと、このＭＩＴの院生２００人は風呂桶のアナロジーは聴かされていない。当時最新だったＩＰＣＣ報告[48]の「政策立案者向け概要」の抜粋を見ただけだ。この文書は、地球温暖化問題を選出された政府高官に説明するための文書だ。年間排出量と大気中の濃度の違いという根本的な話――つまり風呂桶への流入と風呂桶内の炭素の水準――がＭＩＴの院生にすらわからないのなら、その他のみんなにどんな希望があるだろう？

政策立案者は理解できるのか？

もちろんこれは「政策立案者向け概要」だ。そこらの一般人が理解できなくてもかまわないだろう。政策立案者たちが理解してくれればいい。でも、ここにもまた困った話がある。ＭＩＴの院生は、（教育水準が高い）政策立案者の標本にかなり近いと考えられるのだ。さらに、政策を本当に立案している人々と、それを最終的に決める選出された政策担当者（議員）とはちがう。実際の政策を執筆している無名の官僚は、その政策内容について博士号を持っているかもしれない。少なくともそう願いたい。でも選挙で選ばれた議員は、たぶんどの話についても大した専門家ではないはずだ。そして最終的にその人物がある問題についてどう考えるべきかを決めるのは、そこらの一般人有権者なのだ。

ならば、選出された議員の間で、地球温暖化汚染に取り組むにあたってあまりに一般的な選択肢が、いわゆる「様子を見よう」アプローチとなるのも無理のない話だ。これはまさに文字どおり様子を見るというもので、これは風呂桶のアナロジーが示唆するとおりきわめてピントはずれな代物だ。決定的な南極の氷床が海にすべり落ちて、世界の海面が鮮新世の水準に3メートル近づく瞬間を待つわけにはいかない。その時点になったら、最後まで抵抗していた人々ですら、気候的な緊急事態だということに気がつくだろう。

でもこの緊急事態は大気中の炭素濃度に関係している。社会は排出ガスの流入を最も直接的にコントロールできるが、その流入をすぐにゼロにしたところで問題の解決にはならない。過剰な炭素が自然に流れ出すには、何世紀も何千年もかかる。「様子を見よう」というのは「諦めて何もしない」というも同然だ。

蛇口を閉めるのもむずかしい

気候変動は、まったく新しい考え方を必要とする。それはMITの院生たちだけでなく、政策立案者や一般大衆にとってもまったく異質なものとなる。そして気候変動について真剣になるのが、風呂桶のアナロジーを理解してそれに応じた行動をとるだけの簡単な話だと思われては困る。これだけでもかなり難しく思えるが、このアナロジーはビッグ4問題の2つをハイライトしているだけだというのをお忘れなく。気候変動の長期的な性質に、大量の不可逆性が入り混じっている、というだけだ。他の2つ、つまり温暖化がいかに世界的で不確実なものかという部分はまったく含まれない。

地球温暖化の世界的な性質から見て、蛇口を意図的に閉めるだけでもすさまじく難しいのは確かだ。不確実性も、本当であれば今日の時点でもっと強い行動を促すべきではあるが、あまり役に立ってはくれない。本来なら、風呂桶があふれるまでズバリあとどのくらいかかるかわからなければ、蛇口を早めに閉めるほうが堅実なのだが。

やればできる

ここからは、いろいろな角度から議論ができる。

楽観的になろうとしてみることもできる。そう、事態は深刻だけれど、いろいろ進歩もあるじゃないか。太陽光パネルの価格はこの5年で8割下落[49]した。そのほとんどは、ドイツや中国の世帯のおかげで起きたことで、この両国の政府は費用を引き下げるのに直接補助金に頼ったけれど、最もよい対応方法はドイツ語や中国語の勉強をしてかれらに礼状を書くことかもしれない。かれらの負担のおかげで、他のわれわれが安い太陽光エネルギーを享受できるようになったのだ。

進歩もあるのだが……

太陽光エネルギーは、化石燃料の完全な代替品ではない。少なくとも、電力市場構造と蓄電技術に大幅な改良がなければ無理だ。石炭やガスの発電所はつけたり消したりできるが、太陽がいつ照るかはコントロールできない。それでも、晴れた日曜の午後で日が照って需要が低ければ、ドイツは電力の半分[50]を太陽から得ている。2013年全体で平均すると、ドイツは電力のほぼ5パーセント近く[51]を太陽光から得ている。ヨーロッパの工業強国だし、ことさら日照のよい国とは思われていないドイツですらここまでできている。

世界的にも状況は上向いている。[52]2013年には全世界で太陽光発電能力が40ギガワット近く新設された。2012年に30ギガワット追加されているし、2011年には30ギガワット追加されている。絶対数も大きいが、変化の割合はもっと大きい。2000年には全世界の太陽光発電能力は1ギガワットほどだった。2010年末には、それが全世界で40ギガワットだ。2013年末にはそれが140ギガワットになっている。これは爆発的な成長なんてものではすまない。

そして、きわめて重要な政策変化もいまこの瞬間に起こりつつある。個別のものはどれも単独ではまだ不十分なものばかりだが、あわせれば一連の驚異的な政策枠組みをもたらしている。

ヨーロッパは独自の炭素市場を2008年以来（完全に）運営し続けている。現時点でカリフォルニア州は、世界で最も包括的な炭素市場を持ち、同州の温室ガス総排出量の8割をカバーしている。カナダのブリティッシュコロンビア州には炭素税がある。中国は7つの地域炭素市場を試行していて、2030年を炭素排出の上限にするというコミットメントを行っている。インドは1トン1ドルの炭素税を持つ。あまり多額ではないにしてもすでに存在しているし、プラスではある。ブラジルは野心的な全国気候目標を持ち、森林破壊による炭素排出を大幅に減らした。そして——ここは楽観的になる部分だから——アメリカでは、有権者の確固たる多数派[53]が、選出された政治家に対し、少なくとも原理的には動いてほしいと思っている。2011年と2012年の2年間でニューヨーク市を襲った100年に一度規模の台風があと一握りも続けば、本当の変化が実際に見られるようになるかもしれない。

実は、アメリカでもまともな気候政策に向けての道筋はますます明らかになりつつある。ひとつには、それはサクラメント市（訳注：カリフォルニア州の州都）のような州政府経由の動きがありそうだ。またアメリカ大気浄化法や、環境保護局による新旧発電所のための炭素公害基準を通じて起こるものもある。最低でも、こうした規制は総合的な気候政策を議会が考えるにあたって本物の交渉材料を提供するし、いずれは直接的な炭素の値付けにもつながるだろう。

ブレークスルーはそこまで来ている？

楽観主義はいいことだ。経済学という分野はほとんど病理的なほど楽観的だが、その楽観主義はかなり別種のものに見えることが多い。経済成長はよいこと。貿易はよいこと。技術はよいもの[54]。こうした主張のすべてにはただし書きがついているのだが、それでもしょせんはただし書きでしかない。太陽光パネルで地球が救えると思っている経済学者はほぼいないが、新技術はこれまでも、深い環境的な泥沼から人類を救ってくれた——文字どおり。新技術は、19世紀末にニューヨーク市を飲み込もうとしていた馬糞の危機[55]を解決してくれた。内燃機関は馬と馬車を、セントラルパーク周辺の観光客相手だけのものにしてしまった。当時、だれもそんな発明を予想はしていない。そして積極的な政策介入という点でも、大した手は必要なかった。自動車を発明して、石油を見つければ、あら驚き！

こうしたブレークスルーのひとつが、ひょっとしたらすぐそこまで来ているかもしれない。人類史はどうも、そうしたものが必ずあると示しているかのようだ。だからこそ、われわれは種としてまだ存在しているわけだ。でもブレークスルーを祈念するというのは戦略ではない。だからこそ、われわれは政策の否定し難い重要性に戻ってくる。これまた過去にうまく機能してきた。

多くの汚染物質の場合、事態はまず悪化して（またはしつつあり）、それから改善した（またはするはずだ）。クリーブランドのカヤホガ川が炎上したら、１９６０年代に生まれつつあったアメリカの環境運動も燃え上がった。するとこのおかげでリチャード・ニクソン大統領が、１９６９年全米環境政策法に署名して施行することとなり、それが環境保護局の創設をもたらした。そしてこれは皮切りでしかない。これに加えてニクソンは、主だったものを挙げるだけでも１９７０年アメリカ大気浄化法、１９７２年には水質浄化法、１９７３年には絶滅危惧種法に署名している。[56] これ以外にも1ダースほどの法律が施行されて「環境の10年」と相成った。そしてアメリカ議会はその後も大規模な超党派の多数派による大胆な活動を続けた。ブッシュ（先代）大統領は、１９９０年大気浄化法改正に署名して施行させた。これや他の法律は、酸性雨を引き起こす汚染物質を激減させる手段をもたらした。

これはすべて、局所的な汚染物質[57]についてのものだ。水銀が子どものＩＱを数ポイント下げるとか、煤塵（ばいじん）で小児ぜん息が起きるとか、スモッグで子どもが涙目になったりその祖父母が早死にしたりとか、水の汚染物質のためにだれもそれを飲めなくなるとか。問題は目に見えたり、匂いがしたり、感じられたりする。だから政府に請願書を出す。政府は対応する。一件落着！

通常の政治は当てはまらない

現実はもちろん、この単純な連鎖が示唆するよりもずっとややこしい。ニコロ・マキャベリ[58]は1532年刊『君主論』で端的に述べている。「あたらしい物事の秩序を導入する先頭に立つほど実行が難しく、実施に危険がともない、成功が不確実なことはない。イノベーターは、古い条件の下でうまくやってきた連中すべてを敵に回すし、新しい条件下で成功しそうな人たちも生ぬるい擁護しかしてくれないからだ」

ロンドンが初めて大気汚染と取り組んだのは1280年代だった。エドワード1世王は1285年に初の大気汚染委員会を設立した。1306年には石炭を燃やすのを違法とした。違反を繰り返した場合の罰則は、死刑だ[59]。適切なモニタリングと執行があれば、これで問題解決だと思うだろう。残念ながら、この法律は間もなく空文化した――そして石炭燃料はその後ずっと続いてきた。

でもそういうややこしさは気にしない。ここでの議論のため、伝統的な汚染物質に取り組むのは「何かを見て、口を開き」それにより法規制が判断を下すのが見られる、ということにしておこう。

気候変動はとにかく、地元の大気汚染とはまったくちがう性質のものだ。なんといっても、他のどんな環境問題よりも世界的で、長期的で、不可逆的で、不確実なのだ。通常の政治は当てはまらない。そもそも、全員が問題について合意さえしていないのだ。マーチン・ルーサー・キング・ジュニア牧師は、当時ほとんどの人に悪夢が明らかな時点で、私には夢があると述べた。気候面だとわれわれはまだその段階にたどりついていないようだ。少なくともアメリカでは。

できるわけがない

大気の仕組みに関してわかっている基本的な化学や物理すべて、そして人々の行動[60]についてわかっている経済と、人々の行動を律する政治のややこしさについてわかっていることすべては、事態が改善する前にずっと悪化するはずだと信じるに足るものだ。大気に二酸化炭素を注ぐと熱がとらえられるという事実——温室効果[61]——は1824年までに発見され、1859年までに実験室で実証され、1896年までに定量化された。

いままでに人類は、大気中に9400億トン[62]の二酸化炭素を注入してきて、いまなお継続中だ。これは大気中の二酸化炭素濃度が400ppmの目安を突破するのに十分な量だ。濃度はいまでも年率2ppm[63]で増大中だし、この年間増加速度そのものも、いまだに加速している。

責任は万人にあり、だれにもない

さらに、そこに最大の問題がやってくる。これまたかなり独特なものだ。このまちがった方向への行進継続は、人類70億人すべてのせいなのだ。少なくともその総数に最も多くの責任を負う、10億人かそこらの大量排出者たち[64]のせいではある。責任は万人にあり、だれにもない。敵はわれわれであり、われわれ全員なのだ。その政治は実にややこしい。楽観的になるのもなかなか難しい。

気候政策ニュースで明るい話題がひとつあれば、必ずそれに逆行する暗いニュースもあるようだ。はい、インドは1トン1ドルの炭素税を導入した。その一方で、化石燃料補助金を年間450億ドル出している。中国は、キャップアンドトレード方式を7地域で実施している。その代わり、年額200億ドルの化石燃料補助金を出している。世界全体で、化石燃料補助金は年額5000億ドル[65]を超える。これは、二酸化炭素排出1トンあたり平均15ドルほどの補助金が全世界的に出ているに等しい。ほとんどの先進国経済だと補助額は低いが、石油資源の豊富なベネズエラ、サウジアラビア、ナイジェリアなどの国では1トンあたりの補助金額はずっと高くなる。こうしたお金はすべて、気候にとっては一歩後退となる。正しいインセンティブに向けて動くどころか、世界はずばりまちがった方向に市場を導いているようなのだ。

ナイジェリアで起きたこと

人々が楽観的な道を必ずしもとらない理由のもうひとつは、経済的な観点から見るとそんなことはとっくにわかっていることだからだ。昔から、何をすべきかはよくわかっている。まずは化石燃料の補助をやめることだ。今すぐ。でも政治をこれにあわせるのは難しい。ナイジェリア大統領グッドラック・ジョナサンに訊いてみればいい。2012年1月に燃料補助を停止したが[66]すぐにそれを撤回（少なくとも部分的に）したのだ。これは全国的な暴動が起こったからだ。それでも、政策的な処方箋の経済学的な適切さがいささかも減るわけではない。

単に化石燃料補助金を止めるだけの話をはるかに超えて、気候変動への対応に必要な全体的政策枠組みは明確だし、もう数十年前からわかっている。

気候変動の解決策

気候変動の解決策を見つけてノーベル経済学賞をもらえる人はいない。それを考案した経済学者は、最初のノーベル経済学賞の10年前に死んでしまったし、スウェーデン人たちはノーベル賞の死後授与はもうやらないからだ。アーサー・C・ピグーはこの一般的な問題を指摘し、その解決策を考案した――今日では「ピグー税[67]」と呼ばれているものだ。今、年排出される二酸化炭素350億トンは、それぞれ地球に最低40ドルほどの被害を引き起こす（これよりずっと多いかもしれない[68]）。正しい――唯一の正しい――アプローチは、それぞれの炭素を1トンずつ、それが引き起こす被害に応じて値付けすることだ。

適切な値付けはできるか？――ピグーの解決策

平均的なアメリカ人は年20トンほどの排出を行う。これは40ドルの20倍、つまり少なくとも一人あたり年額800ドルだ。でもアメリカ人は一人残らず年末に800ドルの小切手を送れなどと示唆する人はいない。実は、そもそもの発想が、それをしないですませるにはどうするか、ということなのだ。万人が、暖房をつけたりエアコンをつけたり、自動車のガソリンを満タンにしたりするときに、適切なインセンティブに直面すべきなのだ。二酸化炭素1トン40ドルということは、ガソリン1ガロンあたり35セントほど[69]（訳注：2015年末時点の替為レートだと、リッターあたりおよそ10円ほど）となる。

ピグーの重要な洞察というのは、人々がまさにガソリンスタンドにいるその場で、こうした費用をすぐに支払うようにすべきだということだった。それが正しいインセンティブを作り出す唯一の方法で、それによりすべての費用を日々の意思決定に組み込めるようになる——そして便益を私物化しつつ費用を社会化するのをやめさせられる。

こうした二酸化炭素への値付けの結果として、人々は石炭や石油、天然ガスの使用を減らす。もっと具体的には、正しい値付けにより人々は「最適」な汚染量を出す。これは必ずしもゼロではない。いま人々が使っている量、つまり大気中に1日半ごとに、平均的なアメリカ人全員が自分の体重と同じだけの重量の汚染物質を放っている状況よりずっと少ないのはまちがいない。

これこそズバリ政策的な解決方法だ。炭素を燃やすことに対して、社会への真の費用を反映した適切な値付けをすること。

それを実現するには、税金をかけてもいいし、二酸化炭素排出について明示的な市場を作ってもいい。全体としての排出に上限（キャップ）を設け、人々は余った分を取引（トレード）して汚染の市場価格を確立すればいい――だから「キャップアンドトレード」[70]だ。不確実性のない理論的な真空の中では、この2つのアプローチはまったく同じ結果[71]をもたらす。経済学者たちは、実務面でどっちがアプローチとして優れているかについて、死闘を繰り広げる[72]のが大好きだ。

実務面での論争

ひとつの議論だと、税金のほうが単純だという。でもそんなことはない。アメリカの税法は何千ページにも及ぶ。

税金は公害の値段を引き上げる。それが望ましい効果なのだ。そう、今のところは。でもキャップアンドトレードは、排出を制限する[73]。それが最終的に求められることだ。排出が安上がりに減らせるなら、それに越したことはない。

税金は、価格を確実なものにする。政治的な手出しがなければそうかもしれない。でもそもそも、キャップアンドトレード方式だって、すべて価格の確実性を考慮した設計にできる。価格の下限を設け、ある水準以上に値段が上がらないようにするという単純明快なやり方ですむ。そしてもっと重要なこととして、こうした設計上の特徴がまったくなしでも、キャップアンドトレード方式の価格はちょうどいい変動を示す傾向がある。つまり不景気のときには排出余地の需要が減るから安くなり、事業投資が強いときには価格が上がる。そしてどちらの場合も排出量はキャップにあわせて確実に下がる。

でもキャップアンドトレードでの価格が暴騰したり、暴落してゼロになったりすれば、仕組み全体の信用がなくなるだろう。電力価格の瞬間的な高騰で、市場の規制緩和は何世代にもわたって脱線してしまったじゃないか。おっしゃるとおり。でもここでは価格高騰は問題にならない。むしろ、価格は予想よりずっと低くなるはずだ。産業は規制準拠の費用を下げる[74]ために、これまで予想されていた以上に技術革新の弾（たま）を持っている傾向が強いからだ。

税金は企業平均燃費（CAFE）基準など、効果を示す他の手法も併用可能じゃないか。キャップの下では、こうした重複する規制は排出をシフトはしても、実際には減らさないかもしれないだろう。たしかにそうかも。でもこれは、そもそもキャップをつけることが重要だということを示すだけだ。キャップがあれば、こうした他の手法は減らせる。

論争の現状はこんなところだが、まだ決着はついていない。最新の理論的洞察では、税金のほうが国際協調がやりやすいかもしれないと言う。少なくとも理論的には、均一の税率を交渉し、そこからの税収を各国が自分で使うという方式は、フリーライダー問題の力を丸ごと相殺するための[75]、実に巧妙なやり方の萌芽を含んでいる。もし二酸化炭素1単位あたり均一の税率にみんなが合意すれば、税率を上げることで炭素排出技術使用の費用が上がるから自分が損をすることになる一方で、他のみんなも二酸化炭素排出を減らそうとするから自分の得にもなる。これに対し、キャップだけを交渉すると、甘いキャップを求めるという明らかなインセンティブができてしまう。均一な世界税を交渉することで、世界的に最適な結果に近いものが実現できる。これはもちろん、政治面についてはまだ何も物語っていない。ここでも政治こそが最大のハードルとなる。

なぜ実行できないのか？

とりあえずは、理論面でも、実践面でも、税とキャップアンドトレード方式はどちらも、汚染者が汚染を出すときに支払う（したがって汚染を減らす）というピグーのビジョンを実装したものだということさえ覚えておいてくれればいい。われわれも、ほとんどの経済学者同様、炭素税でもキャップでも、きちんと行われるのであればどっちでもかまわない。

さてこれで、どうやって現実世界でそれを実現するかという果てしない論争を展開できる。スウェーデン人たちは、どうやって1991年に世界初の二酸化炭素課税を可決したんだろうか？　どうしてフランス人たちは、２００９年にそれをやろうとして失敗したのか？　なぜヨーロッパは世界初の大規模な炭素キャップアンドトレード方式を導入できたのか？　なぜアメリカはこんなにグズグズしているのか？　そしてなぜ世界はいまだに、二酸化炭素1トンあたり15ドルもの補助金を出しているんだろうか。正しいやり方は、むしろ、1トンあたり40ドルの負担を上乗せすることであるべきなのだ。

これらの問題それぞれについて、各種の学問分野がいろいろ有益な示唆を持っている。政治学者、心理学者、社会学者、気候科学コミュニケーターたちはみんな、次の重要な問題を自分なりに考えている。その問題とは、もしこれがそんなに重要な問題だと科学が言うのであれば（実際に言っている）、なぜ世界はそれに応じて行動していないのか、というものだ。

まず、ピグーをはじめとするほぼすべての経済学者による理想的な世界のビジョンに抵抗する、巨大な既得権益を克服するのはとんでもなく難しい。そうすべきだと言うだけでは実現しないのだ。「炭素税」「炭素のキャップ」と叫んで回るかわりに、経済学者たちは手持ちの道具で建設的に活動すべきだ。次善の策、三善、四善（そしてそれ以下の）策はどれも各種非効率を創り出し、予想外の影響をもたらし、その他の問題を引き起こすが、きわめて不完全な政策世界のやりとりには適合している。そういうものについて考えるほうがいいし、またそれによりいくつか既存の不完全な政策的障壁も同時に取り除かれるかもしれない。

送配電網改革[76]が好例だ。電力価格は、世帯や事業所に適切なシグナルを送るどころか、平均化され、補助金を受け、人為的に安定化させられている。理由はいろいろあるが、このせいで送配電網全体に歪んだ価格シグナルが送られてしまっている。炭素に値付けするのはすばらしいが、送配電網の改革は、エネルギー効率やデマンドレスポンス、再生可能エネルギーのための公平な場を作るためには不可欠だ。

またこれは、アメリカ議会と完全に無縁なところで戦うべきだし、またそれが可能な戦いでもある。政策を決めるのはしばしば州の担当だ。それだけだと、政策論争がまともになるという保証はない――特に伝統的な、化石燃料中心の電力会社にとってどれほどのものがかかっているかを考えればなおさらだ。でもそれは、経済学者たちが適切な炭素の値付けについての標準的なピグー的議論よりはるかに深く関わるべきだということではある。

ガソリンスタンドで支払われるガソリン価格は、最高の政策と現実との議論がリアルタイムで展開されるもうひとつの場所だ。運転から発生する安すぎる公害を抑制するための、ほとんどあらゆる経済学者の理想的な解決策は、ガソリン小売価格を引き上げることだ。でもアメリカは連邦ガソリン税を、1993年以来のガロンあたり18・4セントから最適水準に近いものに引き上げようとはしない。それにかわるお気に入りの規制道具は、自動車やトラックの企業平均燃費[77]（ＣＡＦＥ）を引き上げることだ。ＣＡＦＥ基準を厳しくするというのは、たぶんオバマ大統領の第1期における最大の気候的影響を持つ新たな規制だっただろう。ＣＡＦＥ基準がどれだけ費用対効果が高いのかについては諸説ある。明らかなのは、理論的にはガソリン税引き上げが最高の政策的解決策ではあっても、実行可能なのはＣＡＦＥ基準引き上げだということだ。ここでも経済学者としては、機会あるごとに「ガソリン税」と叫ぶよりもＣＡＦＥ政策論争に参加したほうがずっと有益なのだ。

われわれはどっちもやらない。「ガソリン税」「炭素税」「炭素のキャップ」という呪文を機会あるごとに唱えたりはしない。また電力網改革やＣＡＦＥ基準など、必要性はとても高いしまともな経済学的思考を必要とするものだが、そういう各種の面倒な政策手段の世界にも首を突っ込まない。

これまでの何よりも難しい

むしろわれわれは、基本的な経済学に立ち戻り、標準的な論争をはるかに超えたところにまで運んでくれる2つのトピックに的を絞る。具体的には、不確実性の経済学と、ジオエンジニアリングの経済学に焦点をあわせる。

この2つの話題は非常に不穏で、毀誉褒貶が激しく、気候変動がなぜ万人に関係するかを理解するにあたって中心的な話題なのだ。そしてまた、なぜ今すぐ行動が必要かを明白に示してくれるものでもある。

不確実性の経済学、ジオエンジニアリングの経済学

気候変動はいくつか深い不確実性を宿しているし、なかにはほとんど何もわかっていないというに等しい不確実性すらある。なぜ気候モデルは、二酸化炭素濃度が300万年前と同じ水準になったときに、当時と同じように海面上昇20メートルとカナダのラクダを予想しないのか? 一言で言うと、わからない。でも不確実だからといって何もしない口実にはならない。それは、まだ余裕があるうちに気候問題に取り組めという徴だ。

これは悪魔のように解決が難しい問題だ。そして世界がこれを解決しなければ、この問題は不愉快かつ予想外の方法で、人類を全力で襲うことになる。そしてわれわれの末路は、ジオエンジニアリングの亡霊だ。人間の行動方法や、行動しない方法についてわかっていることすべてでは――政治指導者たちが決然かつすばやく行動するだけの勇気をかき集めな

い限り――世界がいずれとてもつらい選択を迫られるしかないことを示している。技術が（ジオエンジニアリングという形で）再び社会と地球を地球規模の最悪の非常事態から救い出してくれると信じるのは、愚行かもしれない。でも世界はそちらに向かって動いているのだ。

ジオエンジニアリングについて語るのは、不確実性について語るのと同じで、あまり心地よいものではない。そしてそうあるべきだ。それはまちがいなく、まともな気候政策面で何もしない口実にはならない。試験的な肺がんの薬が実験室で多少の見込みを示したからといって、人々が喫煙を始めるべきでないのと同じだ。ジオエンジニアリングの亡霊は、行動への狼煙（のろし）となるべきだ。しかも、決然とした、早めの行動の。

不確実性の経済学――ファットテール――とジオエンジニアリングについては、また折りを見て触れる。まずは、未知の、知りようもない、ときにはとにかくおっかないだけの旅に導いてくれる、他の主要な経済学的概念や、論争の現状について手早くまとめることにしよう。

第2章

基本のおさらい

風呂桶

1．水を溜める桶。通常は蛇口と排水口を備える。

2．使われすぎているアナロジーで、水は二酸化炭素などの温室ガスの喩(たと)えとなる。あらゆる科学の中でもかなり複雑な問題のひとつを、日常的な身だしなみの儀式のように見せる手段となる。それでも、気候科学者たち――そしてその他のみんな――はその重要性を日々自分に言い聞かせたほうがいい。気候政策は、風呂桶の水位を下げるためのものだ。

これは地球の大気ほど巨大な風呂桶となるときわめて難しいし、だれも流入も排水もコントロールしていないのだ。人間による流入を決めるのは70億人の行動であり、排水を決めるのは主に自然の活動だ。排水側にすらもちろん、人間は影響を与えている。森林破壊などは排水口を詰まらせる。木を植えればそれが直る。

現在の増加率は年2ppm以上

天然の季節変動もある。北半球には陸地が多く、その分だけ植生も多いので、二酸化炭素の水準は北半球の成長シーズンには下がり、北半球の晩秋から冬にかけて大量の植生が腐ると再び上がる。人間の介入がないと、流入と流出はどの年でも年間で見るとだいたい均衡する。ところが産業革命以来、それが成り立たなくなっている。

世界的な二酸化炭素濃度の天然季節変動は、どの年でもだいたい5ppmだ[1]。現在の増加率は年2ppm以上だ。3年分の化石燃料排出で、世界的な季節変動を上回る。そしてこの年2ppm増という増加率さえ増大している。この事実だけでも風呂桶の喩えが実に重要なものとなる。

第1章でのMIT院生を対象とした実験を思い出そう。排出を安定化させて、世界が大気に注ぎこむ二酸化炭素の量が毎年増えないようにするだけでは不十分だ。濃度を下げるには、排出をゼロ近くに減らさねばならない。気候ショックのショック部分がここでやってくる。二酸化炭素の大気流入を減らすだけでも十分難しいことがわかっているし、ましてすでに大気中にある過剰な二酸化炭素ストックを減らすとなるとなおさらだ。

国際エネルギー機関(IEA)の推計だと、これから大幅な進路補正がない限り、世界は現在、２１００年までに温室ガスの総濃度を７００ppm[2]にまで増やすことになる。そしてその後もこの調子だと、濃度はさらに高まり続ける一方だ。

ＩＥＡはこの道筋を「新政策シナリオ」と呼ぶ。これは各国政府による排出削減の約束をすべて額面どおりに理解して「再生可能エネルギーと効率性に対する支持の継続、炭素価格づけの拡大と化石燃料補助金の部分的な廃止」を想定している。これに対して、世界はちょうど二酸化炭素濃度４００ppm[3]を超えたところで、京都議定書の下で継続されている他の温室ガスをすべて含めると、４４０～４８０ppmの間のどこかというところだ。世界的な排出を劇的に急旋回させない限り、風呂桶は当分の間水位が上がり続ける。

大気から炭素を直接取り除けるか?

何やら技術的な解決策がとびこんできて、魔法のように蛇口を閉じたり排水口を開いたりしてくれるという希望はいつだってある。でも、これはよく言っても起こりそうにない。いちばんよく持ち出される技術的な解決策——ジオエンジニアリング——はときどき、それを実現してくれるとされている。太陽の強さを弱めて地球を冷やす、というわけだ。実際には、そんなことはまったくない。それは症状——結果としての高温——を処置するのに、その根本原因に取り組もうとしない。蛇口にも排水口にも影響しないし、実際の水位については何もしない。そしてある公害問題を解決するのに、成層圏にもっと公害物質を打ち込むというのは、莫大な予想外の結果を引き起こしかねない。

排水口を本当に大規模に開くのに役立ちそうな技術的解決策のひとつは、大気から炭素を直接取り除く方法だ。これにはいろいろな名前がある。「エアキャプチャー」「直接炭素除去」（DCR）、「二酸化炭素除去」（CDR）などだ。ややこしいことに、これも「ジオエンジニアリング」と呼ぶ人もいる。これはまるでまちがった呼び名だ。

これは問題の根本原因に取り組むという特徴をすべて備えていて、症状だけを処置する技術療法とはちがう。これはよいことだけれど、でもつまりは時間がかかるし――少なくともいまのところ――手が出ないほど高価だということだ。一部の企業[4]は、炭素に値付けをしてこの技術のインセンティブを作り出す世界から利益を得ようとして、特許出願を始めている。でも、まず炭素の値付けをしなければならない。さもないと、これは実現しない。炭素を燃やす＋炭素除去は、定義からして、炭素を燃やすだけよりは高価になる。[5]

ブレークスルー

技術的なブレークスルーがあったからこそ、人類は洞窟を離れ、動物を家畜化し、車輪を発明し、都市を作り、自動車を運転し――そして空中の椅子にすわって海の上を飛び、iガジェットに映画をストリーミングするようになった。かつてないほど長生きし、かつてないほど快適に暮らしているのも、人間の創意工夫が働いたおかげだ。ブレークスルーが今度も人類を救ってくれる。

そうかもしれない。そうでないかもしれない[6]。イノベーションの速度は今日、あまりに速くて人類史上で空前すぎるので、過去を目安に使うのが難しい。そしてここでも、両方の方向を示す兆候がある。

一部の公害問題が消えるのは、問題の汚染物質の特許を持つある企業が、環境に優しい代替物質を発明するからで、その場合ですら各国政府の協調行動が必要となる（「モントリオール議定書」を参照）。一部の汚染物質問題は、一向になくなる気配を見せない（「京都議定書」参照)。でも手をこまねいてブレークスルーを待つというのは、最善の結果を期待するというだけだ。最悪の事態に備えねばならない。実は、救いを祈るよりもずっとましなことができるのだ。問題も解決策も、目の前にあって実に明白なのだから。

二酸化炭素

二酸化炭素こそが問題だ。少なくとも、主要な問題ではある。

メタンや、HFCといった強力な工業用気体やブラックカーボンは、大きな影響力を持つが、その時間軸はずっと限られている――年単位か、せいぜい10年、20年ほどだ。でもいずれ起こる温暖化の水準は、二酸化炭素と最も密接に関連している。[7]

専門的に言えば、水蒸気のほうが全体的な影響としてはさらに大きい。でもこれは話に関係ない。人間が直接コントロールしているものではない。化学的な連鎖は、二酸化炭素から高い気温へ、そしてそれが水蒸気の増加へとつながる。最終的にはやはり、問題になるのは二酸化炭素なのだ。

炭素価格

炭素価格こそが解決策だ。少なくとも、主要な解決策ではある。

他にも解決策はいろいろあるが、ほとんどは温室ガス汚染への値付けを何らかのやり方で真似(まね)ようとしているだけだ。一部は、それをかなり直接的かつ安上がりにできている。一部はもっと高価だが、一方でわかりにくくなっているので、政治的には受け入れやすくなっていることもある。でもどれも、通常は根本的な経済力を直接振り替える――つまり炭素を最初からキャップしたり課税したりする[8]よりは効率が悪い。

そしてそういうかけひきの間に失われがちな、重要な機会がもうひとつある。低炭素技術への補助だ。

指向性を持つ技術変化

最初の太陽光パネルを屋根にのせるには、時間とお金がかかる。100万枚目のパネルはすばやく安上がりにできる。大事なのは最初の山を越えることだ。いちばんいい政策は、イノベーションに補助金を出すことだ——あるいはもっと具体的には「やってみて学ぶ」のに補助金を出すことだ。

カリフォルニアのソーラー・イニシアチブは、まさにそうした政策の好例だ。初期のパネル設置には補助金を出すが、ほぼ即座にその支援をなくす。独立機関の分析によれば、これは成功したらしい。[9]

すべての補助金がよいわけじゃない。補助金はしばしば濫用、誤用される。いったん導入されたら、有益な寿命を超えてダラダラ続く傾向がある。5000億ドルに及ぶ世界的な化石燃料補助金[10]が好例だ。一時はそうした補助金をつけるまともな理由もあったかもしれない——世界が気候問題に目覚めるはるか前であれば。

今日ではクリーン技術にあてはまる理由が、かつては石油、石炭、天然ガスにあてはまった。巨大な潜在的便益が、一見すると克服しがたいハードルに直面しているのだ。既得権益、たとえば馬車や鯨油のロビイストたちが、足がかりを得ようとする新産業を潰そうと全力を尽くす。でも遅かれ早かれ、状況は逆転する。市場と政府の利害が新産業のほうを好むようになる。これが補助金を終了すべき頃合いだ。「幼稚産業保護」はもはや当てはまらない。むしろいまや、場違いにでかくなった独占企業を壊すのが重要となる。これは1世紀前にスタンダード石油で起こったことだ。

こうした落とし穴はあるものの「やってみて学習」によるプラスのスピルオーバーは、炭素によるマイナスのスピルオーバーと同じくらい現実的なものだ。炭素スピルオーバーを矯正する解決策は明らかだ（「炭素価格」参照）。「やってみて学習」スピルオーバーを矯正する解決策は補助金だ。[11]このプロセス全体が「指向性を持つ技術変化」の一部となる。

気候科学

温室効果が発見された年：１８２４年[12]
温室効果が実験室で実証された年：１８５９年[13]
温室効果が定量化された年：１８９６年[14]
きわめて重要な「気候感度」の今日の範囲が確立された年：１９７９年[15]

気候感度

大気中の二酸化炭素濃度を2倍にすると、世界の平均気温も上がるはずだ。この上がり方の水準を「気候感度」と呼ぶ。困ったことに、その正確な数字はわからない。

気候科学がこれほど進歩しても、気候感度の範囲はほとんど永遠のように（少なくとも1979年から）1・5～4・5℃のままだ。この範囲自体の信頼性は高まったし、2007年から2013年にかけての短い踊り場のおかげでそれが2～4・5℃に縮まった。この期間、低温はなさそうだったのだ。至るところ悪いニュースだらけだ。でもそれを元に戻しても、必ずしもよい知らせとはならない。それは根深い不確実性が、これまで思われていたよりさらに深刻だというだけのことだ。

気候感度の厳密な値は、決して完全には解決がつかないかもしれない。あるいは、その厳密な数字がいったんわかった頃には――今後数百年かかる――そんな数字は何の役にも立たなくなっていると言うべきか。

不確実性の感覚をさらに増すこととして、1・5～4・5℃という範囲は、二酸化炭素濃度倍増が温度に与える影響として「可能性が高い」ものでしかない。最終的な数字はこの範囲のどこかに収まると期待はできるものの、確実とはとても言えない。「可能性が高い」をやたらに厳密に定義すると、その範囲に収まる確率が最低でも66パーセントあるということだ。その裏面としては、それがこの範囲より高かったり低かったりする可能性も34パーセントあるということで、上のほうの余地がずっと広い。根深い不確実性が牙をむくのはそのあたりだ。そしてここで、われわれもちょっと待っていただくようお願いする。

次章の「ファットテール」はすべてこの話となるのだから。

DICE[16]

気候予測につきもののすさまじい不確実性を考えると、結局何もわからないのだと結論づけたくもなる。でもそれでは明らかに何の役にも立たない。

ビル・ノードハウスの動学的統合気候経済モデル（Dynamic Integrated Climate-Economy Model, DICE）はそのすべてをまとめようとする最も有力な試みのひとつだ。このモデルは、気候と経済のトレードオフを出発点として、二酸化炭素排出の最適な経路と価格を計算する。

多くの点でＤＩＣＥなどは単なる道具でしかない。最適な炭素価格をはき出す想定を作るのは他の人々だ。ノードハウス自身のお気に入りの想定だと、今日排出する二酸化炭素1トンあたり20ドルかそこらという値段をはじき出す。

現時点でいちばんいい数字は、アメリカ政府による大規模な調整のおかげで出ているものだ。この値段だと、今日排出される1トンあたり40ドル程度ということになる。これはDICEを含む3つのモデルの平均から得られた数字だ。出発点としてはよいものだが、地球温暖化の総費用を評価するにはまだほど遠い。

その根底にある各種モデルは、「既知の既知」をできる限りとらえようとするが、それですらかなりのものを取り逃している。そして定義からして、それらは「既知の未知」は反映していない。そして実にしばしば起こることとして、最終的な結果を決めるのは「未知の未知」かもしれない。すると40ドルというのは、炭素の社会費用の最低ラインとしか見なせない。いまモデルに反映されていないもののほとんどは、数字をさらに押し上げる。

外部性

外部性というのは経済学者が「問題」と言うときの言い方だ。それは市場が——放任された場合に——失敗するときだ。外部性は2つの場合がある。正の外部性と負の外部性だ。「やってみて学習」というのは、正の外部性の好例だ。追加インセンティブがないと、発明家たちは自分の発明がもっと大きな意義を持つという事実を考慮せず、したがって発明が過小になる（「指向性を持つ技術変化」の項を参照）。

気候変動は、負の外部性の親玉のような代物だ。人類70億人が、毎年何百億トンもの二酸化炭素を大気に注ぎ込んでいる。その費用は巨大だ――少なくとも排出1トンあたり40ドル――だが、汚染をしている人々はそれについて直接費用負担をしていない（本書の「フリードライバー」を除く他の部分すべてを参照）。

フリードライバー[17]

問題は二酸化炭素だ。解決策は、それを適切に値付けすることだ。だが、こんな問題がある。「地球温暖化の影響を相殺しようとする、地球気候に影響する環境プロセスの意図的な大規模操作」。

これはオックスフォード英語辞典による「ジオエンジニアリング」の定義であり、定義としては上出来だ。いくつかの定義では、二酸化炭素を大気から取り除こうとする各種の試みもジオエンジニアリングに含める。われわれはこれは含めない。

むしろ、「ジオエンジニアリング」という言葉を聞いたら、火山の噴火に近いものを考えてほしい。二酸化硫黄（そして火山だとそれ以外のカスをいろいろ）を成層圏にぶちこんで、日光を反射させて温度を下げようというものだ。1815年のタンボラ山[18]噴火は「夏のない年」をもたらした。一部の記録だと、1816年にはこれのせいでヨーロッパ中で20万人が死亡したという。別の記録だと、メアリー・シェリーとジョン・ウィリアム・ポリドリはこのおかげでスイスでの夏休みの大半を屋内で過ごすことになり、『フランケンシュタイン』と『吸血鬼』が生まれたという。さらに別の記述によると、後者はその後『ドラキュラ』に変わったのだという。

実際のジオエンジニアリングの提案は、荒々しい火山噴火とも、フランケンシュタインやドラキュラともほとんど関係がない。ほとんどのジオエンジニアリングの提案は、硫酸粒子や他の小さな硫黄粒子を高高度にふりまくことで、世界温度の上昇を抑えようとする小規模な抑制された試みとなる。この種のジオエンジニアリングは、ひとつ重要な特徴を持つ。安上がりなのだ――少なくとも、「ふりまく」活動を行う人々が負担する費用という狭い意味では。ジオエンジニアリングは、多くの潜在的な問題を持つが、費用は問題にはならない。これであらゆる負の外部性の親玉ができあがった。つまり、フ、リ、ー、ド、ラ、イ、バー効果だ。

地球の温度を粗雑にジオエンジニアリングするのは実に安上がりだから、たった一人、あるいはもっとありそうだが、ある一国の研究努力をまとめるだけで、それはおそらく実施できる。硫黄を高高度に撒(ま)けるような高高度飛行機の編隊を毎年飛ばすのにはあまり費用はいらない。火山は自然にこれをやる。ピナツボ山は1991年に噴火しているが、これが翌年の世界の温度を0・5℃ほど引き下げた。世界が地球温暖公害自体を抑制すべく行動しない限り――そしてそれが実現した場合ですら――いずれ近いうちに地球はジオエンジニアリングを施されることになりかねない。

低い直接費用と高いレバレッジの組み合わせを持つフリードライバー効果は、そもそも問題を引き起こした炭素排出のフリーライダー問題に対し、ほぼ真逆になっているのだ。

フリーライダー

フリーライダー問題は、地球温暖化という世界的問題の核心[19]にあるものだ。それは、隣近所に迷惑をかけようという活動を究極にまで推し進めたものだが、その隣近所というのは人類70億人全員だ。行動にかかる費用が、その行動で自分一人にもたらされる便益よりも高いのであれば、わざわざ行動なんかしなくていいだろう？　人々の行動の総便益は、費用を上回るかもしれない。でも便益は他の70億人にも割り振られるし、一方の費用は自分一人が全額背負う。同じ理屈が他のみんなにも当てはまる。共通の利益にかなうことをやってくれる人はあまりに少ない。他のみんなはフリーライダーになる。

小さなフリーライダー問題は、コミュニティでの取り組みなどの非公式な仕組みで解決できる。エリノア・オストロムはこの洞察によりノーベル賞をもらった。

スイスのアルプス地方の農民たちは何世紀にもわたり、共有放牧場に牛を連れてきているが、共有資源を過剰に収奪することはない。その秘訣は、農民たちは定義のしっかりしていない放牧権だけで競争しているわけではないということだ。農民たちは市場でも、学校でも、教会でも顔を合わせる。自分たちの行動が影響を与える人々を知っているのだ。村の水源、コミュニティ管理の漁業などでも似たようなことが起こる。これはかなり小さく、最終的には手に負いやすい潜在的なフリーライダー問題の例だ。

地球温暖化は話がちがう。何十万——いや何百万——もの熱心な環境活動家たちが、自分のカーボンフットプリントを最小化しようと苦闘したところで、それだけでは大した結果は出ない。この問題に十分コミットしている人々は、自分個人の排出をゼロにまで引き下げてもいい——これは現在の技術を考えれば実際は不可能だし、結局のところ望ましくもない——が、それでも必要な量にははるかに足りない。数字がとにかく足りないのだ。環境保護論者たちが集合的な政治力を使い、政治の針を正しい方向、つまり炭素の値付けの方向に動かせば、やっとその活動は意味を持ってくる。

不可逆性

不可逆性というのは相対的な概念だ。本当に不可逆なものは、実はほとんどない。でも気候変動はあまりに長い時間軸で動くので——何十年、何世紀単位だ——多くの影響は不可逆と言ってもいいほどだ。二酸化炭素の濃度上昇は、何世紀も何千年も大気中に残る。[20]それを減らすのはきわめて難しい。風呂桶のことを考えよう。大気中にすさまじい量の二酸化炭素がある。でも排水口は小さい。

そのすべては、他の不可逆性——たとえば海水面の上昇——を拡大する。そう、北極も南極も、氷がなかった時代はある。そして今回それが氷のない状態になったとしても、いずれ間違いなく凍りつく。それは二酸化炭素濃度が工業化以前の水準にまでいずれ下がったときだ。でもそんな凍結は、何世紀、何千年も経たないと起こらない。現在影響を受けている人々や、今後数世代で影響を受ける人々にとっては、あまりに未来すぎて意味がない。グリーンランドと西南極大陸の氷床だけでも、世界の海面を10メートル以上上昇させるだけの水を持っている。[21] これは世界人口の少なくとも10パーセントに直接影響し、そして間接的にはその他のほぼ全員に影響するのだ。[22]

需要の法則

価格が上がると、需要される量は下がる。これは経済学者が編み出せる「法則」に最も近いものだろう。

この法則にはどうもひとつだけ例外があるようだけれど、[23] それはあまりに貧しすぎて、何を食べるか決めるのが飢えの恐怖だという場合だけにしか当てはまらないようだ。中国南部の貧困地方の住民は米をたくさん食べる。ほとんどのみんなと同様に、豊かになればもっと肉を食べたがる。でも米の価格が上がると、一部の人は肉を減らし、野菜と米の消費量を増やす。この場合の米は「ギッフェン財」として知られており、イギリスのヴィクトリア時代の貧困者の間で似たような現象を見つけたとされる、ロバート・ギッフェン卿にちなんだものだ。ここでの議論からすると、これはほとんど関係してこない。

ほとんどあらゆる財について、需要される量は価格が上がるとたしかに下がる。この関係はまた、いくつかの明らかによくない財(バッズ)についてもあてはまる——だからタバコに税金をかけるのだ。そしてそれは、最も自明な解決策を示す。炭素に値付けをすればいい。炭素排出の値段が上がれば、炭素排出は減る。

海洋酸性化[24]

海洋酸性化は、大気中の二酸化炭素濃度上昇に伴う、無視されがちながらきわめて重要な影響だ。排出された二酸化炭素のほとんどはいずれ海洋にたどりつき、その酸度を上げる。

海洋はすでに、本気で計測の始まった1990年頃に比べて酸度が10パーセント高まっている。産業革命の始まり以来、おそらくは酸度が25パーセント以上は高い。これは大気中の二酸化炭素濃度40パーセント増という数字と比べると、総増加量では少ない。でも酸度のちょっとした変化でも大きな差をもたらしかねない。そして酸度の変化は、もはやちょっとしたではすまない。

海洋酸度はいまや、5600万年前に海洋生物の大量死滅が起こったときに比べ、10倍も速く高まっている――これは世界が暁新世から始新世に移行した時期だ。当時の原因とされるものは？　二酸化炭素の急激な増加と、6℃もの地球温暖化が唐突に起こったことだ。

酸度の高い海洋がもたらす影響のすべてについては、まだあまりにわかっていないことが多い。5600万年前の部分的な海洋生物死滅は、6500万年前に恐竜たちを一掃した巨大隕石ほどのものとは思われていないのが通例だ。一部の海洋生物は死滅した。でも繁栄したものもいた。これはあまり安心材料にはならない。たとえば酸度の高い水は、貝にとっては特に悪い知らせだ。そもそも貝殻を作れなくなるからだ。でももっと大きく、おそらくはもっと間接的な影響をきちんと指摘するのは困難だ。

ここに登場するのが「アルカリ追加」[25]だ。これは海洋酸性化への直接的な対応として提案されているジオエンジニアリングの一種だ。炭酸カルシウムの粉――つまり石灰石を砕いたもの――を海に撒けば酸度は下がる。問題は、これを実際にやると海による二酸化炭素の吸収がさらに進み、サイクルがもっと進んでしまうことだ。

もっと大きな問題：ここで論じている手法はどれも、かなり高くつく。この点でピナツボ山的な手法で地球温度を引き下げるようなジオエンジニアリングに内在する、フリードライバー効果とは大いにちがっている。これはむしろ、そもそも二酸化炭素排出を減らすのにかかる費用にかなり近づく。だったら、二酸化炭素削減に専念すればいいではないか？　こうすることで、海洋酸性化と温度の問題のどちらにも対応できるのだから。

京都議定書

専門的に言えば、「気候変動に関する国際連合枠組条約の京都議定書」ということになる。このフルネームを聞いたことのある人はほとんどいないが、これは重要だ。「枠組条約」

のところこそ、本当の法的な動きのある部分なのだ。気候変動に関する国際連合枠組条約（ＵＮＦＣＣＣ、英語ではユーエヌエフトリプルシーと発音）は、１９９２年リオデジャイロの地球サミットから出てきた。アメリカを含む１９５カ国が批准している。そしてここであの悪名高いフレーズが出てきた。「大気中の温室ガス濃度を、気候システムにおける危険な人類起源の干渉を防止するような水準で安定化させる」というやつだ。枠組条約は拘束力のある条約であるにもかかわらず、この目標はとっくに消え去ったようだし、島国が海面上昇で沈没しようとしているときにだれを訴えるべきなのかはちょっとはっきりしない。

ＵＮＦＣＣＣに対し、京都議定書となると話がちがってくる。まずアメリカは調印はしたものの批准はしていない。カナダは批准したがその後脱退した。欧州連合（ＥＵ）は批准して、その野心的な気候目標を未だに堅持している。哀しいかな、これは地球的問題を解決するにはまったく不十分だ。特に中国とインドが、京都議定書の下では正式な排出削減約束をしていないという事実を考えればなおさらだ。

世界的な問題は、最も純粋な形では、世界的な解決策を必要とする。これはつまり、70億人の人々をもっと持続可能な道筋に導くような、まともな気候政策を持つということだ。一縷の望みとも言うべきものは、状況を変えるためには１９５カ国のほぼすべてが、独自の強い政策にコミットする必要はないということだ。問題の見方はあれこれあるが、世界の温室ガス排出の大半を占めるのは、一握りの大規模汚染国なのだ。アメリカ、ヨーロッパ、中国、インド、日本、ロシア、それにブラジルとインドネシアの一部——この2国の大きな森林ということだ——を足せば、世界排出量の6割以上[26]をカバーできる。とはいえ、このそれぞれの国でどう解決を図るかというのは、また別の問題だ。でも少なくとも、195カ国の多次元ジグザーパズルではない。それどころか、このそれぞれの国や地域で、重大な政策変更をやるかどうかではなく、いつやるかの問題になってきたという希望的な兆候が見られるのだ。もちろん時間こそが何よりも重要な要因であり、いまやるべきことは、歴史の行進を速めることなのだ。

モントリオール議定書

専門的には「オゾン層を破壊する物質に関するモントリオール議定書」。

この議定書は1987年に調印されたもので、環境の成功物語として最大級のひとつだと広く考えられている。その成功理由については本[27]も書かれている。話をすべて語るとややこしいが、簡単にまとめるとこんな具合だ。

オゾン層を破壊している多くの気体に関する特許を持っていたデュポン社が、成層圏のオゾンにもっと安全な代替物質を使うことに商業機会を見出した。利潤動機は、いいことをした気になりたい広報宣伝と見事にマッチした。デュポン社がまさに一夜にして立場を180度転換することに決めたら、かのロナルド・レーガン大統領政権下のアメリカ政府ですら、間もなく主張を一転させて、問題の気体を縮小廃止するのに貢献した国際条約を可決し、批准したのだった。いまやオゾンホールは何年も縮小してきたし、今世紀半ばには完全にふさがると予想されている。危機は回避された。

これはオゾン層にとっては結構なことだ。いまでは、これが実は気候には悪かったこともわかっている。モントリオール議定書は、クロロフルオロカーボン（CFC）やハイドロクロロフルオロカーボン（HCFC）を規制する。デュポン社は、これはハイドロフルオロカーボン（HFC）ですぐに置きかえられることを発見した。残念ながら、地球温暖化の面から言うと、HFCは二酸化炭素の100倍から1万倍も強力なのだ。使用量が少ないのは救いだが、その利用を減らさなくていいわけではない。残念ながら、HCF規制は（まだ）モントリオール議定書の管轄下ではなく、京都議定書の下にある。これでふりだしに逆戻りだ。

モントリオール議定書の成功は、たしかにある重要な教訓を示してはくれる。変化は、実際問題として、可能だということだ。気候の場合は、オゾンホールよりは困難かもしれないが、だからといって気候変動が制御不能の暴走問題だということにはならない。協調した活動と空前の政治的リーダーシップは必要だが、気候の向かう先に関するあらゆる予言にただし書きがついていることにはそれなりの理由があるのだ。社会が方向を変えない限り、起こるのはこういうことだ。

オゾンホールは、最高の科学者の一部が予測したほどひどくはならなかった。それは科学者たちがまちがっていたからではなく、問題があまりにひどくなる前に、世界が力をあわせて問題をどうにかしたからだ。

同じことが気候変動についても言える。世界がきちんと舵取りをするには、そのための意志が必要だ。政策は、人々を動かして最も悲惨な気候予測をまちがったものにできるし、そうすべきだ。それがまちがったものとなるのは、まさに社会が最も深刻な警告に対して反応したからなのだ。

トレードオフ

トレードオフは、あらゆる経済学者のDNAに刻まれた概念だ。本当に絶対的なものなどほとんどない。モントリオール議定書によるCFC禁止がうまく示すとおり、完全な禁止が筋の通っている場合もある。でもあらゆる二酸化炭素排出を禁止するというのはありえない。これはとにかくコストが高くなりすぎる。

ここで問題となるトレードオフとしてわれわれに最も関係が深いものは、単純に「成長か気候か」とまとめられる。結局のところ、産業革命以来欧米が体験してきたような経済成長や、中国、インドなどが現在体験している成長には、明示されない費用が伴うというのは否定のしようがないところだ。

その費用として最大のものは、衰えを知らない気候変動かもしれない。この成長と気候のトレードオフの裏面は、それぞれの便益と費用をバランスさせるような最適な道筋があるはずだ、ということだ。理論的には、たしかにそういう道筋がある。大きな疑問は、実際的にそれを大きな総合的費用便益分析の中できちんとまとめあげる方法が本当にあるのか、ということだ。まさにそれをやろうとしているモデルとしては「ＤＩＣＥ」の項目を参照。でも不確実性があまりに大きすぎて、そんな費用推計などお笑いでしかなくなるほどならどうすべきだろう?

不確実性

気候感度の「可能性が高い」の幅をもう一度考えてほしい。二酸化炭素濃度が倍になったときに世界の平均温度がどのあたりに落ち着くかを予測したものだ。最終的な結果を決めるのは、その範囲を超える「可能性が低い」数字になるかもしれない。そしてそこでの知らせは、よいものではない。

第3章

ファットテール

1995年に、気候変動に関する政府間パネル（IPCC）は、地球温暖化が人為的活動により引き起こされているという主張が「可能性が比較的高い」[1]と述べた。2001年にはそれが「可能性が高い」になった。2007年には「可能性がとても高い」になった。2013年には「きわめて可能性が高い」になった。公式のIPCC用語で残されたステップはあとひとつしかない。「ほぼ確実」というものだ。大きな疑問は、この問題の規模に応じた形で行動するためには、世界がどのくらいの確信を持たねばならないかということだ。

まちがった安心感

同じくらい重要な疑問は、確実性に関するこうした各種議論が、本来伝えるべきことを伝えられているのか、ということだ。人類起源の気候変動の可能性上昇には、3つの側面がある。そのうちよいものはひとつしかない。

最初の悪い知らせは、われわれ人類は本当に世界の温度も海水面も上げているのだということだ。2013年の報告（訳注：IPCC報告のことだろう）で、科学がすべてまちがっていたということになっていたら大喜びだっただろう。『ニューヨークタイムズ』紙の見出しを想像してみよう。「IPCC、『温暖化なき10年』[2]が今後も続くと宣言」。残念ながら、そんな嬉しいことは起きない。現代の大気科学は再び、１８００年代にまでさかのぼる[3]高校化学と物理学の基本的な考え方を裏づけている。大気中の二酸化炭素が増えれば熱がもっととらえられる。

するとよい知らせ、といってもひねくれた哲学的な意味でのよい知らせだが、それは悪い知らせが裏づけられたということだ。気候科学は過去20年にかなり進歩して、いまや地球温暖化が人間活動により生じた可能性が**きわめて**高いと断言できるくらいになっている。行動するに十分なだけの知識はある。この現実をこの時点で無視するというのは、意図的に目をつぶっているに等しい。

だがここには、追加の悪い知らせがある。こうした確実性に関する話で伝わってしまう、まちがった安心感だ。少なくともあるひとつの重要な点で、人類はどうも自分たちの行動がどれだけ地球を温めるのか、現代気候科学の夜明けである１９７０年代（最初のＩＰＣＣ報告のはるか前）から大して理解が進んでいない。もっとひどいことに、その後学んだことは、極端な部分で起こること——分布のテール——がその他すべてを圧倒しかねないということだ。

敏感な気候

1896年——ウォリー・ブレッカー[4]が「地球温暖化」という用語を提案する80年前で、気候モデルの何たるかを人々が知るはるか以前——スウェーデンの科学者スヴァンテ・アレニウスが大気中の二酸化炭素水準倍増による温度への影響を計算した。

アレニウスの気候感度

アレニウスは5℃から6℃という範囲をはじき出した。この効果——大気中の二酸化炭素濃度が倍になったときに地球の平均表面温度がどうなるか——はその後、「気候感度」として知られるようになり、きわめて重要な尺度となった。気候感度それ自体が、すでに妥協の産物であり、えらく複雑な問題を少しだけ手に負えるようにする手法のひとつだ。[5]

このパラメーターはたしかに、いくつか利点がある。ひとつには、大気中の炭素水準の出発点は関係ない。少なくとも大した差にはならない。数少ない確立している事実[6]のひとつは、結果として生じる地球平均温度は、その根底となる二酸化炭素濃度の比率変化と線形の比例関係にあるということだ。大気中の炭素の最初の1パーセント増は、100番目の1パーセント増と影響は似たり寄ったりだ。まともな範囲のどこかからであれ、濃度が倍増すれば、おおまかにはいずれ同じ地球温度上昇をもたらす。気候感度の定義はこの事実に基づいている。

工業化前の二酸化炭素濃度280ppmが倍増するのは、ほぼ避けられないようだ。世界はちょうど、400ppm[7]の濃度を超えたところで、しかも毎年2ppmずつ濃度は高まっている。他の温室効果ガスを勘定に入れると、国際エネルギー機関（IEA）の推計では、主要排出国が追加で大幅な対策を採らない限り、世界は2100年頃には700ppm[8]に達する――工業化前の水準の2倍半だ。

ありがたいことに、アレニウスの5～6℃という気候感度は、悲観的すぎることが示された。1979年に、全米科学アカデミーの二酸化炭素と気候に関する特別研究グループ[9]が、気候感度の最高の推計値は3℃プラスマイナス1・5℃だと結論づけた。

「結論づけた」というのは、ここで使うにはちょっと強すぎる用語かもしれない。このプロセスは、一般には次のように語り直されており、そこに作用している学術的な天才ぶり[10]についての感嘆もこめられている。この研究の筆頭著者であるジュール・チャーニーは当時の有力な推計2つ――下は2℃、上は4℃――を見て、その両方を平均して3℃という数字を出し、その両側に1・5℃を加えて範囲を丸めた。その理由は、まあもちろん、不確実性だ。

その後35年にわたり、ますます洗練された地球気候モデル作成が行われて、この範囲に関する自信は高まったが、いまや「可能性が高い」範囲とされる1・5℃から4・5℃というのは未だに変わっていない。これを見ただけで、何やら変なことが起きているな、とピンとくるはずだ。そして、もっと変なことがある。[11]

惑星規模のギャンブル

IPCCは「可能性が高い」[12]事象というのを、発生確率が66パーセント以上と定義している。これではまだ、事態がよいほうに転ぶのか――つまり気候感度が1・5℃に近いの、それとも悪いほうに転ぶのか――つまり4・5℃に近いのか――については何もわからない。IPCCの確率についての記述を文字どおり受け取るなら、この範囲の外側になる確

図3.1　二酸化炭素倍増による長期的な地球表面温度（気候感度）

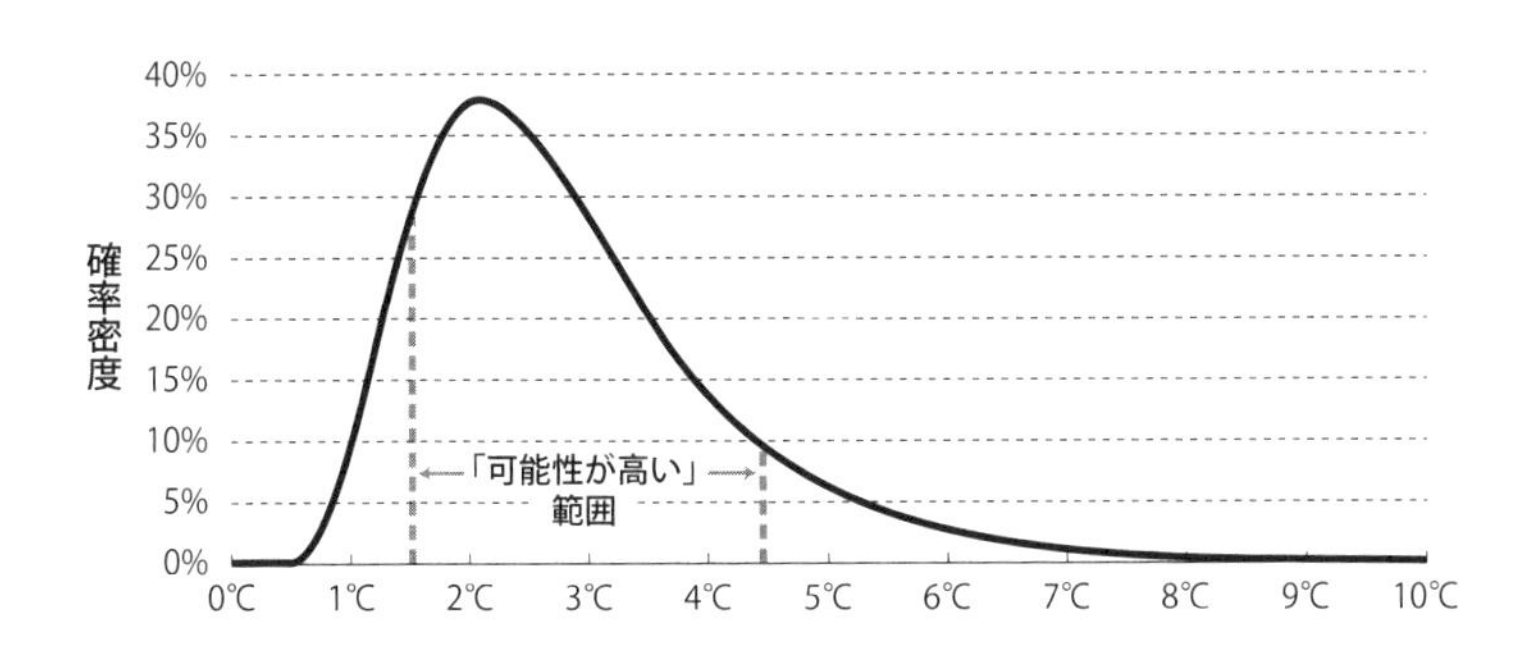

率は最大34パーセントだ。その34パーセントがどういう分布になるのかについて、厳密な見立てはないものの、明らかに1・5℃の下よりは、4・5℃の上のほうがゆとりがある。[13] 図3・1参照。

4・5℃以上になる可能性はある?

1・5℃以下であれば、どんな数字であれ大喜びしていいだろう——理想的にはこのためだけにフランスから空輸したシャンペンを使い、ボトル[14]を開ける際に追加の二酸化炭素を放出してよい。が、そんなことにはなりそうにない。そしてこの1・5℃という低い気候感度が実現したからといって、それで気候変動がひどいものにならないという保証が提供されるわけではない。実は正反対だ。

700ppmになれば、最終的な温度はやはり300万年前よりは高い水準に上がる。工業化前の水準より2~3・5℃しか高くない温度の中で、いまや凍りついたツンドラを嬉々としてうろついていたカナダのラクダを思い出そう。そして気候感度が可能性の高い範囲の最低ラインである1・5℃だったとしても、これから2℃は上がるのだ。

こうしたすべてのおかげで、4・5℃以上の気候感度を排除できないということがなおさら重要になる。これほど高い気候感度の確率が少しでもあれば、それは（熱による）震えをもたらすはずだ。すると最も重要な疑問は、気候感度の上限が上がるにつれて、こうした高い気候感度が起こってしまう可能性はどのくらい急速にゼロへと向かうのだろうか？気候感度が4・5℃より高い確率は10パーセント超だという極端なシナリオは想像できるが、もし4・6℃以上になる確率がゼロなら、それ以上に高い数字はすべて排除できる。地球がそれほど幸運だといいのだが。もっと高い気候感度の確率がそれほど急減するなどということは、きわめて考えにくい――これは厳密なIPCC用語としてではなく、日常言語的な意味での考えにくさだ。

6℃以上上昇の確率は10パーセント

高い温度になる確率が低下して、かなりゼロに近いところまできてそれ以上の極端な数字は起こりえないと自信が持てるようになる速度は、不快なほどゆっくりしている可能性のほうがずっと高い。このシナリオは、統計学者たちが「ファットテール」[15]と呼ぶものに近い。4・6℃になる確率は4・5℃になる確率よりは小さいが、その差はごくわずかだ。

すると、何よりも重要な疑問が出てくる。気候感度における潜在的にカタストロフ級の数字が実現される可能性はどのくらいあるのか？　IPCCは、気候感度が6℃以上の可能性は「きわめて考えにくい」としている。これを見てホッとしたいところだが、「きわめて考えにくい」がずばり意味するものの定義を見てみよう。0~10パーセントの確率のどこか、というものだ。そしてこの範囲というのは、**気候感度**が6℃以上という可能性だけであり、実際の温度上昇についての話ではない。

では一気に結論に飛ぼう。最新のコンセンサス評決を額面どおりに受け取って、気候感度の「可能性」範囲として1・5℃から4・5℃を採用しよう。同じく重要なこととして、「可能性が高い」についてのIPCCの定義を守って、それが66パーセント以上90パーセント以下の確率ということだとしよう（90パーセントを超えると「きわめて可能性が高い」となる）。そして、現在の政府の政策コミットメントに関するIEAの解釈も額面どおりに受け取ろう。するとこんな結果が得られる。世界がこれまでよりもっと決然と行動しない限り、いずれ温度が6℃を超える確率は10パーセントほどだ。

図3.2　CO_2e が700ppmを超えた場合の世界的な地表温度平均上昇

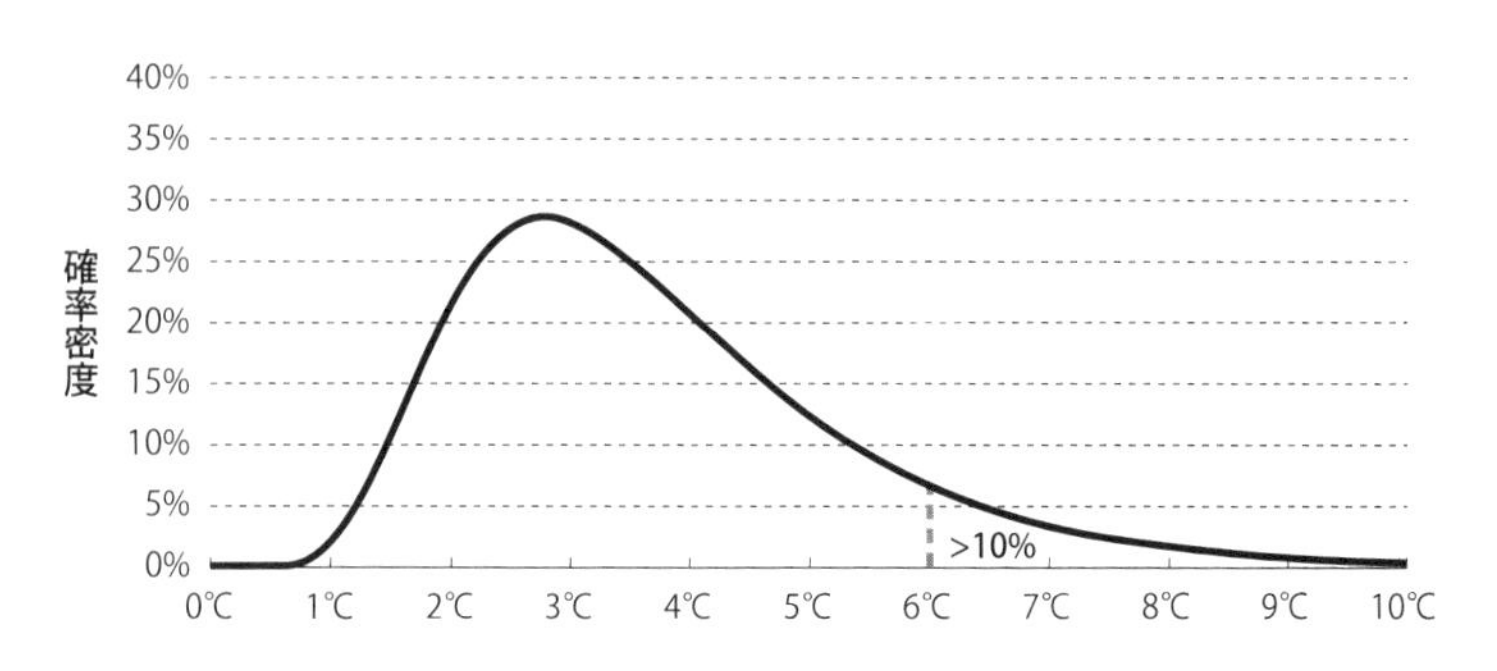

濃度が700ppmになる頃には……

図3・2と表3・1は、大量の科学論文[16]を参照し、ちょうどよいところに収めるべく膨大な時間をかけてうなり続けた苦心の結果だ。

表の1行目と2行目は、大気中の二酸化炭素相当物（CO_2e）濃度から最終的な温度上昇への移行を示す。3行目は、それぞれに対応して最終的に平均温度増加が6℃を超える確率を示す。その進め方についてエイヤで決めねばならないときは常に、なるべく保守的な選択をしようとしたので、本当の不確実性の一部は過小に示されているかもしれない。

いちばんおっかない部分は、いずれ温度が6℃を超える確率が実に急激に高まるということだ。温度の中央値の増分変化と、6℃を超え

表 3.1　6℃以上の温暖化確率は、二酸化炭素濃度上昇とともに急激に高まる

二酸化炭素相当物濃度（ppm）	400	450	500	550	600	650	700	750	800
温度上昇の中央値（℃）	1.3	1.8	2.2	2.5	2.7	3.2	**3.4**	3.7	3.9
6℃以上の上昇確率（%）	0.04	0.3	1.2	3	5	8	**11**	14	17

る確率とを対比させてみよう。400から450ppmに進むと、最も可能性の高い温度増分が1・3～1・8℃になるので、そんなに大したことはないかもしれない。この途中のどこかで、潜在的には不可逆な臨界点があるかもしれないが、結局のところこれは0・5℃の差、あるいは温度が3分の1強上がる程度の話でしかない。同時に、最後の行に示した、6℃を超える確率は、0・04パーセントから0・3パーセントに跳ね上がった。ほぼ10倍だ。これほどのことが、単に400ppmから450ppmに移行しただけで生じる。一方で世界はすでに二酸化炭素だけでも400ppmを超え、二酸化炭素相当物の濃度は440～480ppmにまできている！

もう一段上がって500ppmになると、そのカタストロフの確率は1・2パーセントに上がる。濃度が700ppmになる頃には――これは世界の全政府がいまの約束を守ったとしても2100年には到達してしまう濃度だとIEAは予測している――いずれ6℃を上回る可能性は10パーセントくらいに上

がる。この世にファットテールというものがあらましかば、これぞまさにその権化とも言うべきものだ（ただし厳密に言えば、われわれはこの計算ではそういう想定さえしていない。われわれのテールは「ヘビー／重い」[17]のであって、統計的な意味で「ファット」ではない）。

７００ppmだと温度上昇の中央値[18]は３・４℃だ。これだけでも重大で、いまある地球を一変させるほどの変化だ。北極や南極は少なくとも地球平均の２倍は温暖化するので、それに伴うあらゆる帰結が生じる。費用はとんでもないものになり、世界の指導者たちはこんな可能性をはるか昔に根絶しておくべきだった。でもそうした費用ですら、最終的な温度が６℃を超えたらどうなるかに比べればかわいいものだ。気候変動をいっそう高くつくものにしているのは、このおよそ10パーセントのほぼ確実な災厄の可能性なのだ。

われわれは完全にはわからない

さあこれで、ナシーム・ニコラス・タレブが「ブラック・スワン[19]」と呼び、ドナルド・ラムズフェルドが「未知の未知[20]」と呼んだものの領域に本格的にやってきた。いずれ温度が６度変わったときに何が起こるか、われわれは完全にはわからない。わかりようがない。目隠し状態の惑星規模のギャンブルだ。

家の全焼火事、自動車衝突などの個人的なカタストロフは、ほぼ常に10パーセントよりもずっと確率が小さい。それなのに人々は保険をかけて、そうしたきわめて小さな可能性について保護を得ようとするし、場合によってはそうした費用が社会にふりかかるのを避けようとして、そうした保険が義務づけられていることさえある。こうした惑星規模のリスクは、社会に押しつけられないほうがいい——いや、押しつけられてはならない。

「ならない」というのは強い表現だ。それは禁止や——金銭表現でいうなら——無限の費用のイメージを引き起こす。これは多くの経済学者が抱いているトレードオフの考え方に真っ向から反対するものだ。地球温暖化の費用は高いかもしれないし、だれも可能だとは思わなかったほどの高さになるかもしれない。でも無限ってことはありえないよねえ？

お金がすべて

いずれ起こる温度上昇を推測しようとするのは難しい。でも2100年8月のある暑い日にフェニックス市の気温が何℃になるかを、多少なりとも正確につきとめられたとしても、われわれが本当に気にしているのは温度がどれだけ高くなるかということでは必ずしもない。

もっと気になるのは気候の影響と、それが社会にどのくらいの費用をかけるかということだ。海面上昇がひとつ。また、干ばつやハリケーンなど、海面上昇でそもそも家がなくなる前にその家を襲うかもしれない各種の極端な事象も気にかかる。

個別の影響を確定させるという作業は面倒だし、これまた独自の不確実性が伴う。既知の未知ですら山ほど存在する。未知の未知がこれから圧倒的な規模になるかもしれない。そして臨界点などの嫌なサプライズも至るところに潜んでいるらしい。その一部は、温暖化そのものをすさまじく強化することになりかねない。大量の炭素排出をシベリアやカナダの永久凍土に放つと、ひどい地球温暖化フィードバック[21]をもたらす臨界点になりかねない。実際の温度にはそれほど影響しなくても、他の影響をいろいろもたらす事象もあるだろう。グリーンランドと西南極氷床の融解[22]だけでもすでに、海面を10年ごとに1センチずつ押し上げている。グリーンランドの氷床が完全に融けたら、海面は7メートル上昇する。

最適な炭素の値段は?

西南極氷床が完全に融けたら、さらに3・3メートル追加される。これは明日起こるわけではないし、今世紀中ですら起こらない。今世紀中の世界の平均海面上昇に関する

ＩＰＣＣの推計は最大で1メートルだ。でもいずれこの完全融解が避けられないものとなる臨界点には、それよりずっと早く到達することになる。すでに西南極氷床についてはこの臨界点が突破されたかもしれないのだ。

こうした幾重もの不確実性――排出からその濃度から温度へ、そして温度から金銭計測した最終的な影響まで――のせいで、正しい数字を出すのはきわめて難しくなる。それでも経済学者たちはそれをやろうとしている。その最高の一人がビル・ノードハウスだ。かれのＤＩＣＥモデル[23]――これは動的統合気候経済モデル（Dynamic Integrated Climate-Economy model）の略だ――は、１９９０年初頭から公開されてきた。何世代もの大学院生たちがそれをいじってきたし、その欠陥を見つけようとしたり、「最適」な世界気候政策に関する推計を導いたりしている。

ノードハウス自身による炭素の社会費用推計は、１９９２年の最初のモデル発表以来、ずっと上昇を続けている。当時、気候変動に対する経済的に最適な対応は、二酸化炭素排出1トンあたり2ドル[24]の世界炭素税だった（２０１４年価値のドル）。これは世界の平均温暖化が4℃以上に上昇することを前提にした数字だった。経済成長と気候安定化の綱引きの中で、経済成長が勝ったわけだ。

気候の影響はその後どんどん追いついてきて、化石燃料主体の成長をどんどん抑制なしに進めるという選択は、ますます最適から遠ざかっていった。今日では、ノードハウスの好む「最適」な推計値[25]は二酸化炭素1トンあたり20ドルほどだ。結果として最終的な温度上昇は、3℃ほどで頭打ちになっている。

最適な炭素価格探索は、きわめてホットな話題になっている。ノードハウスが公式に出した20ドルという数字は、かれの著書の中で「示唆的」な例として提示されている、1トン25ドルという平均的な推計値よりもまだ低い。そしてその25ドルという数字は、DICEとその他2つの評価モデルから得られた結果を組み合わせて出した、約40ドルという[26]アメリカ政府の目下の「中央」推計よりも低いのだ。このどれもまだ、テールの適切な費用（それがファットかどうかを問わず）は考えていない。ノードハウスの最大平均温度は3℃以下にとどまるかもしれないが、それは平均だ。6℃を超える確率は、明示されてはいないが確実に残っている。

他の推計の中には不確実性をもっと真剣に扱おうとするものもある。アメリカ政府自身が、極端な結果などに関する代理指標として「95パーセンタイル推計値」を提示している。そこで示される最適な数字は今日排出される二酸化炭素1トンあたり100ドル超だ。だったら、中央値の40ドルという推計値には何が含まれ、どうやって算出されているのだろう？　2つの重要な問題が大きく響いてくる。引き起こされた被害の損害金額推計と、割引率だ。
そのそれぞれを順に検討しよう。

温暖化1℃のお値段とは？

ストックホルム、シンガポール、サンフランシスコのそれぞれの平均的な気候を比べてみよう。スウェーデンの冬は長く、寒く、暗い。平均最高気温が20℃を上回るのは夏になってからだ。シンガポール人にはこういう問題はない。平均年間最低気温は、ストックホルムの年間最高気温よりも高い。

こういう話をきくと、サンフランシスコ人たちは自分たちの霧もなにも含めて、ずいぶん得意げな顔をしてみせる。かれらは1年中、安定した地中海性気候を享受し、「冬」は1週間ほど雨が降るだけだ。それでも、この3都市はすべて活気ある大都市だ。歴史家たちはそのどれも、地理的に好条件にあったからこそよいスタートを切れたのだとさえ論じるだろう。ならば、ある気候が別のものよりよいとか悪いとか、何をもって言えるのだろうか？　あるいは、どうして平均的な地球温度の上昇に費用が伴うなどと言えるのか？

気候変動の費用とは？

気候変動の費用というのは、なにか空想上の最適気候から逸脱した結果として生じるものではない。ストックホルムは、温度があと1～2℃高くなったらいまより快適になるかもしれない。ちなみに、スウェーデンの科学者で温室効果の発見者として名高いスヴァンテ・アレニウスは、まさにそのとおりのことを主張し、意図的に温度を上げたほうがいいかもしれないと述べている。もっと石炭を燃やして「特に世界の寒い地域が、もっと有利で快適な気候を長年享受できるように」するというのだ。[27]アレニウスの名誉のために言っておくと、この発言は1908年時点のもので、温室効果は発見されていたが、大気に二酸化炭素を注入することに大きな代償が伴うというのが明らかとなる、はるか前のことだ。

最終的に、小さな温度変化の費用は、ほとんどの場合は慣れ親しんだものを変える費用の合計となる。そしてそれは単に、スウェーデン人はすでに冬用の上着を持っているとか、シンガポール人たちはエアコンを備えているとかいう話にとどまらない。現在の気候――そして現在の海面の高さ――を前提として構築された、巨大投資や産業インフラこそが、温度上昇を高くつくものにしているのだ。

そしてここでも、問題なのは温度そのものというよりはむしろそうした温度上昇がもたらすもののほうだ。そうした影響のひとつが海面上昇だ。そしてそのうえに嵐による高潮がある――これはその頃には、まさに気候変動のために強さも頻度も増しているだろう。そしてこうしたすべてが完全に「普通」で平均的な海面上昇の影響であり、それがいま向かおうとしているところに組み込まれている。このどれも、ファットテールやその他カタストロフ的なシナリオは考慮していない。

モデルが最新の科学を取り入れ、気候変動のせいで生じそうな被害をますます取り込むようになると、炭素公害の推定費用は上がる。DICEなどは永遠に最新の科学の後追い状態だ。[28] 2010年に、2015年に放出される二酸化炭素1トンの社会費用に関するアメリカ政府の推計値は25ドルほどだった。2013年にはその数字が40ドルほどに上がった。

モデルの限界

これはどれも、モデル構築の努力をくさすものではまったくない。その正反対だ。正しくモデルを作るのはきわめて難しい。何はなくとも、これは経済モデル構築にもっと投資しろという理由となる——それも大量の投資を。

ノードハウスのDICEモデルやその主な競合モデルであるFUNDとPAGEは、どれもたった一人が始めたもので[29]、その後何年、何十年にもわたり、少数の献身的な経済学者たちによって苦労を重ねて維持され、継ぎをあてられ、改変されてきた。

一方、大企業が歯磨き粉のどの味をどこで売るべきか分析しようとしたら、すさまじい量の地理空間的な顧客レベルデータを使い、それを何十人もの専属統計学者やプログラマが分析することになる。

経済気候モデルが不十分だからといって、それを捨て去るべきではないのは当然だ。むしろ、それを徹底的に強化すべきなのだ。その活動をIBM化するのだ。歯磨き粉を売るよりもずっと重要な問題だからだ。でもコルゲート社やP＆G社は大量のデータ運用に支えられて競争しており[30]、DICEはそこらのパソコンで動く程度のものだ。もっと労力とデータをかければ、少なくとも提供されている最新のデータをリアルタイムでモデルに取り込むのに役立つだろう。

だがこれをすべてやったとしても、ひとつ大きな疑問が残る。潜在的にはカタストロフ的な気候変動が引き起こす被害をどのように定量化すべきか？　データ量が増えても、その問題についての足がかりには必ずしもならない。

ＤＩＣＥなどのモデルは、方向性を主に過去の出来事に求める。何百もの科学研究が、地球温暖化が海面上昇から作物収量、熱帯低気圧から戦争まであらゆるものに与える影響を定量化しようとしている。すると必要な作業は、こうした影響を金銭換算することだ。

定量化できるのはごくわずか

ここですぐに2つの問題にぶちあたる。まず、既知の損害のうち定量化できるものはごくわずかだ。抜けているものがたくさんある。[31]現在定量化されていない被害や、少なくとも部分的には定量化不可能な損害は、既知の呼吸器系疾患から地表面温暖化に伴うオゾン公害増加、海洋酸性化の影響まで多岐にわたる。さらに、本当に定量化できる部分は比較的狭い、低温度の範囲のものでしかない。地球平均温暖化のうち、数分の一℃か、せいぜいが1℃、2℃の影響しかわからない。5℃、4℃、いやわずか3℃の温暖化でも何が起こるやら、どうやって推計したものか？　小規模での変化をひたすら延ばすしかないのだ。

少なくともいまのモデルがやっているのはそういうことだ。1℃、2℃で起こることをそのまま延ばす。とはいえ臨界点やその他ありうるいやな突発事象のおかげで、物事を本当は線形にみるだけではいけないことはわかっている。そんなことを真面目に提案する人はいない。

図3.3　世界の経済産出の損害を2次関数と指数関数で推測する

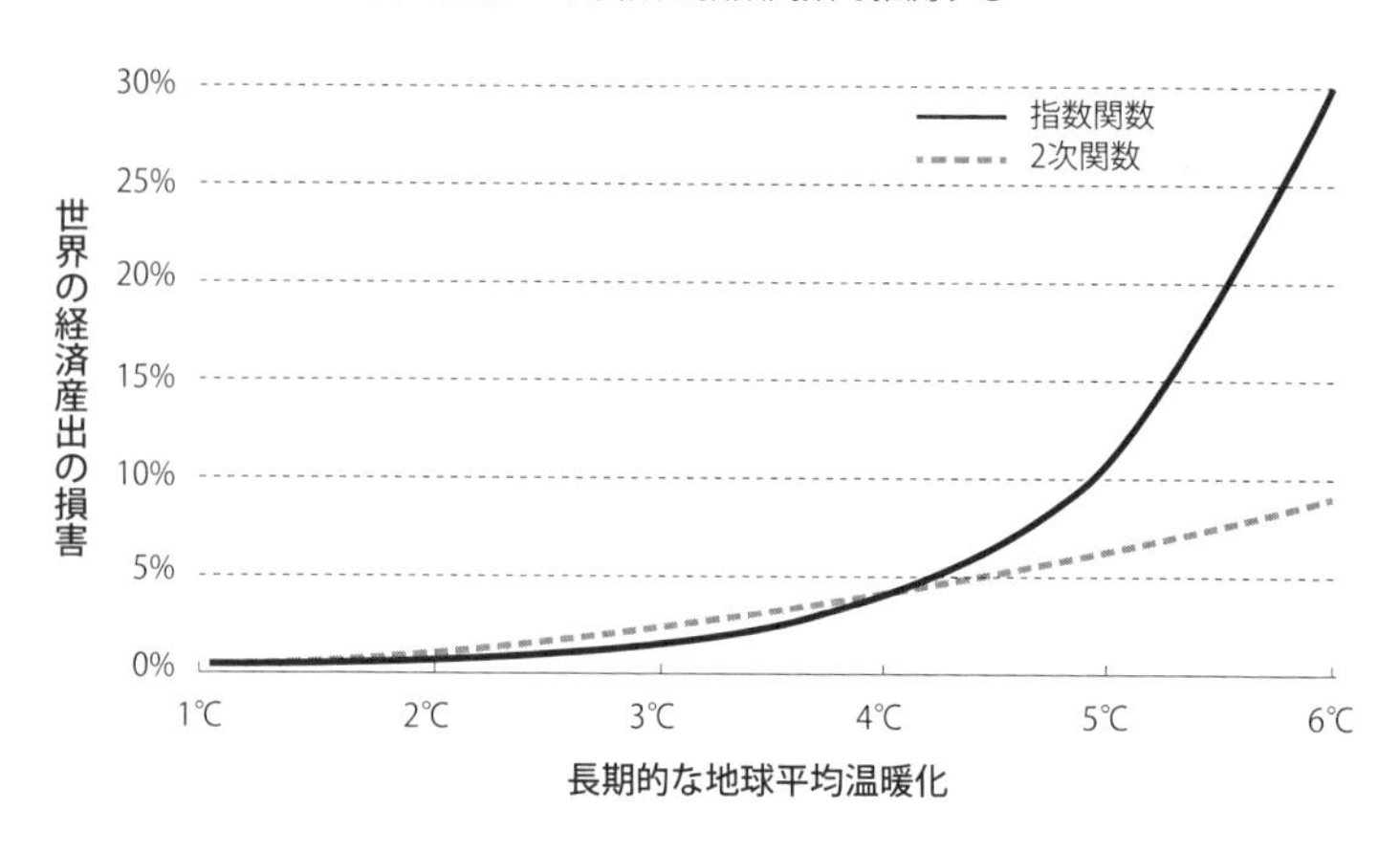

代わりにDICEは、2乗で延ばす[32]に近いことを主にやっている。1℃の上昇が10ドルの被害をもたらすなら、2℃の上昇の被害は20ドルにはならない（これだと線形だ）。むしろ40ドルの損害になる。もっと具体的に言うと、ノードハウスは1℃の温暖化は世界GDPの0・5パーセント以下の損害をもたらし、2℃になると1パーセント程度、4℃だと4パーセントと推計している。その後増え方は急増するが、6℃の上昇でも10パーセントは超えない。

言うまでもなく、これは絶対数としてかなりでかい。全体、つまり世界の経済産出の10パーセントというのは、今日だと7兆ドルくらいだ。それが実現したら、こうした6℃の変化がいまから1世紀かそこら後に到来するとき、被害の一部は巨大な成長率で何倍にもなる。でも、それが正しい数字だと確信できるだろうか？　できない。いったん被害の推計を6℃という極端な水準[33]にまで引き延ばしたら、もうあとはすべて憶測作業にしかならない。２次関数を使うのは簡便な近道ではあるが、それ以上のものではない。

他にも小さい側の端で観察された被害にフィットするような外挿関数はたくさんありうるが、大きくなるにつれてそれぞれが出す結果は大きくちがってくる。たとえば図３・３では、２次関数的な温暖化ではなく指数関数的な温暖化を推計した場合にはまったくちがう結果が出ることを示した。

１℃と４℃では、両曲線はまったく同じだ。２℃と３℃では、どちらもかなり近くて、不確実性を考えればほぼ区別がつかないと思っていい。５℃あたりで双方は別れはじめる。6℃では、それぞれまったくちがう惑星のことを描いているに等しい。２次関数は世界経済産出の10パーセント弱にとどまる。指数関数だと30パーセント近くに達する。

とにかくわからない

別に地球平均温度の増分が6℃に達したときの産出低下について30パーセントのほうが10パーセントより少しでも正確だなどと言いたいわけじゃない。とにかくわからないのだ。

そしてわれわれに限らずだれもわからない。

人類は対応できるから、10パーセントは高すぎるといったお話はできる。6℃も温暖化しても、ストックホルムはいまのシンガポールより涼しいままだ。あるいは30パーセントでも低すぎる、その頃にはシンガポールもストックホルムも消えているから、というお話もできる。両市の現在の海岸線は、数メートルもの水の下に沈むことになるはずだからというわけだ。これはそうなるかもしれないということではなく、確実にそうなる。でもまたもや、いずれ起こる結果の規模とタイミングを巡る根深い不確実性が、真の費用に上乗せされるというわけだ。

経済成長で相殺される？

また、そもそも損害をどこかの年における産出の割合として考えるべきなのかどうかも、実はよくわからない。DICEなどのモデルで通常行われているのは、経済が何も問題なしに動き続けて、あるとき将来のどこかで気候変動による損害がそこから差し引かれるという想定だ。カタストロフ的なものであろうとなかろうと、気候変動の損害の伝統的な推計は、経済成長がもたらすことになっている驚異的な富の増加に比べれば小さく思える。

年率3パーセントで成長が続くなら、世界の経済産出は100年で20倍近く増える。

100年後に気候被害で10パーセント、30パーセント、いや50パーセント引いたところで、世界は今日の何倍も豊かになる。つまり気候変動は悪いかもしれないが、最悪の気候変動ですら、経済成長さえしっかりしていれば世界はずっとよいところになる、というわけだ。

代わりに、被害は産出レベルではなく産出の成長率に影響する[34]と想定しよう。気候変動は明らかに労働生産性に影響する。特にすでに暑い（そして貧しい）国々ではそうだ。すると被害の累積効果は長期的にずっとひどいものとなる。それが複利成長のすばらしさ——というかここでは醜さ——だ。必要なのは、根本的な想定のちょっとした、だが重要な変化だけだ。

最後に、気候変動がもっと一般に経済産出とどう相互作用すると想定されているかが大いに問題となる。DICEなどは気候被害がGDPの単純な割合として被害をもたらすと想定する。温度が上がればその割合もその分だけ上がる。これはかなり人畜無害な想定に思えるが、非常に大きな意味合いを持つ。GDPと温度があっさり交換可能なものとなったということだからだ。あるいは、経済産出の1パーセントに相当する気候被害は、常に経済産出そのものの1パーセント増加で相殺できる、ということになる。GDPが高まるのはいいことだ。GDP増大で被害が増えるなら、GDPをもっと増やせば世界はやはりもっと改善される。

こういう想定をするのは、多くの経済学者のDNAに刻まれた行動だ。結局のところ、成長は一般によいことだからだ。

残念ながら、あらゆる経済損失がそうそう簡単にGDP増大で相殺できるわけではない。人命損失、生態系や食糧の喪失は、消費者家電が増えても簡単には補われない。もっと厳しい言い方をすると、世界の食糧供給が気候変動によりつらくなったら、スマホの生産を増やしてGDPを押し上げたところで、飢えている人々にはあまり役に立たない。

食料生産を改善する方法を考案するなら役に立つ。これは、被害に関する通常の乗算的なモデルを使いたがる人々からの反論となる。人類の創意工夫は、これまで環境破壊の速度を出し抜いてきたように見える。あらゆるものは常に安く、小さく、速く改善されている。技術が再び世界を救ってくれるというわけだ。そうかもしれない。

でも限界があったらどうだろう？　どこかの時点で、環境にとって悪い結果を代替して相殺するために他の分野での産出を高めるだけではすまなくなったらどうだろう？　そうしたら気候被害の悪化に対し、GDP増大はそれほど簡単に相殺してはくれない。経済成長が気候変動の埋め合わせになるという議論はとたんにひっくり返ることになる。豊かな社会は貧しい社会に比べてよりよい環境を好みがちだ。この世界では、将来のGDPが高くなると期待できるなら、それだけ今日の時点で地球温暖化の公害について何とか手をうつ価値は高まる。

もし、代替できなかったら

ある研究によると、被害が乗算的ではなく加算的[35]だと想定したら――つまり食料とスマホは代替できないと想定したら――「最適」な世界平均温度上昇は半分になってしまうという。標準の乗算版だと将来的な最適温暖化が4℃くらいとすれば、それを加算的に変えるだけで、最終的な最適温度上昇は2℃以下にまで下がる。これはすさまじいちがいだし、DICEなどのモデルに入れている想定がいかに重要かを如実に示すものとなっている。

「入力がゴミなら出力もゴミ」とはよく言われる。ここではそれが「入力が楽観的なら出力も楽観的」というものになる。気候経済モデルの中で最も標準的なものに、ちょっとちがう関数型を入れるだけで、最適な気候政策はまったくちがったものになりかねない。

最終結果は、内在する不確実性しだい

ここでも、内在する不確実性が最大の問題となる。これは損害関数の関数型だけでなく、他の各種要因についても言える。排出がどう展開するか、濃度がどう推移するか、温度の反応、海面上昇の様子が正確にわかっていたとしても――そして実際はわかっていない

表3.2　地球温暖化の平均温度が上がると、経済損失に関する知識は激減する

最終的な温度変化（℃）	2	2.5	3	3.5	4	4.5	5	5.5	6
平均的な世界損失（%）	1	1.5	2	3	4	?	?	?	?*
被害が経済産出の50%以上となる確率（%）	?	?	?	?	?	?	?	?	?

*　6℃の温暖化による平均的な世界損失の推計値は、本文中では一貫して10～30%にしてあるが、これはあまりに非科学的な数字でこの表に入れられない。これらの数字は単に、1℃や2℃の温暖化ですでに起こるとわかっているもの――あるいはそう思っているもの――をもとに、2次関数と指数関数でグラフを伸ばした結果でしかない。

――そのすべてをやはり金銭換算しなくてはならないのだ。

温度が工業化前の水準から6℃高くなる時点で、経済損失が10パーセントか30パーセント以上になるかを決定論的に予想するような各種関数をつまみ食いしても役に立たない。むしろここでの正しいやり方は、それぞれの温度の結果について考えられる損失のすべての分布を見ることだ。何かあるひとつの温度水準を前提とした期待損失を見るのではない。言い換えると、もし温度が6℃上がるとすれば、損害がGDPの10パーセントに達する確率はいくつで、30パーセントならいくつで、その中間やそれ以上の損害になる確率はどれだけか？　困ったことに、まるっきりわからないのだ。

最終的な温度がどうなろうと、それが何ら被害をもたらさない可能性はわずかながら常に存在する。

一方、それで世界が破滅する可能性もわずかながらある。最もありそうな結果は、たしかにその間のどこかかもしれない――6℃温暖化したら10パーセントか30パーセントといった範囲に収まるのかもしれない。でも、ここで言いたいのはそういうことじゃない。少なくとも、それでは不十分だ。これはよくても「推定に基づく予測」でしかなく、最悪だと単なる当てずっぽうだ。

だから、メジアン温度の結果と6℃に達する確率を示したような表をお見せすることは基本的に無理だ。それぞれの温度の結果について、平均的な世界的損害を示す行を埋めるのに十分な知識さえない。

ノードハウスによる平均期待損害に関する推計――1℃の温暖化による損失は世界GDPの0・5パーセントに満たず、2℃だと1パーセントほど、4℃だと4パーセント――は出発点にはなる。でもそこですら、2℃周辺以上の話はほとんどが推測になってくる。そして、それぞれの温度水準での損失が持つ実際の損害分布については、あまりに知らないことが多すぎるので、表3・2のようなカタストロフ的インパクトについて、50パーセントだろうと他のどんな数字だろうと3行目を推計することもできない。

高温による被害となると、最新の経済モデルと言えども、低温度でわかっていることをもとに曲線を当てはめ、それを先に延ばすのと大差ない――しかもその延ばす先は、歴史的に観察された温度上昇をはるかに超えて、人間文明にとっては未知の世界となる領域だ。繰り返すけれど、これはそうしたモデル化の努力を否定するものではない。単に、最終的な結果を決めるのは、そこに内在する不確実性なのだということを強調したいだけだ。

どんな数字でも、ないよりはまし?

こうしたすべてから、哲学的な疑問が出てくる。まったく数字がないよりも、どんなものであれ数字があったほうがいいのか?

最終的に6℃の温暖化で引き起こされる平均的な地球への損害が10パーセントであり、単純な指数関数推計だと30パーセントという数字が出てくるなら、そもそも10~30パーセントの数字を使うべきなのか?

そして温暖化がもたらす被害が、たとえば産出の水準ではなく成長率だったとか、被害は乗算的ではなくそもそも加算的なものだったとか、損害の描き方を根本的にまちがえていたらどうしよう?

でもほかにどんな手があるのか? 政府の費用便益分析でそうした数字を使わなければ、基本的には気候損失がゼロというのを受け入れることになる。これはどう考えてもまちがった数字だ。だからDICEなどに類するモデルの標準的な結果を使うほうがましだ。

アメリカの、1トンあたり40ドルという数字はその意味で、過小評価[36]とはいえ他のどんな数字にも負けないものではある。とりあえずはこの数字で話を進めて、もうひとつ重要な論点を示そう。

100年先だと温暖化1℃のお値段は?

いずれ6℃の温暖化が起きた場合に生じる被害が世界経済産出の10パーセントか30パーセントか、あるいはこんな範囲にはまったくおさまらないかどうかは、だれの予測が正しいわけでもないのかもしれない。

ひとつ確実にわかっているのは、そこで得られた数字を割り引く[37]必要があるということだ。割引の基本的な論理はしっかりしたものだし、あらゆることにつきまとう。それは遅れてやってくる満足とリスクの組み合わせだ。今日手にする1ドルは、10年先に得る1ドルよりも価値が高い[38]。それがどのくらい高いのかという質問に答えるのは、科学というよりは技芸の領域に思えるかもしれない。でも、そんな必要はないのだ。

正しい割引率はいくらか？

実は、そのためのウェブサイトがある。treasury.gov にいけば、考えうる最もリスクの低い投資と一般に思われているもの、つまりアメリカ国債の利率が出ている。アメリカ政府に今日、最長30年にわたって100ドル貸したら、その投資は毎年、そのサイトに出ている利率で増える。もっと具体的に見るべき欄は、財務省インフレ連動債（TIPS）のところだ。これを見れば、購買力として何を得られるかがわかる。インフレが収入を引き下げることはない。このTIPS利率は過去10年にわたり年率2パーセント[39]あたりをうろうろしていた。執筆時点では1パーセントに近い。

これを、アメリカ政府が炭素計算の社会費用計算に使う3パーセントという中央推定値と比べてみよう。ノードハウスはDICEモデルで、4パーセント前後というデフォルト値を導きだす。ニコラス・スターン卿は「気候変動の経済学に関するスターン報告」で1・4パーセントという数字を使った。そして当時、スターンはこの低い数字の使用について[40]かなりの批判を浴びた。ならば正しい割引率とは？

手短かに答えると、わからないのだが、それでも正しい長期的な割引率は、時間が経つにつれて「可能な最小の値に向かい」下がる[41]べきだ、ということになる。これは現在における気候対策の強化を求める人間の主張としてはかなり我田引水に思えるかもしれない。割引率が低ければ、将来の気候被害は今日の金銭価値でもっと重要になるからだ。でも実は、この結論を示唆する根拠となる科学がかなり存在しているのだ。ここでも、主にひとつの方向を示唆するのは、われわれには知らないことがあるという事実だ。

低い割引率を支持する議論の主な根拠は、正しい割引率自体をめぐる不確実性となる。いまから1〜2世紀後の割引率がいくつになるべきかなんて、だれにわかるだろうか？　正しい割引率についてわかっていることが少なければ、それだけ低い割引率を使うべきだ。先に行けばいくほどわかっていることが少なくなるなら、割引率もだんだん下がるべきだ。では、具体的にどの数を使うべきだろうか？　たぶん現在使われているような3パーセントとか4パーセントではなく、おそらくかなり低く、2パーセントとかそれ以下かもしれない。あまりに遠い将来のことだから確実にはわからないが、予防原則からして、少なくとも長期の割引においては低い割引率の使用を考慮すべきだということになる。

でもこうした数字はすべて、リスクフリーの割引率についてのものだ。まわりの世界がどうなろうと確実に起こることについてのものとなる。気候変動について心配すべき根本的な理由は、それがそもそも予測できないということだった。それなら、将来可能性のある潜在的シナリオはそれぞれすべて、同じ割引率を適用すべきだろうか？

気候ファイナンス

不確実な未来を割り引く方法のヒントを得る場所として、ファイナンスは捨てたもんじゃない。迷ったら、自分の決断で本当に損をする立場にある連中に話をきくといい。

ボブ・リターマンはそのキャリアの大半をゴールドマンサックスで過ごし、1990年代後半には全社的なリスク管理部門の長をつとめてから、アセットマネジメントに移った。そして生涯にわたり、資本資産価格モデル（CAPM）に漬かって暮らしてきた。それどころか、その変種であるブラック＝リターマン資産アロケーションモデル[42]の開発者でもあるのだ。このモデルは、資産価格の決定をするのに、それぞれの資産の種類に関する期待収益の想定をしなくてもよい。知っていることが少ないほど、リターマンのモデルは標準版のモデルよりも成績がよくなる。

ベータが低いということは……

リターマンは気候経済学者の一部が割引率を扱う方法について語るとき、言葉を濁したりはしない。「あの連中は、お金の機会費用が高いとか、資本に対する市場リターンの何やら推計に基づいて高い割引率を主張するんだ。なんだってぇ？　そんなのが唯一の基準なら、そもそもだれも債券になんか投資しないはずだろう！　なぜそれがまちがっているか、ファイナンス業界では１９６０年代に学んでいるんだ！」

実は、ＣＡＰＭが開発されたのは１９６０年代で、そこにはひとつ単純な前提がある。もしある投資の儲けが経済状況の悪いときに増えるなら、それは市場と並行して上がったり下がったりする同じ投資よりも価値が高くなる、というものだ。その証券のリターンと市場リターンとの関連はベータと呼ばれる。低いベータはその関連も弱いということだ。弱いつながりは、その投資の価値を高める。

ある意味で、人が株式市場で期待収益７パーセントを稼ぐかわりに、たった１～２パーセントの利率しかつかない国債に投資する唯一の理由がこれだ。全体としての収益が高いのは結構だが、それが市場の好調なときにしか儲からないなら――つまりベータが高いなら――価値はずっと低くなる。アメリカ国債は期待収益は低いが、ベータも低い。多くのバランスの取れた投資ポートフォリオは、少なくとも市場が低迷したときのための非常用基金として、ある程度は債券を含んでいる。

こんなときは、割引率は低くすべき

これは気候政策にとって大きな意味合いを持っている。[43] 気候変動が小規模で、経済が強いときに悪化すると思われるなら、割引率は高めでいい。それならときどき極端な気候事象があっても問題なく暮らせる。たとえば、嵐はそんなに強くならないし、それもGDPが高いときにしかやってこないからだ。これは高い割引率を支持するひとつの見方だ。

これに対し、気候被害が巨大になり、経済が低迷しているときに限ってやってくると思うなら、割引率は低くすべきだ。これは、気候変動がもっと極端に暑い日をもたらし、これが労働生産性を引き下げ、したがってGDPを引き下げるという世界かもしれない。あるいはもっと直接的に、もし何か手を打たないと、経済を崩壊させていまの生活を激変させる気候カタストロフの可能性が10パーセントほどあるなら、ファイナンス入門講座の教えから見て、そうしたはるか未来の被害に対する割引率は低くすべきだということになる——リスクフリーの債券評価に使われる、1~2パーセントよりも低くすべきかもしれない。どのくらい低く?

確実なことはだれにもわからないが、ここでファイナンス中級講座にちょっと寄り道する必要が出てくる。

ウォール街のパズル

きわめて高度化しているとはいえ、現代ファイナンスには各種の根本的な謎が残っている。その筆頭が「エクイティプレミアムの謎」[44]だ。

エクイティプレミアムはどこからくるのか?

アメリカの株に投資すると、平均では、アメリカ短期国債に投資するよりも5パーセント高いリターンが得られる。この単純な事実は、何十年にもわたり経済学者たちを悩ませてきた。標準的な経済モデルは、とにかくこの基本的な事実を再現できずにいる。人々は、リスクの高い株に投資するためとはいえ、ここまで大きなプレミアムを正当化するほどリスク忌避的ではないはずだ。でも実際にはそうなっている。何がおかしいのだろう?

日々の株価は、最もよく知られた事実のひとつだ。新聞にも載る。総合的なデータベースがオンラインで無料提供されている。だから、元になっているデータの精度を疑問視してもあまり有益ではない。また、この謎に貢献しているかもしれないし、していないかもしれない、怠惰や偏見といった人間的な癖のせいにするのもなかなか難しそうだ。何と言っても大金がかかっている話だし、そのほとんどを管理しているのはプロだからそんなヘマはしないはずだ。すると下手人を探すべき最も自然な場所は、経済学の理論そのものということになる。モデルはすべて現実を単純化しているのはわかっている。標準的なモデルはあまりに単純化が過ぎるということだろうか?

実は、潜在的にカタストロフ的なリスクを標準モデルに導入すると、エクイティプレミアムの謎は説明しきれてしまうどころか、むしろいまのプレミアムが低すぎるという結果さえ出てくる。[45]つまり、オークションにファットテールを導入するのだ。

市場の結果は、平均的な1日の平均的な変動で定義されているのではない。極端な事象のときに何が起こるかによって定義されている部分がずっと大きい。つまり、絶対に起こるはずはないのに、過去150年ほどで少なくとも1週間分は生じている各種「ブラックナントカといった日[46]のことだ。

1987年10月のブラックマンデーから、1869年9月のブラックフライデー、さらには2008年10月の丸1週間にわたるブラック・ウィークなどがこれにあたる。こうしたカタストロフ的なリスクをもっと真面目に考えれば、大規模なエクイティプレミアム、つまりそのリスクを負うために投資家たちに支払われるべき金額は正当化される。

気候変動のリスクプレミアム

同じことが気候リスクについても言える。潜在的にカタストロフ的な気候事象は「リスクプレミアム」を必要とする。こうしたカタストロフの可能性が高ければ、それだけリスクフリーな国債の気候版、つまりそもそも炭素排出を最初から避ける、というのを深刻に考えるべきなのだ。

この話をややこしくする要因がもうひとつあって、それは割引率と、何よりも重要なベータにも関連している。国債なんかに人が投資する唯一の理由は、そのベータが低いからで、このために国債は、低迷期も含めあらゆる経済情勢で有利なものとなる。標準的な資産価格モデルは、こうした投資に対して低い、ときにはマイナスの割引率さえつけることで、価値評価を行う。マイナスの割引率が登場するのは、たとえば株式市場が低迷しているときに稼ぎが増えるような、市場の逆張りをする空売り人たちの場合だ。

こうした同じ保険的な発想は、気候被害にも適用されるべきだ、というか気候被害の回避に適用されるべきだ。ボブ・リターマンは気候との関連性をこう述べている。[47]「リスクプレミアムが十分に大きければ、保険上の便益はマイナスの割引率を必要とし、現在の排出価格もきわめて高くなる可能性さえある。そしてその価格は問題が減ってきて不確実性が解消されるにつれて、むしろ下がってくるはずだ」

資産価格づけの観点からすれば、この論点は自明にも思えるほど明らかなものだ。気候の分野で、適切な割引はどうあるべきかにこだわる人々にとっては、これは驚きとなる。その分野では、割引率を「機会費用」や期待「市場収益率」と結びつけるのが通例だ――そしてニコラス・スターン卿による1・4パーセントという割引率が、容認される範囲の下限だというのが長いこと通説になっているのだからだ。

カタストロフの可能性が大きいなら……

でも1・4パーセントという数字には何ら魔法の力があるわけではないし、1パーセントにだってそんな力はない。理論的に言えば、0パーセントでさえ下限である必要はない。ウォール街で空売りしている人々にとっては、何も意外なところはない。

あるプロジェクトへの投資が最も厳しい経済情勢で大きな収益をもたらすなら、適切な割引率は、最低のリスクフリー・レートよりも低くあるべきかもしれない。これが気候変動に本当に当てはまるかどうかについてはまるで自信がないながら、まちがいなく可能性としては存在するので、これまた大きな不確実性を示すものとなる。

カタストロフの可能性が大きければ――たとえばいずれ6℃に達する可能性が10パーセントあるとか――そしてそのカタストロフが巨額の経済費用を要するとすれば――地球経済産出の10パーセントとか30パーセントとか（あるいはもっと多く）――こうした気候損害を適切に扱うには、国債のリスクフリー・レートよりも低い割引率で割り引くことかもしれない。いつもながら、何かこれというひとつの数字を選ぶのは難しいけれど、1パーセントや2パーセントよりあまり大きな割引率を主張するのは、これでずっと難しくなる。

タイミングがすべて

6℃の温暖化などの極端なシナリオについて、われわれはずっと「いずれ」と言い続けている。というのも、こうしたカタストロフ的な温度上昇が起こるのは何十年、何世紀もかけてのことだからだ。

大規模な地球平均温度上昇は、明日すぐに起きたりはしない[48]。またカタストロフが一夜にして襲ったりもしない。少なくとも、この計算の場合には。それどころか、最終的な温度上昇が大きいほど、そして最終的なカタストロフの可能性が高いほど、そのどちらも実現するまでにかかる時間は増える[49]。これは、気候変動のもうひとつ重要な特徴を示すものだ。つまり、それが長期的な現象だということ。でもだからといって、とりあえずは手をこまねいていればいいという話にならないのは当然だ。

絶対にやらないこと

いまある文明を一変させるような隕石が地球めがけて飛んできつつあり、10年後に地球に衝突する予定で、地球に当たる可能性がたとえば5パーセントあったとするなら、人々はまちがいなくその軌道をそらすべく、ありとあらゆる防止手段を講じるだろう。

その隕石が地球めがけてやってくるのが1世紀先なら、数年ほど余計にかけて、具体的な対策についてあれこれ議論してもいいだろうが、でも絶対にやらないことがひとつある。

この問題は最大でも10年以内に解決できるから、あと90年は何もせずに手をこまねいていよう、と提案することだ。また90年後の技術はずっと進んでいるから、たぶん91年か92年は何もしなくてもまったく問題ない、などという事実に賭けようともしないはずだ。

行動するだろうし、それも即座に行動するだろう。今後90年で技術が改善されるなんてことは考えないだろうし、今後90年で隕石の正確な軌道がわかり、地球に衝突する確率がずっと思い込んでいた5パーセントではなく、「たった」４パーセントだということがわかるかもしれない、などということも考えないだろう。

この最後の論点——最終的な影響に関する確度の上昇——は、まさに気候変動が実に頭の痛いものとなっている分野だ。気候感度についてのわれわれの推測値は、30年前に比べてまるで精度が上がっていない。そしてやがて気候カタストロフが起こる可能性は5パーセントなんかじゃすまない。ＩＥＡ予測に基づくわれわれの大ざっぱな計算では、10パーセント近くかそれ以上に上がるのだ。

あなたの数字はいくら？

気候変動は、根深い不確実性の上に根深い不確実性を重ね、その上にさらに根深い不確実性を積み重ねるような話だらけだ。そしてこれは、二酸化炭素排出から濃度を経て最終的な温度に達するまでの話でしかない。さらに不確実性があるために、温度をあっさり経済的被害に変換するわけにいかないし、これらのどれひとつとして、今日の最適な炭素価格を計算するために必要な、正しい割引率を巡る不確実性をいっさい減らしてはくれない。

だがそのステップのそれぞれで、はっきりしていることがひとつある。極端な悪性や被害があまりに脅威的であるため、ファットテールなんかどうでもいいとか、考えられる被害が低いとか、割引率は高くあるべきだと論じる側に立証責任があるということだ。

大規模な経済崩壊の確率はどれくらいか？

こうした不確実性の多くについて、わかっていることは少ないとはいえ、いずれカタストロフ的な温暖化である6℃以上が生じる可能性はゼロではないことはわかっている。控えめな補正をほどこしても、10パーセントを少し上回る。

付随的な被害は見当もつかないが、ノードハウスのＤＩＣＥモデルがあえて出している、世界経済産出の10パーセントという暗黙の「当てずっぽう」は下限としか思えない。これと同じ、明らかに不完全な論理どおりで計算すれば、10パーセントから30パーセントかそれ以上のどんな数字でも出てくる。その範囲の中のどこに正しい数字があるかはわからない。それが10パーセント以下でないことにはかなり自信があるし、真の数字を知っている人が他にだれもいないのもわかっている。最も重要な質問は、6℃での期待被害が世界経済産出の10パーセントか30パーセントかということではない。正しい質問は次のとおり。被害の確率分布全体はどんなものであり、大規模な経済崩壊の確率はどのくらいか？

残るは割引率だ。これについては、資本の期待市場収益率を見て、4パーセントとかいう割引率に到達するというやり方は、何十年もの資産価格理論や実務に目を閉ざすことなのだということは少なくともわかっている。気候被害が小さくて、悪化するときには経済のほうが好調というバラ色シナリオを排除すれば、現在取り沙汰されているよりずっと低い割引率を目にすることになる。

正しい割引率は2パーセントか1パーセントか、それ以下であるべきかはわからない。単一の気候ベータ——気候被害と経済の全般的な健全性とのつながり——はないので、何か単一の割引率を正当化はできないのかもしれない。でも最終的な温度やカタストロフ的な被害を取り巻く多くの不確実性は割引率を引き下げるのではなく、押し上げるべきだというのはかなり確信が持てる。50年後の被害に関する推計は2パーセントになるかもしれないし、その数字が何であれ、それはだんだん引き下げるべきだ。

まとめ

これをまとめるとどうなるだろうか？

まず、批判するのは簡単だということがわかる。建設的な代替案を出すほうが難しい。表3・2は実際の気候被害を示しているが、ほとんど空欄ばかりなのは故なきことではないし、その理由というのもやる気がなかったからではない。

もし問題が、今日の二酸化炭素公害1トンあたりの最適価格を求めるために使うべき単一の数字は何か、というものであるなら、答えは少なくとも二酸化炭素1トンあたり40ドル、ということになる。これはアメリカ政府の現在の値だ。それが不完全なのはわかっている。過小評価だろうというのもかなり自信がある。過大な数字でないというのは確信できる。また他に数字がない（そしてこれは、炭素価格をすでに導入した多くの場所——カリフォルニア州からEU[50]まで——で使われている価格よりもずっと高い。唯一の例外はスウェーデン[51]で、そこでは1トン150ドル以上だ。そしてそこですら、主要な産業部門は除外されている）。

もし次の問題が、適切な気候政策をどうやって決めるかというものであるなら、答えは大ざっぱな費用便益分析が示唆するよりもややこしいものとなる。炭素を1トン40ドルで値付けするというのは出発点ではあるが、出発点でしかない。費用便益分析はすべて、多くの――多すぎるかもしれない――想定に頼ったうえで、気候変動ほど巨大で不確実なモデルに関するたったひとつの代表的モデルに基づき、単一の金銭推計価格をはじき出すのだから。

ファットテールが最終的な結果に圧倒的な影響を持ちうることがわかっているので、決定基準[52]はそもそもこうしたカタストロフ的な被害の可能性を避けることに注目すべきだということになる。一部の人はこれを「予防原則」と呼ぶ――後悔先に立たず、それより安全なほうをとろうというわけだ。またこれを「パスカルの賭け」の一変種と呼ぶ――罰が永遠の地獄送りであるなら、そんな危険を冒す必要もあるまい？ われわれはこれを「陰気なジレンマ」と呼ぶ。ファットテールが分析で圧倒的な大きさを占める一方で、これまで直面したことのない珍しい極端なシナリオの可能性や、力学が大ざっぱにしか理解されていない事象などの可能性についての関連確率はどうすればわかるか、ということだ。真の数字はおおむねわからないし、そもそもわかりようがないのかもしれない。

被害の正確な推計より大事なこと

結局のところ、これはリスク管理の問題だ――実存的リスク管理。そしてそこには倫理的な部分[53]もついてくる。カタストロフ的なリスクがこの場合のように支配的なら、予防こそが適切な態度となる。費用便益分析は重要だが、それだけでは不十分かもしれない。それはとにかく、高温度の影響分析にかかわる曖昧な部分があるからなのだ。

気候変動は、考えられる地球への被害の規模について意味ある範囲を決めるのがすさまじく難しいという、珍しい状況の区分に属する現象だ。いずれ地球の平均温度上昇4℃、5℃、6℃のそれぞれに伴う被害の正確な推計値を得ようとばかりしていては、重要な点を見逃してしまう。適正な炭素価格は、6℃なんかにまったく接近せずにすみ、いずれカタストロフが確実に起こるなどと決して思わずにすむだけの安心を与えてくれる価格だ。決して、というのはもちろん強い言葉ではある。今日の大気濃度に基づいてすら、こうした温度のどれかが実現する可能性はゼロには引き下げられないのはわかっているからだ。

ひとつ確実にわかっているのは、いずれ温暖化が6℃以上になる――つまりこの惑星における人間活動が、いま知るような形では終焉を迎える――確率が10パーセント超というのは高すぎるということだ。そしてこれは地球がいま向かっている道筋でもある。大気中の二酸化炭素の寿命はすさまじく長いので「待って様子を見る」というのは意図的に目をつぶる以外の何物でもない。

第4章

故意の無知

──それについて考察する経済学者2人の見解

世界の70億人と無数の将来世代 対 まともな気候行動を邪魔する者たち

——世論法廷に対する情報提供のための、判決執行援助令状記載

「故意の無知（willful blindness）」ドクトリンは、刑事訴訟弁護判例では昔からあるものだ。銀行の窓口で仲間が銃をつきつけたときに、それに背を向けたというだけでは、強盗を手伝ったことの責任は免(まぬか)れない。

このドクトリンはその後、刑法の領域の外にも及んでいる。たとえばアメリカ最高裁[1]は、この原則を特許にも適用している。グローバルテック・アプライアンシズ社ほか対SEB S.A., 563 No. 10-6 (May 31, 2011) は「揚げ物用フライパン」をめぐる裁判だった。最高裁の判決にはこうある。「法廷において重要な事実に関する直接的な証明に対して目を閉ざすだけの知恵がある人々は、実質的にそうした事実を実際に知っているのである」

もっと具体的に言うと、法廷は「だれもが同意する」ような「故意の無知」性についての基本的な要件をさらに2つ追加している。「まず、被告は主観的に、その事実が存在するという高い確率があると信じていなくてはならない。第2に、被告はその事実を学ぶのを避けるための意図的な行動をとらねばならない」。

気候変動に関する「故意の無知」

ここでのキーワードは、「高い確率」と「意図的な行動」の2つだ。絶対確実なものなどほとんどない。故意の無知を実証するためには、被告が何かが起きていることを──高い確率で──認識するだけの知識があったことを示す必要がある。さらに、その被告はその後、その知識に基づいて行動するのを避けるための意図的な行動をとっている必要がある。

刑事訴訟から気候変動に話を移し、最高裁判例から「故意の無知」の意味に関する口語的な解釈[2]へと話を移そう。気候変動はよくない。それについて何も行動しないのはもっとよくない。何十年にもわたる科学と、何年にもわたる世の中の議論の後で、この現実に反対する──あるいはそもそも否定する──人々については、「故意の無知」以外に呼びようはない。一部の人は、単に「無知」なのかもしれない。でも多くの人の場合、魂胆を持った理由づけによって科学と真っ向から対立する結論が出てきている。

ここで話を終わりにしたくもなる。行動すべきかどうかという論争はもう決着がついたはずだ。ある意味で、どう行動すべきかをめぐる論争すら決着がついている。

たしかに、どうすべきかについての学術的、実務的な意見の相違はある──炭素に課税すべきかキャップを設けるべきか、どっちであれどうやって実行に移すべきか、車の燃費基準や発電所の炭素汚染基準といった他の政策を使って、炭素価格をどう近似すべきか、といった話だ。こうした政策の一部――性能基準など――は、たしかに独自の長所はあるが、でもそれだけでは不十分だ。最終的な目標ははっきりしている。炭素に値段をつけろ。ここには何の秘密もない。そうでないというふりをする人はすべて、あえて言わせてもらえば、現実に対して故意の無知を装っているのではないか？[3]

「1トン40ドル」は出発点に過ぎない

残された問題は次のようなものだ。炭素にはどのくらいの値段をつけるべきか？　これこそ、学術的なものにせよその他にせよ、本当に議論の余地があるところだ。はっきり言っておくが、そういう議論があるからといって、いま何もしない口実にはならない――そうであってはいけない。現在の炭素価格は、一部例外はあってもほとんどの国でゼロに近く、これでは低すぎるのは事実としてわかっている。アメリカ政府の「炭素の社会費用」に関する包括的レビューの中央推計値は、二酸化炭素1トンあたり40ドルくらいの価格だ。[4][5]

でもこの1トン40ドルという値段は、出発点でしかありえない。科学的にわかっていることのほとんどは、その数字がもっと高くなるべきだという事実を指している。わかっていないことのほとんどは、それをさらに高く押し上げる。40ドルという数字にたどりつく計算に伴う無数の不確実性を真剣に見れば、それは明らかだ。

これまでの章で述べた「ファットテール」がその他すべてを圧倒するかもしれない。では、どのくらい高くすればいいのか？

費用は無限？

カタストロフのリスクが十分に高く、そのカタストロフ自体も十分ひどいものであるなら、費用などおかまいなしにそれを何とか避けるべきだと結論づけたくもなる。二酸化炭素1トン40ドルで止めることはない。４００ドル、４０００ドルでもいいじゃないか。

カタストロフが無限にひどいものなら、そのカタストロフを引き起こすどんなしきい値であれ、それを超える二酸化炭素公害1トンあたりの最適費用だって無限大になる。これは、そのカタストロフの可能性が「たった」10パーセトしかなくても成り立つ。無限に何を乗じても結果は無限だ。すると厳密な数学的判定は、世界中のあらゆるお金を使ってその結果を避けろというものになる。あるいは実務的な表現をするなら、意図的な二酸化炭素放出を禁止しろ——石炭、石油、天然ガスの燃焼を、森林伐採を完全に止めろ。内燃機関つきの車を運転してはいけない。商用の航空機はすべて離陸させるな。化石燃料を燃やす発電所は止めろ。いまの現代的な生活すべてをやめてしまえ。

これが正しい政策的な処方箋だとは考えにくい。そもそも気候カタストロフの可能性を10パーセントからたとえば1パーセントに引き下げたとしても、避けるべき費用はまだ無限大だ。無限の1パーセントはまだ無限だ。通常の費用便益分析は、「カタストロフ」という言葉を導入し、それが無限の費用を伴うと述べた瞬間に崩壊する。

カタストロフのリスクを見る

もちろん、本当に無限に費用がかかるものなど実際にはほとんど存在しない。死ですら無限の費用はかからない。「統計的寿命の価値」[6]というのは、その名前が示唆するのと同じくらい無慈悲に思えるかもしれないが、その論理には文句のつけようがない。シートベルトをするべきかといった日常的な細かい判断や、どんな職に就くべきかといった大きめの判断をするにあたり、人々は自分の命を無限大の価値あるものなどとは考えない。ある職業の仕事で死ぬ確率が、別の仕事に比べて2倍なら、賃金はそれに応じて高いだろうが、無限に高くはならない。個人の統計的な寿命の価値を全地球的なカタストロフにあてはめるのは、ちょっとやりすぎかもしれないが、でもアナロジーとしては成り立つ。

いずれやってくる6℃の温暖化が文句なしのカタストロフ級になり、今ある形の自然と文明を破壊するというのを理解するのは難しくない。それだけでは、問題解決に無限のお金を投入すべきだということにはならない。過剰反応と、弁解できない行動欠如との間で、筋の通ったバランスを見つけねばならない。

ひとつ考えられる指標としては、カタストロフそのもののリスクを見ることだ。9・11同時多発テロから間もなく、ディック・チェイニー副大統領はこう述べた。「パキスタンの科学者たちが［アルカイダによる］核兵器製造や開発を支援している可能性が1パーセントでもあるなら、対応の面でわれわれはこれを確実な出来事として扱わねばならない」[7]。これは、事実問題としてはまちがった等価性だ。1パーセントは確実とは言えない。むしろ、その事象そのものの確率を、重要な指標として考えるべきだ。人類存在に関わるリスクでも、発生確率が本当に小さければ、10パーセントや1パーセントの確率を持つ事象に比べて、あまり気にかける必要はないことになる。

人類存在に関わる気候リスクが、チェイニー氏のアルカイダ・シナリオのようにたった1パーセントなら、ずいぶん幸運だろう。われわれは、いささか控えめな計算を使って、いずれ平均地球温度が6℃以上上がるリスクが10パーセントくらい、つまり1パーセントの10倍高いことをすでに見てきた。

気候変動だけじゃない

現在に至ると、われわれはもうひとつ別の制約になりそうなものにぶちあたっている。世界が直面している潜在的なカタストロフは、気候変動だけではないのだ。小隕石が地球にぶちあたり、気候変動の最悪の影響が浮上する前に文明を一掃してしまったらどうしよう？　あるいは疫病の大流行があったら？　あるいは核テロリズムの可能性は？　あるいはバイオテクノロジー、ナノテクノロジー、ロボットなどが暴走したら？　限られたお金を、こうした存在に関わるリスクのそれぞれにどう配分すべきか？

最悪ケースの候補[8]

「人類の存在に関わるリスク」や世界的「カタストロフ」と呼ぶにふさわしいものは何

かについては、人によって意見もさまざまだ。原発事故やテロを含める人もいる。「世界的」のレッテルにふさわしい規模に達するのは、核戦争かせいぜいが大規模核攻撃くらいだと固執する人もいる。

最悪の危機のリスト

最悪の中でも最悪の危機に関する各種リストに載る候補としては、その他6つくらいしかない。そしてこれから間もなく見るように、それらに明確な順位をつけるのは難しい。気候変動に加えて、ABC順に小隕石、バイオテクノロジー、ナノテクノロジー、核兵器、大規模伝染病、ロボット、「ストレンジレット」だ。

なんだか一覧にしてはずいぶん少ないと思うかもしれない。潜在的なリスクなんて、何百、何千とあるんじゃないの？　交通事故だけでも、死に方は無数にある。たしかにそのとおり。でもそこには重要なちがいがある。交通事故は個人レベルでは悲劇だが、全体としてはまるでカタストロフとは言えないのだ。

この一覧に載ったものはすべて、いまある文明を一掃できる可能性を持っている。この最悪ケースシナリオのすべては世界的だ。すべてはきわめて影響が高く、人間的な時間尺度では取り消し不可能だ。ほとんどはきわめて不確実だ。

問題の規模の証拠が過去の歴史から得られるものは、そのうち2つ——小隕石と気候変動だけだ。小隕石の場合、6500万年前にさかのぼると、恐竜を絶滅させた小隕石が出てくる。気候変動の場合、300万年ちょっとさかのぼれば、今日の大気中二酸化炭素濃度と、海面が今日より20メートル高かった時代が出てくる。

結局のところ、気候変動は人類が心配すべき潜在的なカタストロフの唯一のものからはほど遠い。他のものも、もっと注目と資金を得てしかるべきだ。でもこの一覧のすべてがそうだというわけではない。

「ストレンジレット」の可能性

ストレンジレットは、そもそもSFから出てきたものだ。安定した不思議な物質で、地球を一瞬のうちに飲み込んでしまう可能性を持つ。観測されたこともないし、理論的に不可能かもしれない。でも可能ならば、CERN(欧州原子核共同研究機関)が持つような巨大重イオン衝突器がそれを作り出すかもしれない。このため、研究チームはストレンジレットが本当に起こる可能性を計算した。その審判は?[9] 可能性は無視できるほど。具体的な数字は、0・000002パーセントから0・002パーセントのどこかをうろついている。ゼロではないが、ゼロといっていいくらいだ。現在の道筋がもたらす将来的な気候カタストロフの可能性10パーセントにはとうてい及ばない。

だから、たしかに地球丸ごと飲み込まれるというのは究極の最悪シナリオだ。極冠が融けたり海面が数メートルかそこら上昇するよりは明らかにひどい。もっと不思議なことだって起こっている。でもストレンジレットがそれをする可能性は、とってもとってもとっても低い。本当に起こりにくい問題は、社会の注目をそんなに集めるべきではない。量子物理学によれば、地球が現在の太陽周回軌道から飛び出して宇宙へ漂い出す可能性はきわめて無限に小さいながらもある。でも、そんなことについて人類が多少なりとも心配するだけの手間暇をかけるべきでは絶対にない。ストレンジレットは、それを人間がたしかに作り出しかねないという意味では、ちょっとちがっている。でもだからといって、社会がそれに注目すべきということにはならない。可能性はあまりに小さすぎる。

小隕石も除外できる

最悪ケースのシナリオを、発生確率に基づいて順位づけできたら大きな進歩だ。もしストレンジレットの可能性があまりに小さくて無視できるくらいなら、確率だけでどこに専念すべきかがわかるかもしれない。だがそれだけではない。影響の規模も重要だ。そして対応の可能性も重要となる。

小隕石は、形も大きさもさまざまだ。本書の冒頭では、2013年2月にチェリャビンスク＝オブラスト上空で爆発したものを見た。その衝撃で1500人が負傷し、建物にも多少の被害が出た。その映像はすさまじいものではあったが、だからといってそのためにこうした衝突がもっと起こってほしいなどと願うべきではない。それでもあの規模の小隕石を「最悪ケースのシナリオ」と呼ぶのはかなり苦しい。とても最悪とは言えない。

宇宙からの物体をカタログ化して防衛しようというNASAの試みはもっと大きな小隕石を狙ったもので、文明を破壊するほどの規模のものだ。天文学者たちは、チェリャビンスク＝オブラスト規模の小隕石の可能性をずっと過小評価してきたかもしれない[10]。この問題は修正が必要だが、文明を一掃するような問題ではない。もっとずっと大きな衝突の可能性の見積もりが不正確なら、その影響はずっと悲惨なものとなる。

幸運なことに、小隕石の場合には人類に有利な特徴がもうひとつある。科学はこうした巨大小隕石をひとつ残らず、観察し、カタログ化し、軌道をそらすことができるはずだということだ――十分なリソースさえあれば。これはかなり厳しい条件ではあるが、でも手に負えないほどのものではない。全米科学アカデミーの研究では、小隕石軌道変更技術の実試験を行うために、費用が20億〜30億ドルと研究期間10年必要だと見積もっている[11]。これは目下費やしている費用よりずっと多いが、でもその決断はかなり簡単に思える。お金をかけて、問題を解決し、次の問題に移ろう。

どれに注目するかを選ぶ必要がある

さて地球温暖化の対抗馬として残ったのは、バイオテクノロジー、ナノテクノロジー、核兵器、大規模伝染病、ロボットだ。いや、そうだろうか？

こうした一覧すべてに対して出てくるありがちな反応は、どの問題もすべて人々の（適切な）注目を必要とする、というものだ。地球が直面する人類存続のリスクが複数あるなら、そのそれぞれを順番に検討し対応すべきだ。通常の住宅保険パッケージは、火災被害に対して保護してくれる。その家が活断層近くにあるなら、地震保険も買おうとするだろう。洪水リスクにさらされた人々は、洪水保険にも入る。他にもある。同じことがカタストロフ対応にも当てはまるはずだ、というわけだ。

この論理には限界がある。カタストロフ対応で手持ちリソースがすべて食い尽くされるなら、明らかにどれに注目するかを選ぶ必要がある。でもわれわれは、そこからほど遠い状況にある。だったら、まず第一歩は費用便益分析に目を向けることだ。そしてこれは、ロナルド・レーガン以来の歴代アメリカ大統領が、政府方針の指針とすると明言している[12]ものだ。

理想的に言えば、社会は（残った）最悪ケースのシナリオそれぞれに対し、真面目に費用便益分析を行うべきだ。確率と考えられる影響を推計し、両者をかけあわせ、それぞれの場合にそれを対応費用と比較するわけだ。気候変動、バイオテクノロジー、ナノテクノロジー、核兵器、大規模伝染病、ロボットが、もっと関心を持つべき問題として台頭してきたら、それぞれにもっとリソースを割くべきだ。

でも、われわれは極端な場合を無視する標準的な費用便益分析の背後に隠れてすませるわけにはいかない。こうしたシナリオのそれぞれは、たしかに独自のファットテールの変種を持っているかもしれない。つまり、その他すべてがかき消されるほどの、過小評価されてヘタをすると定量化不可能な極端事象だ。すると分析はやがて、極端事象に注目した予防原則の一種へと移行する。すると、標準的な費用便益分析から離れれば離れるほど、最悪ケースのシナリオ同士を比較するニーズも緊急のものとなる。

気候変動が注目されるべき理由

この比較はますます難しくなってきている。残った5つの最悪ケースシナリオのうち、あっさり無視できるものはひとつもない。その確率は、無視できるほどゼロに近いわけでもない。潜在的な損失は大きい。核非拡散の仕事をしている人に尋ねれば、核テロのほうが気候変動よりひどい[13]と論じることも十分ありえる。細菌学者に尋ねれば、社会は大規模伝染病への対応準備が不十分だと言うだろう。だったら、気候変動を他の5つとちがったものにしている要因が何か残っているだろうか？

まず、いずれ地球的なカタストロフが起こる可能性が比較的高いということがある。われわれ自身が前の章で行った分析だと、その可能性は10パーセントくらいとなる。しかもこれは文句なしの世界的カタストロフだけの確率だ。気候変動は、いずれ6℃よりずっと低い温度上昇でも、かなりのカタストロフ的な事象を引き起こすはずだ。多くの科学者は2℃をしきい値として挙げるだろうし、人類はそのしきい値に到達し、それを超える道を着実にたどっている。それを避けるには、大規模な世界的方向転換が必要となる。

第2に、現在行われている対応と、気候変動に対して必要な対策とのギャップはすさまじい。われわれは他の最悪ケースのシナリオについて特に専門家というわけではないが、少なくともいろいろすでに対応はとられているようだ。

たとえば核テロを考えよう。アメリカ一国だけでも軍事、諜報、安全保障サービスなどで毎年何千億ドルも費やしている。それでもテロの可能性は消えない。使われたお金の一部はむしろテロを煽（あお）っているかもしれず、ときにはこの問題にもっと戦略的なアプローチをしたほうがいい場合もまちがいなく存在する。でも、少なくとも全体としての目的はアメリカとその国民を守ることだ。今日のアメリカの気候政策が得ている支援は、この種の努力の足下にも及ばないと言わざるをえない。大規模伝染病の削減となると、たしかにもっと研究やモニタリングや即時対応に予算を割いてもいいだろう。でもここでも、必要となる追加の努力はおそらく国民所得のかなり小さな一部にしかならないだろう。

第3に、気候変動にはしっかりした歴史的前例がある。人類がそれを経験したことはないが、地球は経験している。他の潜在的な世界的カタストロフはしばしば、大量のSF的要素を必要とする。自律ロボットが繁殖して世界征服というのが、最も極端な例かもしれない。それが決して起こらないとは言わないが、まちがいなくこれまでは起こったためしがない。気候変動は起こったことがある。二酸化炭素を大気に注ぎ込むのが過去の再演なのだという証拠はたくさんある――たしかにはるか遠い過去ではあるが、でも過去にはちがいない。地球は今日のような二酸化炭素濃度をすでに経験している。３００万年以上前に、海面が今日より20メートル高く、北極圏あたりをラクダがうろついていた時代のことだ。

こうした話にはかなりの不確実性があるが、それでも人類が基本的な物理学や化学を出し抜けると信じるべき理由はほとんどない。気候変動の影響の多くは人間の時間軸では前例がないものだが、だからといって地学的な時間軸で前例がないわけではない。この話をするのにSFは要らない。

気候変動の歴史的前例を、[14] バイオテクノロジーの歴史的前例、というかむしろ前例の欠如と対比させてみよう。バイオエンジニアリングされた遺伝子や、遺伝子操作生物(GMO)が野生に対して大混乱をもたらすという恐れが見事な例だ。そうした生命体は、一部の地域では侵略的な外来種のように作用しかねないが、でもそうした種が世界を覆い尽くす可能性は、どう考えてもかなりありえそうにない。気候変動と同じく、歴史的な前例がある程度の示唆となる。だが気候変動とちがい、その同じ歴史的前例が、かなりの安心材料を与えてくれるのだ。

自然そのものが何百万年にもわたり、突然変異DNAや遺伝子の無数の組み合わせを作り出そうとしてきた。自然淘汰のプロセスは、最も適応性の高い配列変化の中でも、さらにごく一部だけしか生き残れないように保証してくれているも同然だ。遺伝的に改変された作物は、大きく、強く、殺虫剤にも耐性があったりする。でも、自然淘汰を完全に出し抜くことはできない。もちろんこれだけでは、科学者たちが野生に大混乱をもたらす配列変化を開発できないという保証にはならない。でも歴史的な経験から見て、その可能性がたしかにかなり小さいことはわかる。

最高の科学者たちはジオエンジニアリングに注目

もっと安心できることだが、バイオテクノロジーの研究をしている最高の科学者たちは、一般市民よりも「フランケン食品」だの遺伝子組み換え作物だのについて全然心配していないようだ。気候変動については話が逆だ。最高の気候科学者たちは、一般市民の大半や多くの政策立案者たちよりも、最終的な気候の影響について、ずっと深く懸念しているようだ。

そうした気候科学者たち――科学について知るべきことを知り、気候問題に対する人間の反応も知っている――はもう先に進んでいる。それも、気候がそんなに悪くないと思って他の最悪ケースシナリオの分析に進んだわけではない。正反対だ。一部はまったくちがった領域で気候危機の解決策を探すのに移ったのだ。迫るカタストロフの縁（ふち）から地球を引き戻せるものならなんでもいいから探そうとしている。かれらが注目しているのが、ジオエンジニアリングだ。

第5章

地球を救い出す[1]

1991年6月、1年後に迫ったリオ地球サミットの準備は佳境に入っていた。「持続可能な開発」が大流行だ。人類が「開発を持続可能にして、現在のニーズを満たすようにしつつ、将来世代が自分たちのニーズを満たす能力を阻害しないようにする」[2]べきだ、というのに反対できる人がいるだろうか。

興奮は目に見えるようだった。国連総会が呼びかけた「2000年とそれ以降」までに持続可能な開発を実現するのは、まだ可能かもしれなかった。ひとつだけ問題があった。地球の大気[3]はすでに産業革命以来0・5℃温暖化しており、あらゆるトレンドはそれがもっと上がると示していたのだ。

中国はちょうど数十年にわたる市場経済改革を終えたばかりで、国民何億人もを絶対貧困から引きずり出す寸前だった。当時の最高の技術から見て、中国はその後10年を、欧米などがおおむね世界の富裕国という快適な地位を支えるためにやってきたことを模倣して過ごすことになる。つまり、石炭や石油や天然ガス——なかでも石炭——を燃やし、その結果として生じる二酸化炭素を大気中にぶちこみ、さらに地球を温暖化させるということだ。

ジョージ・ブッシュ（先代）大統領は1992年地球サミットの宣言「アジェンダ21」に署名したが、それは将来の右翼陰謀論者たちに胸焼けと反対論の拠り所を提供する以上のものではなかった。でもそういった話はまだ1年先のこと。ブッシュ大統領とその他100人以上の国家元首たちがリオデジャネイロに飛ぶのは、1992年6月になってからのことだ。

ピナツボ火山

一方、400年以上も休眠してきたピナツボ火山が、1991年4月2日頃には鳴動をはじめていた。ほどなく、フィリピン政府当局は初の避難命令を出した。2カ月後、火山活動はレッドゾーンに突入して、最終的に6月15日の大噴火を迎えた。その灰、岩、溶岩が周辺地域を覆い尽くした。さらに事態を悪化させたのが、そのまさに同じ日に台風1991O5号（Yunya台風）が上陸したことだった。それにより生じた洪水が噴火の影響とあいまって、フィリピン人20万人以上の家を破壊した。[4]死者は300人以上。

その被害は現実のものだった。だが便益も実際にあった。噴火の直接的な影響として、地球の温度は一時的に0・5℃ほど下がり、その時点までの人為的地球温暖化の影響を一掃した。温度の低下が頂点に達したのは、ちょうど1年後にリオ地球サミットが開催される頃だった。

ピナツボ火山はそれだけのことを、成層圏に二酸化硫黄2000万トン[5]ほど注ぎ込むことで実現したのだった。この比較的少量で、それまでに人類が大気中に蓄積させた二酸化炭素5850億トン[6]ほどの影響を相殺できたのだ（20年後の現在、大気中の二酸化炭素総量は9400億トンになり、あらゆる兆候を見てもまだ増え続けている[7]）。

ジオエンジニアリング的に見て、二酸化炭素と硫黄のレバレッジ比はすさまじい。ピナツボ火山が放出した二酸化硫黄は、同じ量の二酸化炭素が上げた温度の3万倍ほども温度を引き下げた。

原子力技術との対比をしたくもなる。広島に落とされた原爆リトルボーイは、同じ分量の従来型の爆発物のおよそ5000倍[8]の力を持っていた。

原子力技術との対比はまた、今後考えられる道筋も示している。タイタンⅡミサイル[9]が開発されたのは、リトルボーイ投下のたった15年後だった。このミサイルの弾頭には、リトルボーイも含め第二次大戦で投下された爆弾すべてをあわせた以上の威力が込められていた。ジオエンジニアリング技術の発展速度がこれよりかなり劣るものだったとしても、大気中の二酸化炭素に対抗する技術がどれほどのものになるかは想像を絶する。今日の技術だけを使っても、もっと的を絞ったジオエンジニアリング的介入は、二酸化炭素の100万倍[10]といったレバレッジ比すら実現できるかもしれない。

原爆のレバレッジとの類似は驚くほどだ。そしてひとつ重要なちがいがある。原爆も従来型の爆弾も破壊するものだが、ジオエンジニアリングは二酸化炭素を相殺するもの、、、だ。少なくとも原理的には、このすさまじいレバレッジは莫大な善を実現する可能性を持っている。

ジオエンジニアリングの希望と問題

きわめて現実のものである費用や喪失人命を考えなければ、ピナツボ火山が地球温度に与えた影響はよいことだったとは言える。2世紀にわたって溜まった人為温暖化をつまみひとつで一掃できるなら、是非ともやろう！

ピナツボ火山の副作用

この単純な図式にはいくつか問題がある。ピナツボ火山は大気中の二酸化炭素が持つ、間接的とはい、、、えたしかに現実の影響を減らしはした。2000万トンの二酸化硫黄は日陰をつくりだし、その後1年にわたり太陽からの輻射を2～3パーセント[11]暗くした。この噴火は炭素汚染の直接的な影響を減らすにはいっさい貢献しなかった。たとえば、増えた二酸化炭素の一部を吸収して海の酸性度が増す[12]、といったことだ。たった1回の火山噴火ですべてが解決するなどと期待するほうがおかしい。だがそれを言うなら、ピナツボ火山は問題の一部を解決しなかっただけではない。もっと多くの問題を作り出した[13]のだ。

1992年地球サミットの参加者たちは、地球平均温暖化の低下で大喜びしたかもしれないが、その一方でそれに伴う成層圏オゾンの水準低下[14]によりがっかりしたはずだ。火山の二酸化硫黄やその他排出物と、われわれ人類が成層圏に送り出すある種の汚染を組み合わせると、南極上空で見られたようなオゾンホールを作り出すオゾン枯渇が起こるかもしれない——だがいまやそのオゾン枯渇は熱帯上空でさえ起こりうるのだ。

それでは足りないとでも言うように、ピナツボ火山はまた1993年のミシシッピー川流域の洪水やその他の場所の干ばつと必ず結びつけられる。火山噴火は、1年ほど続いた驚くほど世界的な乾燥期[15]のはじまりとたまたま一致している。直接的なつながりは確立しづらいが、それは問題を大きくする一方だ。ピナツボ山からサブサハラアフリカの干ばつと直接結びつけられるなら、少なくとも何のせいかはわかる。そのつながりがないと、憶測ばかりが飛び交う。

世界機関もガバナンスもまだない

火山のかわりに、科学者の集団がリオ地球サミットにちょうど間に合うように、２世紀分の地球温暖化を相殺すべく実験を実施したのだったらどうだろうか？

最低でも、その実験は家屋喪失20万人と死者３００人を起こさないよう設計されていたと期待したいところだ。だがそうしたあまりに直接的な影響がなくても、大学の機関審査委員会（研究活動の安全性を監督する任務を負う集団）がそんな実験を承認するとは考えにくい。単純なメールアンケートで、被験者たちにマウスを使って無害な質問いくつかに答えてもらうのですら、なかなか承認は得られない。有望ながら負の副作用を持つかもしれない新薬を患者に注射する調査となればなおさらだ。成層圏に、カスタム設計の微粒子を注入してピナツボ火山の影響を模倣し、地球気候を変えようとする実験となれば、委員会の判断は言わずもがな。

機関審査委員会はどうでもいい。世論だってここで一言言いたいだろう――当然のことだ。実験の唯一の影響が、地域差まったくなしに地球温度を完全に均一に引き下げるだけだったとしても（実際にはそうではない）、「正しい」温度について合意に達するのは難しい。ケープタウン、サンフランシスコ、あるいは地中海沿岸に暮らしているなら、地球上で最も安定して理想的な気候をすでにおおむね享受しているわけだ。なんでそれを変えたいものか？

もっと高緯度に暮らす人なら、数度暖かくなるのは個人的にはさほど悪い話ではないだろう。なぜそれを下げねばならないのか？

そしてそれを下げたとして、どこで止めるべきか？[16] 工業化以前の水準という目標はもっともらしい。でも今日の温度だって別に構わないようだ。

こうした問題のどれにも、正解というものはない。ただ、こうした決断をできる限り民主的かつ情報豊かな形で行うにあたり、強い世界的な機関とうまく構築されたガバナンスプロセスが必要なのはまちがいない。これはかなり厳しい要求だ。世界政府というものはない。だから手持ちのもので間に合わせるしかない。つまり、断片化された地球ガバナンス複合体で、しかも代表も不完全であり、意思決定プロセスはさらに不完全という代物だ。アメリカ議会での意思決定は膠着状態かもしれないが、少なくとも意思決定のための正式なプロセスはある。地球レベルだと、そもそも対話を行えるようにするための機関づくりすらできていない。

ありがたいことに、われわれはまだ地球を冷やすのにジオエンジニアリングを持ち出すべきかについて決断を迫られる状況にはほど遠い。

ありがたくないことに、地球温暖化に対処するのに市場の力を活用できないために、われわれは望むと望まざるとにかかわらず、無慈悲にもその方向に押しやられているのだ。

フリーライダーたちが地球温暖化のフリードライバーと出会う

気候変動が問題なのは、それが問題だと思っている人があまりに少ないからだ。そしてそれが問題か、それよりひどいものだと思っている人々は、他のみんなを行動させられなければそれをほとんど解決できない。この問題を万人のために解決してあげるか、あるいはだれにとっても解決してあげられないのだ。

一言で言えば、気候変動の解決をこれほど難しくしているのはまさにこれなのだ。一人では、正しい政策の実施を促すために叫ぶ以上のことはほとんどできない。その叫びで他の人々が正しい方向に向かうかもしれないのだが。一方、地球上の人類70億人の圧倒的多数はフリーライダーだ。よい状況であれば、みんながそれを享受する。そして自分たちの行動の費用すべてを負担するわけではない。

もっとひどいことに、公害は世界中で、年間約５０００億ドルの補助金を受けている。[17] これは二酸化炭素1トンあたり平均で15ドルの補助金となる。その大半は石油を産出する発展途上国、たとえばベネズエラ、サウジアラビア、ナイジェリア、中国、インド、インドネシアなどで行われている。この５０００億ドルの一銭残らず、正しいインセンティブを設定する邪魔でしかない。汚染の特権を得るためにお金を支払うどころか、汚染を出すのにお金をもらうことになるのだから（一方、アメリカのほとんどでは、カリフォルニアという大きな例外を除けば、二酸化炭素価格はおおむねゼロかそれに近い。この推計は、二酸化炭素1トンあたり3ドルほどの補助金が、効率性基準や再生可能エネルギー義務づけなどの直接間接的な施策とおおむね均衡するという想定に基づいている）。

ニューヨークからサンフランシスコまで飛行機で往復するたびに、およそ1トン[18]の二酸化炭素を大気中に放出することになり、その一部はフライトから何十年、何世紀経ってもそこにとどまる。これは一人あたりの話で、飛行機全体の話ではない。飛行機全体だとその数百倍の排出となる。そしてそのトンは、少なくとも経済や生態系や健康に対し、40ドルほどの被害[19]を引き起こす。

誰も正しい価格に直面していない

仮に、人類70億人が毎年飛行機に乗るとしよう。またそのフライトが、一人あたり1トンの二酸化炭素汚染を引き起こすとしよう（これはヨーロッパからアメリカへの大西洋横断飛行[20]についてはだいたい正しい。人数のほうは、まったくの創作だ。飛行機移動は、他の地球温暖化公害の多くと同様に、おおむね金持ちの活動だ。世界的には商用フライトが毎年3000万回あり、それが30億人[21]を運んでいる。これは、30億人のちがう人が毎年飛行機に乗るということではない。毎年飛行機に何度も乗る人が、10億人をはるかに下回るだけいるということだ。でもここでは70億人の乗客ということにしておこう）。

もし70億人が飛行機に乗って、そのそれぞれが二酸化炭素汚染を1トンずつ増やしたとしたら、集合的には40ドル×70億人の被害を引き起こしていることになる。それを70億人で割ると、それぞれの個人が40ドルというお値段に直面しているところに戻る。

みんながその40ドルを支払うことになる。でもだれ一人として、正しい40ドルに直面していない。

これが問題の核心だ。自分の40ドル分の損害を自分の航空券代に上乗せするかわりに、他のみんなのフライトが引き起こす被害について数分の一ペニーだけ支払うことになる。

同じことが他のみんなについても言える。みんな同じ選択肢の束に直面する。「自分の便益と、70億人の費用」

われわれみんな、集合的に公害の費用を負担するが、だれも自分自身の旅行が地球温暖化公害によりもたらす費用には直面しない結果として、みんな飛行機に乗りすぎて、社会にすさまじい費用をかけている。正確には、70億人×40ドル分の負担を。

総費用は莫大だ。でもだれもそれをどうにかしようという適切なインセンティブを持たない。個人で見れば、自分が飛行機に乗ることで引き起こす被害——40ドル——は他の70億人が負担する1ペニーの数分の一のさらに数分の一となる。だれも立ち上がって、だれかが飛行機に乗ったりするのを阻止しようとする動機はないし、フライトで自分が引き起こす被害について支払うよう人々に促す人もいない。自発的調整[22]は起こらない。7人に何かに合意させるだけでもホネだ。70億人に合意させるのは不可能だ。となると、政府が出てくるしかないし。そこですら世界的な協力はきわめて難しい。

フリードライバー問題

ここまでの話だけでも、あまり結構とは言いがたいものだ。でもフリーライダー問題は話の半分でしかない。フリードライバーも同じくらい重要かもしれない。これはジオエンジニアリングが主導権を握り、ピナツボ火山に逆戻りするという事態だ。大気中の5850億トンの二酸化炭素による地球温暖化効果を一掃するのに必要な二酸化硫黄は、2000万トンほどだった。これがレバレッジというやつだ。

そしてそれは、たぶん科学者たちがピナツボ火山の影響を意図的に再現できるなら、かなり安上がりに実施できるというのを言い換えていることになる——「安上がり」というのは、2000万トンの物質を成層圏に運ぶという直接的なエンジニアリング費用という狭い意味で安いのであって、その影響全体を見たときには必ずしも安上がりとは限らない。脅威的なほどの公害を、ちがう種類の公害を使って打ち消すというアイデアは嫌かもしれない。でもこの事業全体はあまりに安上がりなので無視できない[23]。

そして、ピナツボ火山がやったのと同じように、二酸化硫黄2000万トンを成層圏にそのまま文字どおりぶちこもうという話でもない。少なくとも、現在の技術と知識があれば、硫黄は硫酸蒸気という形で送り込めるはずだ。遠からぬ将来、できる限り最小限の物質で、最大限の太陽輻射を宇宙に跳ね返すようきちんとエンジニアリングされた粒子だって登場するだろう。つまり同じ影響を出すのに必要な材料が減るということだ。

数十機の飛行機編隊を飛ばし続ければすむかもしれない。必要な物質を運ぶのに、商用ガルフストリームG650ジェットが何機必要となるかを計算した人さえいる。その詳細はたしかにあまりに細かすぎる。重要なのは、総費用が低いということだ。それは二酸化炭素が引き起こす被害に比べても低いし、その被害を排出削減により避ける費用に比べても低い。

1カ国だけ、あるいは金持ち個人の判断でやってしまえる

実際の数字はやたらに出ているし、どれも推計値でしかないが、ほとんどは直接的なエンジニアリング費用を年額10億ドルから100億ドルとしている。これは工業化以前の水準にまで温度を引き下げるためのエンジニアリング費用だ。バカにした金額ではないが、多くの国なら十分まかなえるものだし、これを一人でまかなえる億万長者だってたまにはいそうだ。

今日排出される二酸化炭素1トンが、大気中に残留する間にもたらす費用すべてについて40ドルかかるのであれば、それを相殺するための費用は本当に小銭ですむことになる。費用としては3桁低いし、そもそもこの問題を引き起こした*フリーライダー*問題のまさに真逆となっている。アメリカ横断の往復飛行の便益をたった一人が享受し、他の70億人がその旅行で生じた1トンの二酸化炭素による被害として1ペニーの数分の一をそれぞれ支払うかわりに、いまやたった一人（あるいはもっとありそうなものとして）1カ国だけが、全

地球のジオエンジニアリング費用を負担できる——しかもそれをすべて、他の70億人に相談なしにやってしまえる。

フリードライバー問題へようこそ。

もし気候変動が（経済学者たちの好きな言い方では）あらゆる外部性の母親のような存在であるなら、ジオエンジニアリングはあらゆる外部性の父親のような存在だ。世界はその板挟みになった子どもだ。ママが「ダメ」と言ったら、パパのところにいって「いいよ」と言ってくれるか調べよう。パパはママと正反対のインセンティブに直面しているんだから、「いいよ」と言ってくれる可能性はかなり高い。優しい刑事と怖い刑事の組み合わせが惑星規模で生じているようなものだ。

ジオエンジニアリングは、あまりに安あがりだ。だから一部の評論家が言いたがるように、次の注目と補助金を目当てに次のでかい話題テーマを探そうと斜に構えた科学者たちが考案した、どうでもいい話題として一蹴するわけにはいかない。なんといっても、この問題を最も真剣に検討しているのは、気候科学者の中でも最も経験豊かな人々なのだ。そしてかれらとて、好きでそうしているわけじゃない。

シートベルトと制限速度

1975年2月、当時生物医学研究に従事していた主要人物が、カリフォルニア州パシフィックグローブの小さな海辺リゾートに集結し、DNA組み替え研究という台頭しつつある分野での安全な実験室基準を論じようとしていた。

アシロマプロセス

この分野は多くの成果が期待されていたが、かなりの危険もあった——科学が世間から見て先走り過ぎてしまい、世論の反発を引き起こして抗議運動や研究所の予算カットや科学プログラム中止などを引き起こす可能性も大いにある。

この会合はどう見ても大成功だった。実は、この会合に先立って、考えられる危険に対する世間の抗議を受けて研究が中断されていた。その後、DNA組み替え研究は、B型肝炎ワクチン、新しい形のインシュリン、遺伝子治療、そしてこの1975年会合の共同開催者ポール・バーグへのノーベル化学賞などをもたらしている。

この会合はまた、研究がことさらヤバいテーマに触れる場合に、科学者たちがどのように世間と向き合うべきかというお手本にもなっている。パシフィックグローブのアシロマ会議場で1975年に行われた会合の前には、バーグ自身の共同研究者たちですら、研究助手たちのがんやもっとひどい結果をもたらしかねないバイオハザードを怖がって、研究を止めてくれと要求していた。「アシロマプロセス」[24]は、科学者たちに安心感を与え、その後数十年にわたる科学政策を導く役に立った。

最近だと、生物学者数十人と一握りの医師と多少の弁護士が一度会合を開いただけで、科学にとって正しいことをするために世間や政策立案者に対して指図できるなどと信じるのは、ほとんどお笑いに近い。そんなことをしたら、すぐに陰謀論が大量にわき起こってくる。新聞や雑誌論説の見出しがもう目に浮かぶようだ。


「どこまで行けば行きすぎ？　科学者自身に自分の制約を決めさせるべきか？」

「遺伝子ハッキングのすばらしき新世界」

「地球ハッキング：決めるのはだれか？」

実はこの見出しの最後は、ホンモノだ。[25]『ニューサイエンティスト』誌は、これを「アシロマ2・0」[26]という記事で使った。少なくとも、主催者たちはそういう名前でその会合を認知してほしがっていた。

2010年3月に、有力な気候科学者や気鋭のジオエンジニア、ジャーナリスト数名、外交官少々と環境保護活動家たちがアシロマ会議場にやってきて、1975年の精神を再興させようとした。これもまた、台頭しつつある研究分野の俊英たちの集結だ。これまた多くの成果が期待されつつ、世間からの反発の可能性もかなり大きい。その分野はジオエンジニアリングだ。

唯一の希望？

共催者の一人からの開会の辞が、この会合の論調を示していた。「われわれの多くはここに来たくはなかった」。ほとんどの科学者たちはむしろ、世界が自分たちの助言を聞き入れて、地球温暖化公害について何十年も前に何か手をうってくれていたらと願っていた。故スティーブ・シュナイダーは、1975年より早い時期に最初期の警報を出した自分の気候研究について、情熱的に語った。そしてそれについて、ちょうど自らの体験記[27]である『コンタクトスポーツとしての科学：地球の気候を救うための戦いの内側で』を書いたばかりだった。そしてかれは、その本を売ったりサインしたりしに来ていたわけではない。こんな事態になってしまったという事実を嘆きにきていたのだった。

口を開いたすべての科学者たちは、発言の冒頭に「だから言ったとおりでしょう」という台詞がいかに苦々しいものかを述べていた。会合の最終的な声明[28]の冒頭には誤解の余地なく「温室ガス排出削減への強いコミットメント」によりそもそも問題の根底に取り組むと述べられていた。

それがわれわれの今の立場だ。気候科学者の最も真剣な人々は、ジオエンジニアリングを選択肢として見るようになっている——そうしたいからではなく、気候カタストロフを避けるのに唯一の希望となりかねないからだ。ピナツボ山的な対処法[29]は、まさにこの理由から最近になって大いに注目を集めるようになった。

科学者が直面する本当のトレードオフ

そのまさに同じ科学者たちが、ジオエンジニアリングを論じるときに出てくる主要な問題のひとつを明らかにしている。フリードライバー問題に飲み込まれるにつれて、われわれはどうしてもフリーライダー問題のほうを解決するほうにはあまり手間暇かけなくなってしまう。人生にトレードオフ[30]はつきものだ。平日の相当部分を、小さな硫黄ベース粒子を大気に放出しようと考えて過ごしたら、炭素を減らすほうにはその時間を費やせない。これは科学者たちが直面する本当のトレードオフだ。

同じ難問が研究室の外でもなりたつ。最新の技術進歩が、いまの生き方を変えずに問題を解決できるとわかっているなら、排出を減らす必要なんかあるまい？　これに対する最も明瞭な答えは単に、ジオエンジニアリングは実際には問題を解決しないというものだ。症状の一部を処置できるかもしれないというだけだ。お気に入りのアナロジーを選んでほしい。これは地球にとっての「化学療法」や「気管開口手術」のようなものだ。予防やその他あらゆる処置が実現できなかったことをやるための、最後の手段だ。

もっと気候変動に身近なアナロジーとして、ジオエンジニアリングは高い温度やその他の気候的影響への対応と似ていなくもない。最近では、すでにシステムに焼き込まれた地球温暖化への適応が必要だということに反論したりする者はいないが、遠からぬ過去には環境保護論者たちは「適応」という言葉を口にするのさえはばかった。それを口にすると、そもそも二酸化炭素排出を減らす努力をないがしろにしてしまうと心配したからだ。

シートベルトをすると、一部の運転手は安全だと思い込みすぎて、無謀運転をするようになる。だがこれはシートベルト法を廃止しろという議論にはまるでならない。単に速度制限も設定して取り締まる必要があるというだけだ。言い換えると、炭素排出も制限すべきだ。

ジオエンジニアリングって何？

もし何百万トンもの小さな人工的粒子を地球の成層圏に注入し、一種の日よけを作るという見通しを聞いても怯えないなら、あなたはこれまで集中していなかったのだろう。特に驚くことではないが、実はアメリカ人の大半もこの問題に集中していなかったようだ。

実は気候変動に関する世論調査の神様であるイェール大学のトニー・レイスロウィッツはアメリカ人に、「気候変動に対してとれる対応としてジオエンジニアリングについて読んだり聞いたりしたことはありますか、あるならどの程度？」と尋ねた。その大半である[31]74パーセントは「何も知らない」と回答。そしてその言葉を聞いたことのある26パーセントのうち、その意味を知っているのはたった3パーセントだった。

こうした話があるからといって、ジオエンジニアリングを真剣に考えるべきではないということではない。人類はすでに気候変動のティッピングポイントを実にたくさん猛スピードで突破してきたので、この種の惑星レベルでの「化学療法」はすでにプランBとして必要なのかもしれない。最低でも、それが持つ影響の全体像をつきとめるべきだ。事態が良い方向に向かうのを、手をこまねいて願うだけとはいかないし、またフリードライバー効果が決してその全力を示さないと期待するわけにもいかない。

惑星冷却、手早くやるかじっくりやるか

ピナツボ山に触発されたジオエンジニアリングには魅力がある。それが手早く、安く、強力だとされているからだ。でもジオエンジニアリングの選択肢はそれだけではない。基本的な発想は、太陽輻射をもっと宇宙に跳ね返すことだ。硫黄ベースの微粒子を成層圏に注入するのはそのひとつでしかないし、最も大胆なもののひとつというだけだ。

屋根を白く塗る

別の案として、屋根を白く塗る[32]というのがときどき提案される。その理屈は、なぜ冬のコートは黒が多く、夏の間は白が流行るのか、という問題に帰着する。黒は熱を吸収する。白はそれを跳ね返す。だからこそ、北極海の氷が融けているのがとても不安なのだ。白い表面が日光を宇宙に跳ね返す代わりに、色の暗い水や地表はそれを吸収しがちで、それが

さらに地球を温めるという悪循環[33]を作り出す。

地中海の一部でいたるところにある白い屋根は、快適な現地の微気候に貢献している。一部の提案は、他の地域の都市部でもそうした効果[34]を再現しようとする。理屈の上ではずいぶん結構な話だが、少なくとも問題が3つある。

まず、その方向に向かう前に、全体的な影響をもっと確実に知る必要がある。白い屋根で宇宙に跳ね返される光は増えるが、それは地表で行われる。跳ね返った日光はきれいに宇宙に逃げるわけではなく、こんどは煤(すす)などの大気汚染物質や粒子にも当たり、一部の汚染された都市では事態を悪化させることだって考えられる[35]。

2番目は規模だ。世界中のあらゆる屋根を白く塗ったくらいで、ピナツボ火山の1回の噴火がそれ自体として持っていた影響の10分の1くらいの影響[36]しかない。

これで3番目の根本的な問題が出てくる。何百万もの屋根を塗るのは、ピナツボ火山の模倣とはずばり正反対の性質を持つのだ。何百万人もの人々に、惑星にとって有益かもしれないことをやらせるというのは、まっすぐフリーライダー効果へと戻ってくる話だ。これは屋根を白く塗るという行為が、たとえばエアコンの必要性[37]を減らすなどによりそれ自体で元が取れる行為でない限りは調整が難しい。それが現実に費用がかかるものであれば（そして直接的な補償がないなら）なおさら難しくなる。

人工雲を作る

ピナツボ火山式の成層圏への硫黄注入と、屋根を白く塗るのとの間にはいろいろ選択肢がある。しばしば言及されるのは、人工雲を作るとか、すでに存在する雲を明るくするといったものだ。未来的な格好の、人工衛星誘導式船舶の編隊が大気に水を撒いて雲を作ろうとしているところを想像してほしい。別に何百万人もの人々が正しいことをしなくてもいい。また、後で汚染物質として降ってきたら困るようなものを成層圏に注入したりもしない。必要なのは水蒸気だけだし、実際にいくつか真剣な提案[38]がこの可能性を検討している。要するに、これが成功するかもしれないというわけだ。「かもしれない」を強調しよう。明るい雲は平均温度を下げるかもしれないし、その影響を特定地域に集中させることだってできるかもしれない。

ある地域限定の介入は、もっと世界的なピナツボ火山式ジオエンジニアリングがもたらす問題の一部を避ける役には立つ。だがそれでも、望ましからぬ副作用がすさまじい影響をもたらすようなことはいくらでもありうる。インド洋のモンスーン[39]は地域的な現象「でしかない」かもしれないが、それは10億人以上の人々が水と食糧のために依存するものでもあるのだ。

いつもながら、これはトレードオフの問題だ。気候変動それ自体が、望ましくない副作用をたくさん持つ。すると問題は、ジオエンジニアが単独で大災厄をもたらすかということではない（もたらすかもしれないが）。問題は、気候変動とジオエンジニアリングの組み合わせが、何も対応をしない気候変動よりもいいか悪いか、ということだ。

ひとつはっきりしていることがある。どんな地域的ジオエンジニアリング手法でも、精度を高めるとその分だけレバレッジは失われる。雲を明るくするのは、そもそも二酸化炭素汚染を避けるよりは安いかもしれないが、それで得られる効果にも限りがある。ピナツボ山式のジオエンジニアリングのほうがレバレッジはずっと高く、したがって影響もずっと大きい――良かれ悪しかれ。

二酸化炭素除去（CDR）

こうした各種ジオエンジニアリング手法――ピナツボ火山から雲を明るくする方法から屋根を白くするまで――はひとつ共通の特徴を持つ。すでに大気中に存在する二酸化炭素にはまったく影響しないのだ。このためこれらは潜在的に安くなる。そしてこれはまた、こうした手法が問題の根っこに取り組まずにいるということも意味する。

ここで登場するのが「二酸化炭素除去」（CDR）だ。これはややこしいことに「直接炭素除去」（ＤＣＲ）とも呼ばれる。そしてこれまたいろいろな装いでやってくる。[40]「エアキャプチャー」は二酸化炭素を空中から除去して、たとえば地下に埋める。「カーボンキャプチャーと貯蔵」は、二酸化炭素を煙突などからスクラブし、処置することで大気中に逃げないようにして、最初から空気に入らないようにする。「海洋富栄養化[41]」はまさにその名のとおりのことをする。鉄や各種養分を地表水にぶちこんで、もっと肥沃にして自然の二酸化炭素吸収が起こりやすくするわけだ。「バイオチャー」というのは、木炭をかっこよく呼んだもので、他のアプローチと似た効果を持つかもしれない。二酸化炭素を空中から取り出して、また空中に戻るのを防ぐ。普通の老木ですらこの範疇に入れていいかもしれない。樹木は育つにつれて大気中から炭素を自然に取り込むのだ。実は、人間のやるべきことなど、邪魔をせずにいるだけという場合も多い。自然は多くの場合、他に邪魔が入らなければ、森林増大を勝手にやってくれる。

フリーライダー問題を避けられない

　このどの手法についても、どの程度有効かは意見が分かれる。またそれらをそもそも「ジオエンジニアリング」と呼ぶべきかどうかについても意見は分かれる。地球の大気を大規模に意図的にエンジニアリングしようとするという意味では、ジオエンジニアリングの手法だ。でも議論の的になっているのは、まさに規模の問題だ。

こうしたアプローチのほとんどは、フリーライダー問題に真っ向からぶつかる。影響をもたらすには何百万人もの行動を調整する必要があるか、あるいは一人の人物があまりに大金を費やす必要があるので、たぶんだれもそんなことはしない。

言い換えると、こうしたアプローチのうちピナツボ火山式ジオエンジニアリングを実にユニークなものにしている特徴を備えたものはほとんどない。レバレッジはずっと小さい。高価なことも多い。時間もかかる。実際、それらはジオエンジニアリングというよりは、そもそも炭素排出削減をするのにずっと似ているのだ。

もちろん、別にこうしたアプローチを検討するなと言っているのではない。気候への影響とはほとんど無関係に、たとえば木はもっと増やすべきだ。同じことが、空調費を減らすために屋根を白く塗る話にも当てはまる。でもだからといって、こうした手法をピナツボ火山式のジオエンジニアリングと十把一絡（じっぱひとから）げにすべきだということにはならない。これは屋根を白くする話についても、何らかの「二酸化炭素除去」――植林から海洋富栄養化から煙突のカーボンキャプチャーまで――についても言える。これらはどれも重要だ。でもどれも、成層圏に硫黄などの微粒子を直接撃ち込めという話と同列には扱えない。

スピード中毒

生まれて初めて飲むコーヒーは、どんなに砂糖と牛乳を入れても苦く感じられる。生涯2杯目のコーヒーは、すでにちょっとおいしく思えるかもしれない。20杯目になると、自分はまだコーヒー中毒でないと思って、21杯目や22杯目は飲まなくていいと思うかもしれない。でも23杯目でカプチーノに出会う。そして何をするにしても、生涯100杯目を飲む頃には、もうはまっている。もうコーヒーを飲むのは止められない。

ピナツボ山式手法の中毒性

地球を冷やすのにピナツボ山を真似るのも、似たようなパターンをたどる。ジオエンジニアリングを実施しようとする最初の試みは、失敗の可能性が十分ある。20回目になると、そろそろやめようかと思う。23回目になると、もっと高度な技術が見つかって、間もなく止められなくなってしまう。はじめるときの不安は言うまでもなく存在するものだ。でもピナツボ山式ジオエンジニアリングで、もうひとつ心配なのはこの中毒性の部分なのだ。

1991年にピナツボ山は0・5℃ほどの温暖化を打ち消した。ピナツボ山から出た二酸化硫黄の残りのほとんどが大気から洗い流されて、火山の冷却効果が2年後に消えたとき、温度はまったく同じ0・5℃逆戻りして、その後も上昇を続けた。

現在では、温度は工業化以前の段階から0・8℃上昇している。[42] ジオエンジニアリングを使ってその差を打ち消して、それを急に止めなくてはいけなくなったら、温度は0・8℃戻る。2100年には、[43] もしそのはるか以前に排出を大幅に制約していない限り、この逆戻りは3℃から5℃になっているかもしれない。科学者たちは、0・8℃の逆戻りで何が起きるかは知らない。3〜5℃逆戻りしたら深刻な問題[44]が起こることはかなり確信している。来世紀かそこらまでにゆっくり3〜5℃上昇するだけでも十分にひどい。突然ジオエンジニアリングを止めていきなり温度が上がると、[45] その他各種の追加の問題が生じる。

大規模な農業地帯をカンザスからカナダに動かすのは、言葉本来のあらゆる意味で大変化となる。だがそれを1世紀かけてやるのは、少なくとも不可能ではない。それを1年だか10年だかでやるのは想像しにくい。少なくとも、幾何級数的に費用がかかる。

この場合、金銭費用など心配事のうちいちばんどうでもいい部分かもしれない。もっと大きな恐れは、継続的なピナツボ山式介入が単独の現象ではなくなる場合だ。どんな形であれ、ジオエンジニアリングを継続的で世界的な規模で行い続けるとしたら、ほとんど前例のない世界的なガバナンスの仕組みが必要となる。そんなものは、各種の理由で崩壊することは容易に想像がつく。

戦争がそうした理由のひとつだ。ありきたりな政治的もめごとですらその理由として十分だ。どこかで政権が変わっただけで、万人にとっての世界的な合意を妨害しかねず、するとすぐさま戦争に逆戻りかもしれない。世界中の軍隊がすでに地球温暖化自体を国家安全保障[46]上の脅威と見なしていることを考えれば、世界はあらゆる状況に備えておくべきだ。ピナツボ山式ジオエンジニアリングの中毒性と、それが妨害に弱いという特徴は、この手法が持つ最大の問題となりかねない。

走る前に歩こう、実施する前に研究しよう

ありがたいことに、今日ではだれもまだジオエンジニアリングを大規模に実施しようと真面目に提案するところには近づいていない。『気候エンジニアリングのすすめ』を書い

たデヴィッド・キースですら、いまジオエンジニアリングを実施するのには賛成しないと述べている。

でも真剣な人々がジオエンジニアリングを研究しようと主張する時点はとっくに過ぎており、キースもそうした人々の一人だ。アシロマ2・0は、どうやってそれを行うか積極的に調べている研究者やエンジニアだらけで、だから研究をどう進めるべきかについてみんなガイドラインを求めていたのだ。すでに研究室のテーブルにはたくさんの選択肢が出ている。研究者たちは、その手法を現実世界で試し、改良するのをどこまでやっていいのか知りたがっているのだ。

地球全体を被験体として研究を行うときの大きな現実的ハードルのひとつは、信号が雑音よりも大きくなるのがいつかを見極めることだ。実験が大きくなれば、それだけ影響を検出しやすい。でも研究と実施との境界はすぐにあいまいになる。ピナツボ火山の影響を完全に研究することさえ、まさにこの信号と雑音の問題のために難しいものとなった。

二酸化硫黄2000万トンを大気に放出するのは大規模な動乱活動だ。その後1年にわたる冷却効果0・5℃に貢献したものは他にほとんどありえないのは明らかだ。同じように、二酸化炭素を加えつつジオエンジニアリングで光をちょっと下げることが、世界中での降雨を減らす[47]ことも、適切な大気メカニズムで説明できる。それだけでも干ばつの確率増加を説明できる。でも因果性科学[48]の全般的な進歩はあっても、あるひとつの洪水や干ばつを単一のジオエンジニアリング介入のせいにするのは、大幅な困難だらけとなる。

因果関係なんかどうでもいい

世論はまちがいや予期せぬ影響にはあまりいい反応を見せない。そしてジオエンジニアリングは、何はなくともまちがいの可能性だらけだ。でもまちがいにもいろいろある。何もしないことによるまちがいと、まちがいを実行するのとでは話が大きくちがってくる。自動車事故の現場に出くわして知らんぷりをするのはよくないことだが、その衝突を自分が引き起こすのに比べればなんでもない。横を通るのは見過ごしだ。ナンバープレートに「医師」と書かれた人物は、事故現場を見て見ぬふりをして通過するのは違法だ。「医師」とナンバープレートについていれば、ある程度の特権が与えられるが、そのかわりに責任も増えるのだ。でも医師ですら、「害は為さない」と誓っているだけだ。あらゆるところのあらゆる人間を救うなどと約束はしない。自分が手を下すのはもっと酷い[49]。

衝突を引き起こすのは、どういう見方をしてもよくないことなのだ。

作為の実験

ピナツボ火山の影響を調べるのはいい。その被害はすでに起こってしまったものだ。だれも噴火を止められはしなかった。そしてこの噴火は、大規模な火山噴火としては最もしっかり研究されたものとなった。[50] それはせいいっぱい活用しよう（それを十分に観察しないことは、それ自体が見過ごしによるまちがいかもしれない）。

同じように、ピナツボ火山式の介入をコンピュータ上でモデル化するのは簡単だ。安上がりだし、影響も小さい。二酸化炭素排出の制限を狙う他の努力から気をそらすことになりかねないが、でも最悪でもせいぜいその程度だ。大学院生が土曜日に研究室でシミュレーションをもうひとつ動かしたところで、大した害はない。

科学者が実地に赴いて、**意図的**に大気で実験を行う[51]となれば、話はまったくちがってくる。そうなるとこれは**作為**の世界に入ってくるし、しかもかなり複雑なものとなる。ある不作を、地球の裏側で行われた、他の気候ノイズから信号を選り分けられるほどのデータもなかなか生み出さないような小規模な実験と結びつけるのは、適切ではないかもしれないが、そんなことは問題にならない。世論という法廷では、証明責任は実験を行ったほうにあるのだ。

科学者もガイドを求めている

ちょっと一歩下がって、すべてを視野に収めてみよう。温室効果は１８００年代から[52]科学的な事実だった。「地球温暖化」という用語[53]は１９７５年以来出回っている。基本的な科学は何十年も前に決着がついている。大気を炭素排出の下水道として使うのが、不経済的で、非倫理的で、もっとひどいと考えるべきでない口実など何ひとつない。

われわれ70億人すべて――特に排出の多い10億人――は作為の罪を毎日犯しているのだ。われわれの集合的行動の影響は最終的にカタストロフ的となり、人々を殺すことにもなりかねない。気候変動に関連した死者のだれに対しても、だれか一人が有罪ということにはならないが、集合的にはわれわれみんなが有罪だ。

さてこれを、地球温暖化の惨状から脱出する道を探そうと決意した科学者の一団と対比してみよう。かれらは科学はわかっている。フリーライダー効果のせいで、社会が排出削減を間に合うように実施しづらいのもわかっている。フリードライバー効果の妖女たちの歌が、あまりに魅力的な手っ取り早い解決策へと人々を動かしているのも知っている。科学者たちは、その解決策が本当に効くか、どのように効くかを理解しようと努力している。

そしてそれを使うかどうか検討することさえ、地球にとって安全にできるかどうかを考えている。

われわれは、科学的な実践（まちがったものも含め）を正当化しようとしているのではない。他の生活のあらゆる局面と同じく、科学にもたっぷりと異分子や傭兵や悪意ある伝道師がいる。新進のジオエンジニアがみんな英雄と考えるべきではないが、最低でも証拠がない限りは全員がジェームズ・ボンド式の悪漢と考えるべきでもない。アシロマ2・0会議や他の数多くの類似会合[54]が明らかに示すとおり、当の科学者たち自身がガイドを求めている。これを自分たちだけでやることは（そうしたくても）できないのを知っているのだ。そしてほとんどは、そんなことをしたいとも思っていない。

ほとんど現実的な提案

次にどうすべきかという提案の中で、まだ筋が通ったもののひとつは、デヴィッド・キースから直接きている。mで始まる用語、モラトリアム（moratorium）だ。

モラトリアム

この立場はかなり優れたものだ。科学者たち自身が、科学が世間的な対話から先走るのが明らかに危険だと認識する必要がある。そうした先走りを止める唯一の方法は、自己規制型のモラトリアムだ。「ジオエンジニアリング研究のガバナンスをめぐる膠着状態を止めよう」[55]の中で、キースはテッド・パーソンといっしょに、以下の単純なステップをたどることでジオエンジニアリング研究を導こうと提案している。

まず、制限が必要だと認めよう。

第2に、ある規模以上の研究すべてに対して問答無用のモラトリアムを宣言しよう。

第3に、研究を進めてよい明確できわめて小規模なしきい値を設定しよう。

ある意味で、この3つのステップは研究の自然な進行を定式化しただけだ。小さいところからはじめよう。実験、評価、次の課題に取り組む。こうした公的な「モラトリアム」を宣言することで、少なくとも小規模な実験は容認可能となる、というのがかれらの考えだ。もちろん、すべてはどこに一線を引くかにかかっている。パーソンとキースは、その「明確できわめて小規模なしきい値」をどこに設定するか具体的に述べていない。かなり小さなものである必要があるだろう。出発点としてゼロというのがよいかもしれない。

このすべてにおいて、人間がすでに大気中にすさまじい量の汚染物質をはき出していることは認識する必要がある。そうした物質の中にはまさに、一部のジオエンジニアたちが地球冷却支援に使おうと提案している物質も含まれている。

何かジェットエンジンひとつの影響の一部しかない研究ならいいだろう。でも実験の狭い制約を超えて目に見える影響を持つほどの規模の研究は、明らかに手を出すべきではない。いずれにしても、目標は費用便益すべてに関するずっとよい理解だ——特にジオエンジニアリングについては費用が重要だ。

ピナツボ火山式のジオエンジニアリングがフリードライバー問題になっているという事実は、遅かれ早かれこうした自己規制型のモラトリアムを維持するのが難しくなるということを意味している。地球上にジオエンジニアが1ダースかそこらしかいなければ、みんなお互いを知っていて尊重し合っており、科学が世間から先走らない重要性に合意している限り、結構なことだ。でもどこかの科学者が名を残そうとして、一人で先走ることは十分に考えられる。

また、ここではもっと大きな疑問がある。何を目指してのモラトリアムなのか？　いずれ、そのモラトリアム廃止の議論が必要になりかねない。そうしたらどうなる？　どうやってモラトリアム解除を決める？　だれが決める？

第6章

007

テーマ曲流れる。

ショーン・コネリーそっくりの人物がバーに入り、マティーニ――ステアではなくシェイクしてあるもの――を飲み干す。爆発が生じてバーの周辺は大混乱に陥るが、かれは一人落ち着き払っている。その爆発を引き起こしたのがボンド氏自身なのかはわからない。

バーの男：1時間後にマイアミ行きの飛行機が出る。

ボンド：わかった。だがその前に片づけなくてはならない仕事がある。

＊　＊　＊

ベッドルームの場面を早送り。華やかなマイアミビーチのリゾートへ場面移動。ヤシの木。広大なプールが海を見下ろしている。この広大なプールはかつて、満潮時でも海を見下ろす位置にあった。いまでは、毎週のように起こる嵐が海水をプールに流し込む。

所有者：この嵐でどれほど費用がかかっているか、想像もつかないだろう。そして毎年2週間は閉鎖せざるをえない。それもかき入れ時にだ。こんなことではやってけない。

政治家：そのとおりだ。地区全体が被害に遭っておる。昨年は住宅街の道路3本が失われた。金持ちの献金者たちはみんなここを離れたよ。みんな高台のミラーのところに引っ越した。いまやあいつばかりがいい目を見とる。こっちは商売あがったり。あんたのところは何としても踏ん張ってほしい。頼む。こうして頭を下げるから。

所有者：私はどこへも行かない。ミラーには我慢ならないんでね。心配するな。

長い間。

所有者：ひとつ相談があって……

イギリス秘密情報部の総本部。ボンド、上司Mとグラフを次々にめくっている。

M：それが問題なんだ。いろいろいいこともあるかもしれない。2世紀にわたる温暖化を一掃し、温度計を大量の石炭消費以前の水準に戻せるというのは魅力だ。だがそれがまちがった手に渡れば、兵器にもなりかねん。

ボンド：費用は？

M：はした金だよ、少なくともこいつにとっては。

ボンド：でもなぜそんなことをしようとするんですか?
M：金だ。いつだって金だ。こいつはビーチリゾートを投げ売り価格で買い漁ってるんだ……
ボンド：……ほかのみんなが内陸に逃げ出しているときに、というわけか。ろくでなしめ。頭のいいろくでなしめ。

＊　＊　＊

UAEアブダビの国連本部122階にある、木目パネル張りの部屋に場面移動。アブダビは、海面上昇を押し戻すため、世界最強の防潮堤で要塞のように守られている。世界最強の20カ国の指導者たちが、インドネシアへの対応を議論しているところだ。インドネシアは昨年、「ピナツボ2」と呼ばれるようになった実験を行っていたことが判明した。これは意図的に成層圏に硫黄を注入することで、ピナツボ火山による地球冷却化を再現しようとしたものだ。

アメリカ国務長官：まったく容認しがたい。こんなもの、法的な根拠がまったくない。
インドネシア：わが国ではもう10年も国家非常事態が続いているんです。陸地が失われ、作物も不作。昨年だけで3万人が死亡し、200万人が家を追われている。それもすべて、嵐の大型化と海面上昇のせいなんです。
インド：気候難民。
アメリカ：何ですと？
インドネシア：難民。気候難民。放棄された島が100以上あり、何万もの難民が出ている。
アメリカ：わかった。それでどうなっている？
インドネシア：わが国は、3フェーズにわたる研究プログラムのうち、第2フェーズまでを終えた。ますます多くの飛行機を飛ばし、ますます多くの硫黄蒸気を成層圏に入れたのです。すべては最高の国際基準に沿って行いました。

貴国のハーバード大学ジャカルタ校の大学院生たちが、データ分析に協力しております。資金はわが国の科学財団からのものです。世界最高の専門家たちも数名、外部顧問として参加しております。そして間もなく第3フェーズを実施予定です。つまり最終的な全面展開……
アメリカ：……だがそこで、秘密が漏れて貴国の計画が公になったというわけだ。どこかのだれかがその計画を盗み、硫酸の量を4倍にして勝手に暴走している。そして1年にもわたり、誰もそれに気がつかなかった、と。そんなことは知っている。

新しい話はあるのかね？

インドネシア：最新のデータが出てきています。

インドネシア代表がグラフを指さす。それは不気味なほど「ホッケースティック」に似ている。長い柄が地面に横たわり、ブレードが突き出している形だ。少量の硫黄粒子を成層圏に入れると、地球の温度を少し冷やせる。でも量を増やすと反応が激増する。

インドネシア：どうしてもわからないことがあるんです。量を3倍にすると、急変点が生じます。グラフにおさまり切らないほどです。

アメリカ：これはどれほど確実な話なんだね？

インドネシア：それなりの確信があるからこそ、今日みなさんに集まっていただいたのです。その後、わが国は実験を完全に停止いたしました。成層圏にはいっさい硫黄を注入してはいません。でもだれかがその分を埋め合わせています。いや、それ以上の硫黄を注入しているのです。

議論が続く中、ズームアウト。

一方、イギリス秘密情報部では、ボンドとMが議論の録画ビデオを見ている。

ボンド：そしていまや10倍というわけですね？

M：成層圏に当初注入していた硫黄の10倍だ。

ボンド：そして世界中の自家用飛行機業者が、それぞれ独自にやっているかもしれないので、犯人がだれかわからないんですね。

M：そのとおり。ただ……

ボンド：ただ？

M：ただ、手がかりがひとつある。

ボンドのジェットがブラジルのリオデジャネイロに着陸。ボンド、ホテルにチェックインして、部屋に入ると電話を手にする。

ボンド：すばらしい。22時で。上のバー。

上階のバー。壁の時計がちょうど「22：00」に変わる。ボンド入場。

ボンド：ジェット2機とは。お見事。
カリオカ：自家用ジェット機。
ボンド：機体は？
カリオカ：完璧。最新モデル。調子も万全。
ボンド：が？
カリオカ：シートがない。内装もない。何もない。あるのは……
ボンド：落とし戸だけ。
カリオカ：犯罪者たちの死体隠しも、最近はずいぶんと手の込んだものになってきましたな。

ボンドは遠い目をしてドリンクを飲み干す。時計へのズーム。22：02

ボンド：引き続きよろしく。

オープニングで見たマイアミビーチのリゾート空撮。所有者が部下の一団と話をしているが、そこに電話がかかってくる。

所有者：何機だと？　２機？　フフン。１００機の中の２機に過ぎんよ。なにか新しい話があれば、また電話をくれ。

グリーンフィンガー

「グリーンフィンガー」がピナツボ火山式のジオエンジニアリングを自前でやるという可能性を指摘したのは、われわれが最初ではない。[1]政治学者デヴィッド・ヴィクターは、まさにそうした可能性を表すために「グリーンフィンガー」という用語を提唱した。世界最高の架空スパイに関するイアン・フレミングの小説と同じくらい荒唐無稽に思えるかもしれないが、でもまったく考えられないわけではない。

オチをばらそう。この架空の金持ちホテル所有者は、実はインドネシアによる善意のきちんとしたジオエンジニアリング試験に細工をしようとしているのだった。それだけの硫黄をだれにも気づかれずに盗むなどというのは想像もつかないことだし、そんな将来に使われる微粒子が硫黄になるかどうかもわかりはしない。それは脚本家に任せるとしよう。

また政治的な問題もあるし、その他ツッコミどころはいろいろある。[2]この20カ国による改訂版国連安全保障理事会は、ピナツボ2実験が10年近く続いていたのに、なぜ介入しなかったのか？　そんな実験をだれにも気がつかれずに実施できたのか？　それは公然と批判されつつも実は容認されたり歓迎されたりしたのだろうか？

いつの日か必ず起こる

いくつかの論点は明らかだ。何百万トンもの硫黄粒子を高高度ジェットで成層圏に撒くのは、ある一国だけで十分だ。特にインドネシアほどの大国であれば。その動機もやはり明白だ。

こうした例でしばしば持ち出されるのはバングラデシュだ。低地国で、海面上昇のために消えうせようとしているからだ。何千万人もが移動を余儀なくされる。さらに何千万人もが、[3]東アジアに流れる川に依存している。何百万人もが、何千年にもわたって比較的安定していたその他各種の気候パターンに依存している。その気候パターンのおかげで、いまある文明の形が存在できるようになったのだ。そのパターンが乱されれば、そこに介入したくもなるかもしれない。バングラデシュやインドネシアやインドや中国の国家安全保障顧問たちが、そういう可能性を考えないわけがない。

別にある特定の国をあげつらう必要はない。先進国だろうと開発途上国だろうと、どんな大国でもそれだけの能力は持つ。アメリカ環境保護局は、具体的なジオエンジニアリング手法を絶対に認めないかもしれない。インドやインドネシアのような民主主義国でも、それを認めさせるのは不可能かもしれない。だがどうだろう。ここで言いたいのはそれが考えられなくはないということだ。フリードライバー効果のおかげで、それがいつの日か必ず起こることはほぼ確実なのだ。

気候戦争

政治的なやりとりについて各種の理論的なゲームをやり、話がどこに落ち着くかを調べることもできる。気候変動がインドのモンスーンを乱して、このためインド亜大陸の何千万人もの食糧源も乱れたとしよう。でもジオエンジニアリングは東アジアの川を乱し、何千万人もの中国人の食糧源を乱す可能性がある。

ジオエンジニアリングをインドのために最適化すると中国が被害を受け、中国に最適化するとインドが被害を受けるなら？　それぞれが人口数十億人を擁する核保有国同士で、ジオエンジニアリング紛争を起こしたいだろうか？　ピナツボ火山式の地球冷却技術があり、同じくらい温暖化もできる特効薬もあるとしたら？　実は、こうした急速温暖化技術もすでに存在している。一部の工業ガス、たとえばハイドロフルオロカーボン（ＨＦＣ）は、二酸化炭素の１００倍から1万倍の温暖化能力を短期的には持つ。さあ気候戦争の始まりだ。

ある国が、あらゆる単独国のジオエンジニアリングを相殺するぞと脅すというシナリオを考えよう。この脅しが実行されたら、万人にとってずっとひどい結果となる。ジオエンジニアリングと反ジオエンジニアリングで地球の平均温度は、いかに不完全にせよ均衡するかもしれない。でもそのどちらも、独自の不快な副作用を持つだろう。そしてそれらは相殺されないはずだ。そして硫黄ベースの微粒子はＨＦＣとまったく予想外の形で相互作用しかねない。

また非線形の反応も考えられる。量を10倍に増やすと、反応は１０００倍になるかもしれない——グリーンフィンガーの筋書きで使った例だ。これは極端かもしれないが、でも考えられなくはない。こうした極端な水準でのジオエンジニアリングでのレバレッジはわかっていない。でも太陽輻射の総量が大きく減れば、工業化以前の水準に温度が下がる結果となるシナリオは容易に考えられる。野放図な地球温暖化はよくない。人工的な氷河期を作り出すのも、あまりよいことではない。

硫黄はセックスしない

ジェームズ・ボンド式のフィクションはどうあれ、ひとつはっきりしていることがある。ジオエンジニアリングも人間の介入を必要とするということだ。硫黄粒子はセックスしない。勝手に子どもを作ったりしないので、放置したところでジオエンジニアリングの暴走シナリオを生み出すこともない。大問題を引き起こすのは自然ではなく、人間だ。成層圏への微粒子の注入を止めたら、そこにあるものは数カ月で洗い流され、ピナツボ火山式のジオエンジニアリングも止まってしまう。

それを止めるというのも費用がかかる。ジオエンジニアリングの中毒アナロジーは適切なものだ。でもジオエンジニアリングをテーマにした2010年の自称「アシロマ2・0」会合で述べられた恐怖は、1975年に開かれたバイオテクノロジーに関する最初のアシロマ会合で述べられたものとはカテゴリーがちがう。当時も今も、組み替えDNA研究がひょっとして勝手に大災厄を引き起こす自己複製型生命体を作り出すという可能性は、わずかながらある。

第4章で、こうしたバイオテクノロジーをめぐる懸念の一部については議論し、最終的にはそれを否定している。そのときは、自然淘汰の亡霊を引き合いに出した。自然は誰も知らないうちに無数のDNA組み替えを行ってきており、科学者たちがそれを出し抜くことは考えにくい、というのがその議論だった。でもバイオテクノロジーの場合、その可能性は少なくともゼロではない。ジオエンジニアリングの場合、それはゼロだ。科学者と気候エンジニアたちが懸念すべき理由はいろいろある。でも微粒子の繁殖は、そのひとつではない。

でもジオエンジニアリングが成功するかもしれない

物事がとんでもなくひどい結果をもたらす、おっかないシナリオやありそうにない極端な事象ならいくらでも考案できるだろう。ジオエンジニアリングはひどいかもしれない。ものすごくひどいかもしれない。でも、もちろん従来の公害も悪いのはわかっている。もっとひどいかもしれない。成層圏に入れた硫黄粒子はいずれ消え去るだろう。おそらくは健康被害[4]をもたらし、世界的に何千人もが死ぬはずだ。でも伝統的な屋外大気汚染は、今年だけでも350万人以上を殺している。[5]

石炭を燃やすことでもたらされた、そして今後もたらされる最悪の地球温暖化の影響の一部を、ジオエンジニアリングが本当に減らしてくれるならどうだろう？　今のところ、最高の対応はそもそもの二酸化炭素汚染を減らせと大声で叫び続けることだ。以上。でも今後何年、何十年先を考えると、他の選択肢も検討すべきかもしれない。

リスクだらけの世界

ジオエンジニアリングの議論の核心にあるのは、不作為の過誤と作為の過誤とのちがいだ。つまり自動車事故の現場で何もせずに通り過ぎることと、自分が事故を引き起こすこととのちがいとなる。まともな気候政策を実施しないのは、そうした政策設計で何かまちがいを犯すよりもマシかもしれない。非難を避ける[6]というのは、政治家たちがきわめて重視することだ。

作為の過誤、不作為の過誤

するとジオエンジニアリングをしない不作為は、まちがったジオエンジニアリングを設計する作為よりもマシかもしれない。そしてこれが、あまりにジオエンジニアリングの研究が少ない理由のひとつかもしれない。

この一線は、必ずしも明確なものではない。最終的には、何が作為で何が不作為かは、見方次第となる。今の世界は、まともな気候政策を持たないことで不作為の過誤を犯しているのか、それともあまりに汚染しすぎることで作為の過誤を犯しているのか?

それに加えて、まちがいなく規模の問題もある。時限爆弾を止めに行けば1000人の命が助かるが、それにより一人が死ぬかもしれなければ、時限爆弾を無視する(無作為の過誤)のほうが本当にその一人の死亡を引き起こす(作為の過誤)よりもマシかどうかは、はっきりしない。この比率が100万人対1人なら? 10億人対1人なら?

10億人対1人と、1対1との間で、不作為の過誤が作為の過誤と同じくらいよくないものになる地点がどこかにあるはずだ。[7] ジオエンジニアリングが本当に何百万人もの命を救い改善する可能性があるなら、どこかでそのトレードオフを行う価値は出てくるかもしれない。

でも、そのトレードオフがどの時点で価値あるものになるかを決めるのはだれだろう?

一握りの科学者だけで決めるわけにはいかない。１９０カ国かそこらのすべてが行動の方向に合意するまで待つわけにもいかない。そんな合意に達する前に、だれかがまちがいなく自分で手を下そうとするだろう。

どれだけのジオエンジニアリングをすべきか、われわれは決められない。でももう少し論理を使うことで、決定の基準の目安はできる――その問いに答えを出すための投票ルールならわかるのだ。

ジオエンジニアリングを国連気候変動枠組条約で投票にかけたら、全員一致の賛成が必要だ。この組織では、どの一国が反対しても話は進まない。だから話が遅々として進まないのも当然だ。これに対し、アメリカの下院は単純な多数決で決まる。実質的に言えば、アメリカの上院だとごね得などを克服して何かを実施するには60：40の多数票が必要となる。条約となると67：33だ。気候介入の最適水準を決めるための投票ルールを決めるにあたってすら、果てしない論争が可能だ。

投票ルール

別の提案をしてみよう。不作為の過誤と作為の過誤との比較に注目するのだ。作為の過誤が不作為の過誤の倍ひどいと思うなら――あるいは倍くらい起こりやすいと思うなら

――理想的な投票ルールは3分の2の得票を必要とする。つまり2÷（2＋1）だ。もし3倍ひどいと思うなら、4分の3だ。つまり3÷（3＋1）となる。4倍なら、投票ルールは5分の4の得票が要る。4÷（4＋1）だ。あとはだいたい見当はつくだろう。

この式を導出する数学は、ことばで表現するには複雑すぎるが、理屈は簡単至極。作為の過誤が不作為の過誤ほどひどくないなら、ジオエンジニアリングをすればいい。作為の過誤がずっと大きいなら、しなければいい。もっと具体的に言うと、ジオエンジニアリングを実施するためにはもっと多数の賛成が必要だと言えばいい。[8]

この単純な数式を批判する方法はいくらでもある。まず何よりも、ちょっとばかり合理的すぎないか？　これはたしかに、社会が最大多数の最大幸福を求めているという想定に基づいている。この考え方に理屈の上で反論するのは難しいかもしれないが、実際面を見ると、かなりちがった様相が出てくる。それでも、しばしば非論理的なわれわれの世界にあってすら、この根底にある基本的な論理は成り立つはずだ。

そもそも気候変動に対して十分な対策を採らないことに比較して、ジオエンジニアリングのマイナス面に対する懸念が多ければ、ジオエンジニアリング的な介入を行うことに合意するためには、賛成者もその分だけ多くなければならない。これは別に革命的な主張ではない。ただ式があることで、この論点がずっと明確になる。

一定規模以上の研究に対する全面的な（当初の）モラトリアムと合わせれば、この式はガバナンス面に関する議論の出発点となれる。作為の過誤（ジオエンジニアリングが失敗）と不作為の過誤（最悪を避けるためのジオエンジニアリングをせずに地球温暖化が暴走）のトレードオフが問題の核心だとわかった以上、こうした過誤のトレードオフを直接考えよう。

実際のジオエンジニアリングに関する投票ルールを決めるというのは、もちろんかなり先走った議論だ。まずは研究に専念する必要がある。ここでも潜在的な過誤を見ることである程度の示唆は得られる。結果を決めるのは、何かがまずい方向に動いたときに起こることだ。ある介入の直接的な結果として、10人、100人、1000人あるいはそれ以上が死ぬ確率は？　ジオエンジニアリングそのものによって導入される存在論的なリスクとは——もしそれがあるなら——何だろうか？

費用対効果の全貌に、未知や不可知の混ぜあわせを

最も重要かもしれない疑問を挙げよう。ジオエンジニアリングの真の社会費用は何だろ

うか――成層圏に硫黄粒子を打ち上げることからくる嫌な副作用をすべて考えるとどうなるだろう。そしてそれは潜在的な便益と比べてどうだろうか？

狭義のエンジニアリング費用だけを見た、1ドルから100億ドルという推計値だけではフリードライバー効果が出てくるだけだが、これではもっと総合的な社会費用については何もわからない。いまわかっているすべての話を考えると、潜在的な副作用は、主張されている便益のすべてを圧倒的に上回りかねない。これはある意味で、考えられる最悪の結果となる。ジオエンジニアリングが安くて大成果をあげると思っていたのに、それが実現されないというわけだ。

そしてこれで話が元に戻った。行動のすべての費用と結果を無視することが、そもそもの気候問題の原因なのだ。提案される解決策すべてについて、全費用を検討し、特に未知のものと不可知のものに注目しよう。

第７章

あなたにできること

あなたの一票の価値

あなたの一票は無意味だ。

経済学者たちを一室に集め、個人行動の賢明さと美徳を議論させたら、いずれは投票の価値についての議論となる。その価値はゼロだ——厳密な狭い「経済学的」な意味においては。

これはなかなか納得しがたいものだし、市民の義務の概念すべてに反してはいるが、軽々しくこれを言っているわけではない。あなたの一票が最終的にちがいをもたらす可能性はあまりに小さいので、ゼロと呼んでもまったく構わないのだ。

この問題についての最高の研究の一部——野球統計で有名になり、最近ではブログFiveThirtyEightでの選挙予想でも名高いネイト・シルバーを含むチームによるものだ——あなたの一票がアメリカ大統領選で差をつける確率を、6000万分の一[1]だとしている。そしてこの数字は、2000年のジョージ・W・ブッシュとアル・ゴアのフロリダ決戦を含めての数字だ。これはどう見ても、かなりの低確率だ。

支持する候補者がアメリカのGDPを0・25パーセント引き上げて、かなりの接戦だったとしても、その決定的な一票を投じる個人的な便益はやはり、1ペニーの数十分の一[2]でしかない。つまりは、ゼロということだ。

　これで話を終わりにはできない。かなり陰気な話だし、さらにかなり視野の狭い話にもなってしまう。個人の行動を分析するのに、統計と経済学だけでは道具だてとして不十分なのかもしれない。たとえば倫理も重要な役割を果たすのだ。

投票する意味は

　自称「合理的」経済学者たちは、内輪で首を振り続けて、投票というのは説明できない謎なのだと冗談を飛ばすだろう。でも他のみんなにとって、それは謎でもなんでもない。みんな、投票するのが正しいことだと知っている。アメリカの軍人たちは、その一票を可能にするために命をかける。それは神聖な権利だ。それこそ民主主義の根幹だ。投票しないというのはアメリカ的な価値観、いや人類の価値観の軽視を示す。単に投票するだけでは足りない。情熱をこめて投票しよう。少なくとも、投票したぞと宣言する派手なステッカーを貼って、他の人にも投票を促すべきだ。

個人としての金銭的な利得はゼロかもしれないが、それは問題ではない。重要なのは正しい行動をするということで、投票というのは正しい行動の最も単純明快な事例だ。クリスマスの朝に家族を炊き出しの手伝いに狩り出すような苦労は必要ない。追加の支払いは必要ない（人頭税が違法となってからは）。職場によっては休みがもらえることだってある。そして、自分の意見を隠したまま表明できる。投票さえすれば、だれに投票したかを人に話す必要はない。それで市民の義務は果たされる。

学者というのは、話をえらくややこしくしてしまう。ジェイソン・ブレナンが「投票倫理のフォーク理論」[3]と呼んでいるものの短縮版を以下に挙げよう：

1. 市民はみんな、投票するのが市民としての義務である。
2. 善意の投票はすべて道徳的に容認できる。最低でも、投票しないよりはしたほうがいい。
3. 票の売買は本質的にまちがっている。

ブレナンはその後200ページかけて、このフォーク理論を粉砕し、投票に対するもっと複雑な倫理的理由づけに到達する。そこでは票の売買ですら特に問題はない。ただ何でも投票すればよいわけではない。自分自身の狭い利己性を超えて、共通の利益のために投票するのでなければ、投票しないほうがましだ、というのがその結論だ。

きちんと投票しよう

言い換えると、市民としての義務は単に投票すればいいというものではない。きちんと投票しよう、というものだ。これに反論するのはなかなか難しい。自分自身よりも大きな理念のために投票しよう。自分自身の（あるいはあなた自身の！）利益を拡大する以上のものを約束してくれる人に投票しよう。社会全体に目を向けようとしてくれる人に投票しよう。

これが個別の事例でどういう意味であるにせよ、「投票すべきかどうかわかんないし、家でテレビ見てるほうがいい」的な理屈を大きく超えるものではある。立ち上がって投票しよう。それが正しい行動だから。そして投票のための投票はやめよう。道理をわきまえた市民として投票しよう。きちんと投票しよう。

それはつまり、われわれの本書での問いかけを考え抜き、気候変動について行動してくれる候補者に投票すべきかを真剣に考えるということだ。

リサイクルし、自転車に乗り、肉を減らすべき理由

あらゆるものの使用を減らし、再利用してリサイクルする、というのはよき環境保護主義者すべての主張だ。ここでの考えは、投票についてのものとだいたい同じだ。あなた一人の親切な行動で、歴史の方向性が変わるわけじゃない。リサイクルでは地球温暖化は止まらない。環境保護主義者の一人は、この話題で丸1冊本を書いたほどだ。その題名は『でもそれで地球は変わるか？』[4]

変わりはしない。

それが正しい行動だから

その計算は単純明快で、あなたの一票がアメリカ大統領選の結果を左右する可能性をネイト・シルバー式に計算する必要もないほどだ。自分自身のカーボンフットプリントをゼロにするのは貴い行いだが、バケツの一滴にもならない。文字どおりに言えば、アメリカ

の標準的なバケツには30万滴くらい入る。でもあなた個人はアメリカ人3億人の一人でしかないし、人類で見れば70億人の一人でしかない。

少しでも少しなりに効くとは限らない。もっと大きなエネルギーシステムへの影響を分析したデヴィッド・マッケイの言葉だと「みんなが少ししかやらなければ[5]、得られるものも少しでしかない」

では、なぜエコを心がけるべきなのか？　それが正しい行動だからだ。そしてそれは、気候変動に取り組むにあたりずっと大規模に適用すべき価値を学ぶ方法でもあるのだ。

リサイクルしよう。通勤に自転車を。肉の消費を減らそう。それをずっと進めて菜食主義者になるのもいいだろう。子どもたちにもそれを教えよう。そして歯を磨いている間は蛇口を閉めよう。それはあなたのためでもある。まわりの人々のためでもある。それが正しい行動なのだ。

でもきちんとやろう。投票もやみくもではなく、きちんと投票しよう。リサイクルもやみくもではなく、きちんとリサイクルしよう。

きちんとリサイクル

もし個人の、本質的には道徳的といえる環境保護活動――たとえばリサイクル――が政策の改善につながるなら、是非ともやってほしい。目標は、最終的には市場の力を正しい方向に導く最高の全体的な政策を実施することだ。だから、だれかにもっとリサイクルしろと言うことで、かれらが投票所にも行くようになり、みんなの利益となる正しい政策に投票してくれるための道が開けるなら、それはすばらしい。

買い物にエコバッグを持ってくるといった、ちょっとした形で「エコ」になるよう人々に勧めれば、もっと大きな環境問題についても何かすべきだという道徳的な義務感を感じるようになるかもしれない。心理学者たちは、これを「自己認識理論」[6]と呼んでいる。自分がエコな人間だと思えば、投票もエコになる。

変化のコペンハーゲン理論

市民参加、道理のわかった行動変化、地球改善の全体的な方向性という美しいサイクルがこれでできあがる。きちんと投票することで政策が改善され、すると市民ももっと啓発される。もっと啓発された市民は、こんどはもっときちんと投票する人々を増やす。きちんとリサイクルすることで、もっとよい環境政策がもたらされ、するともっとエコに啓発された市民が生まれる。もっとエコに啓発された市民は、今度はもっときちんとリサイクルする人を増やす。

これを変化の「コペンハーゲン理論」と呼ぼう。デンマーク人たちは別に、ある日突然目を覚まして、北欧の寒風の中を自転車で仕事に向かうことにしたわけではない。[7] またコペンハーゲン市の市長閣下も、ある日いきなり住民たちを車から自転車に乗せ替えるために自転車専用レーンを大量に設けたわけではない。何十年にもわたり、他のほとんどのヨーロッパ都市同様に、コペンハーゲンでも自動車が主流だった。1970年代のオイルショックと、環境運動の高まりと、何年にもわたる活動があって、「日曜は自動車なし」の運動から、いまや毎日5割のコペンハーゲン市民が自転車通勤する状況へと動いたのだ。

これは自転車に限った話ではない。投票権法だって一夜にして可決したりはしなかった。

何年にもわたる各種の行動が必要だった――初期の座り込みから、セルマでの人種差別反対行進まで。アメリカの環境保護運動は、1970年代の「環境の10年」[8]を生み出したが、やはり似たような道をたどった。長年にわたる自己強化的な活動が、やがて必要な法改正をもたらしたし、それで論争が止まったりもしなかった。時間が何より重要な要因だ。かつては気候の進路を変えるための時間が何十年もあった。もはやそうはいかない。だからこそ、変化の理論をきちんと理解することがなおさら重要となる。またこれは、これまでも頻出したトレードオフという主題に戻ってくるところでもある。こんどはそれが、きちんとしたリサイクルに関わってくる。

クラウディングアウト・バイアス

経済学者たちは、トレードオフの存在を自明の常識だと考えてしまう。心理学者たちはそこに別のひねりを加え、「自分がエコだと思うと投票もエコになる」というのをひっくり返してしまった。これを「クラウディングアウト・バイアス」[9]と呼ぼう。気候変動の脅威で人々は行動しようとする――でもその行動は限られたものだ。

この効果の極端な例が、「単一行動バイアス」だ。人々は、たったひとつのことしかしない。たとえばリサイクルとか、屋根にソーラーパネルを載せるとか、「エコ」商品を買うとか。これは別に、そうした人々が、その一歩だけで気候変動阻止に十分だと思っているということではない。ただ、その一歩だけでその人の懸念はおさまってしまい、関心が他のことに移るのだ。はいはい、気候変動は起こっているけど、女性が未だに出産時に死亡している。他にも懸念すべき問題はいろいろあるし、気候変動についてあたしはやるだけのことはしました、というわけだ。

経済学者たちは直感的に、自己認識理論、またの名を変化のコペンハーゲン理論を支持する見方よりも、このクラウディングアウト・バイアスの根底にある見方のほうに納得する。なんといってもトレードオフは、しばしば人々にある行動と別の行動を代替するようにうながす。これは、人々がある単一の個人行動――たとえばリサイクル――をもっと大きな政治行動――たとえば投票――と代替するときにとりわけ困ったものとなる。この現象は、これまでは驚くほど研究されていない[10]。

集合的な行動から個人行動に戻るメカニズムについては、かなりのことがわかっている。適切なインセンティブ――人々に何かするよう支払う――を設定すると、立派な行動がクラウディングアウトされてしまうことがある[11]。人々に、お金を払って献血してもらうと、献血件数は減る。少なくとも女性の献血は減る。男性は、献血でお金をもらっても平気なようだし、女性もそのお金が自分の懐に入るのではなく慈善に使われるようにすると、献血件数は再び増える。

ひとつのエコ活動で満足してはいけない

また個人行動の代替についてもかなりのことがわかっている。人々に自発的に「エコ電力」を買うよう依頼すると、一部の人は電力消費を増やしてしまう。[12]

このメカニズムのいずれも、クラウディングアウト・バイアス的な世界観を支持するものだ。あるひとつのエコ行動が、必ずしも他のエコ活動につながらず、むしろ人々の日常行動の中でのトレードオフから見てかえって逆の効果を生み出してしまうというわけだ。でも、クラウディングアウト・バイアスが本当に個人から集合的行動に拡張できるのかについては、ほとんどわかっていない。

だれもクラウディングアウト・バイアスが優勢になってほしくはない。これは避けて克服すべきものだ。紙コップをリサイクルして、今日の地球温暖化対策は完了だと思ってしまったら、考え直してほしい。アメリカ横断フライトのために自発的にカーボンオフセットを購入して、いい気分になってしまい、結果としてフライトを増やすなら、これまた本来の趣旨には合わない。「ホテルはタオルを床に置いた場合にだけ交換し、そのうえ、航空会社は20ドル追加で炭素汚染をオフセットさせてくれるって？　これぞエコバケーションだぜ！」

このどれも、最も熱心な環境保護主義者にとってすら、決して他人事ではない。自分一人ですべてはできない。リサイクルし、肉を食べず、車も運転せず、全般的にエコな生活をする環境保護主義者ですら、他の、しばしばもっと大きな炭素の罪を犯している。フライトがその筆頭に挙がる。

飛行機は例外？

エコバッグを抱え、水は持参の再利用型エコボトルという筋金入りの環境保護論者ですら、航空機利用となると容認せざるをえない。ニューヨークからワシントンDCまでなら鉄道もあるし、そっちを使うべきだ。でもマイアミからシアトルまでとなると話は変わってくるし、アトランタから北京までの鉄道というのは無理だ。環境保護主義者というのはそういう暮らしだ。講演もあるし、会合にも出るし、氷河が融けるのを自分の目で見ようとする。

テレビ会議でフライトを減らすこともある程度は可能だが、ときには電話ではどうしてもすまない。外交交渉というのは、だれでも知っているように、夕食後に一杯やりながら交わされるものだ。出張を控えるわけにはいかない。これは、あまり見えざるわけではない市場の手が作用する古典的な例だ。カーボンフットプリントを減らすために、鷹揚にもそのフライトを辞退しても、地球はその犠牲を喜んではくれない。喜ぶのはあなたの競争相手だ。

リチャード・ブランソンの指摘

誰かにお金を払って、自分の代わりに木を植えさせたり、肥だめからのメタンを集めて、フライトによる汚染の影響を相殺してもらうことは簡単だし、是非やってほしい。明らかにもっと木を植えるべきだし、肥だめにはもっとふたをすべきだ。でもそれをいくらやっても、本当に必要な種類の行動にはならない。そういう変化は政策レベルでしか起きないのだ。

答えの一部は欧州連合に求めよう。その排出取引システムは、2012年1月から域内飛行をカバーしている。EU内のフライト乗客は、自分の起こす炭素汚染の一部について支払いを行っている。現在の価格は平均で二酸化炭素1トンあたり2ドルくらい。これはそれぞれのフライトが引き起こす真の汚染をカバーするにはほど遠い。すべての費用をカバーするには、40ドル以上はかかるはずだ。でもこれは重要な出発点だし、自発的行動から先へ進む重要な一歩でもある。

こうした少額を支払う乗客は、いまやほんのちょっとだけ良心の呵責を逃れられる。顧客との会合に顔を出す便益をすべて自分の懐に入れて、汚染の費用は他の70億人に任せるかわりに、みんなが自分自身の汚染費用を負担しはじめ、おかげで行動変化をうながされる。目標はもちろん、このシステムを広げ深めることであるべきだ。汚染費用の全額を含めるようにして、しかもヨーロッパ内のフライトに限らないことだ。

ここで本当なら、航空機の排出について真にグローバルなアプローチを、国際民間航空機構が本気で導入するようにすべきところだ。こうしたグローバルなアプローチに対する野心の水準はとても重要だが、原理は明白だ。リチャード・ブランソン[13]がまさに的を射ている。「世界的な炭素税は叫ぶほど——自明なほど明らかなものだし、15年前に導入されるべきだったとぼくは思う。そしてそれは完全に公平なものにできただろう。世界中のあらゆる航空会社がまったく同じ扱いを受け、あらゆる運送会社も同じ扱いにするんだ。（中略）航空会社のオーナーとして、国に帰ったらたぶん黙れと言われることになるだろうね。（中略）でもみんなが痛み分けになるような公平な世界的課税があるべきなんだ。そんなに巨額の税じゃない。そしてそれが起きたら、この問題は解決できる」

すばらしい。

気候政策はロケット科学とはちがう。ずっと難しいのだ。でもその解決策はブランソン的に明白だ。炭素に値段をつけよう。問題は、どうやってそれを実現するかだ。

どちらの変化理論が勝つか

もし「自己認識理論」――コペンハーゲン式変化理論――が勝てば、どんなわずかな変化でも次につながり、やがてはコペンハーゲン市民の半数が自転車通勤するようになって、そのうえ強い国レベルの政策が大衆を低炭素高効率世界に向けて動かす。もしそうなるなら、リサイクル、再利用、自発的なカーボンオフセット購入は本当にすぐ大規模な変化につながるかもしれない。

クラウディングアウト・バイアスが勝てば、善意に対するあまりに直接的すぎる訴えが多いと逆効果かもしれない。これは最終的に全体的な政策を左右する中道派市民には特に当てはまりそうだ。環境保護主義者にリサイクルを納得させるのは簡単だが、かれらはすでにどのみち強い気候政策支持に投票している。納得させるべきなのは中道派の人々だ。

どちらの変化理論も、あらゆる場面に当てはまるわけではないのは明らかだ。世界はそれぞれの単純なメカニズムが示唆するよりずっと複雑だ。ひとつはっきりしていることがある。何としても、クラウディングアウト・バイアスとは戦おう。そしてリサイクルと、炭素価格への一票とで選択を迫られたら、投票のほうを選ぼう。

ステップ1：叫ぼう

あなたにどんなことが**できる**だろう？　まず手始めに、「地球温暖化を止めるための10の行動」といった一覧表はすべて信用しないこと。地球温暖化は一人で止められるものではない。自転車通勤やエアコンの設定を下げることが、友人や同僚たちに気づきを与えて新しい運動に貢献するなら、それはそれですばらしい。でもそうした行動だけでは大気は癒えない。バケツの一滴というアナロジーを思い出そう。単純な個別行動と、実際に意味ある行動との間には明確なちがいがある。

地球温暖化は止められなくても、大規模小売店がサプライチェーンをエコ化して2015年までに二酸化炭素汚染を2000万トン減らすと発表したらどうだろう？　大航空会社が自発的カーボンオフセットを、単なるマーケティングの道具としてではなく、本当の変化を引き起こすために実施したらどうだろう。それはひょっとしたら、その航空会社の機体が新しくて効率が高いため、競合他社よりも公害が少ないので、世界炭素価格づけシステムにより直接的な利益を得られるせいかもしれない。もしもその決定が、とても汚いタールサンドをカナダからメキシコ湾の精油所に運ぶパイプライン建設に関するものだったらどうだろう？

単純な答えは、後追いでは選ぶ立場にはなれないというものだ。サプライチェーンをエコ化すると地球に優しいだけでなく、事業としても有利なら、それをやるべきだ。双方が得をする。

同じことがパイプラインの新設——あるいは新設廃止——についても言える。正直な費用便益計算で、地球が負担することになる価格に見合うものではないとわかれば、決定は明らかだ。でもここでも、おそらくもっと重要になるのは次のステップだ。もし最初の一歩でもっと勢いがつき、その後の行動も高まるなら、それをやろう。もしそれ以上の行動を阻害するなら、考え直そう。トレードオフは重要だ。個別行動についても重要だし、政策的にも重要なのだ。

活動家の入る余地

最終的には、民主的に選ばれた政府は、市民たちの望むことを――ある程度は、長期的には――行う。ここに活動家が入る余地がある。ホワイトハウスの前で逮捕されることが、大統領に対して環境行動を求める訴えになるのであれば、そういう行動も意味があるかもしれない。

市民権運動にはマルコムX、マーチン・ルーサー・キング、ローザ・パークスがいて、それぞれ独自の戦略をとった。一部の人は、何らかの行動が反動を生むとか不十分だと思って却下しただろう。でも結局、リンドン・B・ジョンソン大統領が１９６４年の市民権法に署名したとき、だれもが自分の貢献を主張できた。そして社会活動――そしてその必要性――はそこで止まりはしなかった。

だから、叫ぼう。抗議し、議論し、交渉し、強要し、ツイートし、手持ちのあらゆる手段を使って気候変動の規模に見合うだけの政策変化を呼びかけよう。経済学者の比較優位の論理を使うなら、自分が一番得意なことをしよう。教師は教えよう。学生は学ぼう。コミュニティ指導者は指導しよう。一方で、どの段階でもクラウディングアウト・バイアスは避けるよう気をつけよう。そして次のステップを念頭に置こう。コペンハーゲン式変化理論を実践するのだ。

これがステップ1だ。そしてそれはどのレベルでも当てはまる——市役所から州議会からワシントンDCまで、世界中の各国首都から、国連機構のあらゆるレベルまで。叫ぶにもうまい・へたはあるが、われわれとしては、各種政治戦略家やアンケート調査分析屋、各種の有料専門家たちよりも詳しいふりをするつもりはない。へたな叫び方だと逆効果になりかねない。うまく叫べば、一見すると手に負えなそうな法制のハードルも越えさせてくれるかもしれない。

だからお願いだから、うまく叫んでほしい。

ステップ2：適応

エリザベス・キューブラー＝ロスは、悲しみの5段階を提唱した。われわれは、否定、怒り、取引、憂鬱が適切な時期をとうに過ぎている。地球はすでに0・8℃温暖化している。極端な気候がいまや新たな平常のようだ。ニューヨーク市は「100年に一度」の嵐[14]

に2年連続で襲われている。費用は積み上がっている。適切な対応は、いまや受容だ。

浜辺の家を買うのはやめよう

はっきり言っておくと、これ以上の気候変動を防止するためにできる限りのことはすべきだ。問題は炭素に値付けすべきかではなく、その値段をいくらにすべきか、ということだ。最適価格はいま世界的につけられているものよりあまりに高いので、いまわかるのは、今後その値段は上がる一方だということだ。炭素価格[15]を引き上げよう。これはすべて「叫べ」の中に入る。

気候変動への適応は、ひとつきわめて重要な特徴を伴う。これ以上の気候変動をそもそも防ぐために何かするのとはちがい、適応はひたすらあなた自身に関することだ。エアコンを買えば涼しくなる——でもその結果として地球はほんのちょっとだけ温暖化する。これだけだと、それがあなた個人としてやるべき正しいことではないという話にはならないが、適応にもうまい・へたがある。家を30年ローンで買うつもりなら、浜辺の物件を買うのはやめておこう。住宅ローンのまともな審査制度を持つ銀行なら、地形図を見ただけでそもそもローンを組ませてくれないかもしれない。でもその決断プロセスを信じてはいけない。30年たって海面上昇したとき、物件を抱えることになるのはあなたであって、銀行ではない。

もっとよい審査方法として、気候関連リスクの保険料がどうなっているかを見る手がある。ほとんどの場合、これは上がるしかない。ロンドンのロイズ社、ミュンヘン再保険社、スイス再保険社、つまり最終的なリスクを抱えることになる最後の頼みのつなとなる保険会社は、気候リスクについて長年警告してきた。最終的には、保険会社や再保険会社[16]はどうにかなる。保険料を上げるか、そうした保険商品の販売を完全にやめれば、利ざやは安泰だ。

保険料が上がることで、洪水地帯への住宅再建はやめるべきだというメッセージを伝えてくれるなら、それはとても結構なことだ。でもしばしば最後にツケをまわされるのは大衆だし、それも直接おわされることも多い。

連邦政府による、ハリケーン・サンディ支援予算――数百億ドルにのぼる――の一部は、ハリケーン・サンディに破壊された物件を以前どおりに再建するために使われている。これでは連邦政府が災害を後押ししているようなものだ。[17]ニューヨーク州知事アンドリュー・クオモの示唆にしたがい、その資金の一部で民間物件を買って公有地にするほうがいい。

次に来る大嵐はまちがいなく、最大の被害を受けた人々のために追加の緊急支援を必要とする。こうした援助の支出はすべて、洪水地帯に住む人々に補助金を出すという意図せざる結果をもたらす。政府は最悪の目にあった人々を助けるという責任を逃れることはできないが、明らかにこの悪循環に油を注ぐのは止めるべきだ。

海面上昇への適応

洪水で家を失った人々に、遠く離れた防波島に家を再建するための補助金を出したりすべきでない一方で、海面上昇に対する何らかの適応行動は十分に正当化される。いずれ、ニューヨーク市のほとんどをもっと高地に移動させる必要があるというのは、秘密でもなんでもない——ただし、十分に大きな声で「叫ぶ」ことができれば避けられるかもしれないが、それすら確実ではない。またそれまでのつなぎとして、もっと高い防潮堤を作ることが最高の選択肢だし、十分その費用に見合う効果があるというのも秘密でもなんでもない。

オランダ人はこれをずっと昔につきとめた。かれらが防潮堤を必要とするのは、ただ単にオランダの相当部分はすでに、まるで気候変動なしでも海面以下だからだ。ニューヨークは今や、嵐による高潮やそれよりひどいものが市を飲み込むのを防ぐため、洪水用水門を作ろうかという似たような問題に直面している。1800年代半ばには、嵐の高潮が通常のニューヨークの防潮堤を突破するという可能性は1パーセントでしかなかったのが、いまや年20パーセントから25パーセントにまで上がっている。[18] マンハッタンには何千億ドルもの価値を持つ不動産があり、そのすべてが比較的狭い地域に集中している。[19] 最悪の事態を避けるための防潮堤は、比較的安いかもしれない。オランダ人はそれをずっと大規模にやっている。

事前の計画で、最悪に備える

適応は一にも二にも、事前の計画が肝心だ。ダムの背後にオランダ人の友人が住んでいたら、最悪の事態に備えるよう忠告しよう。人が保険に入るのは、何か悪いことが起きてほしいからではなく、万が一悪いことが起きたときに備えたいからだ。火災保険の圧倒的多数は、決して保険金支払いには至らない。だからこそ保険会社は保険をそもそも提供できるわけだ。100年に一度の洪水が次にニューヨーク市を襲うのが、来年なのか10年先なのかはだれにもわからない（来世紀よりは前だということはみんなほぼ確信している）。ただわかっていることは、手をこまねいているべきではないということだ。同じ理屈はもっと長期にもあてはまる。

パテック・フィリップ社は、誇らしげな親とその子どもとを描いた広告キャンペーンで有名だ。この4世代目の家族所有時計会社は、あなたにも家族の伝統を創始してほしいと思っていて、そのためにできれば自社の時計を買って、それを子孫の腕にもつけさせるようにしてほしいと思っている。一部のニューヨーク不動産会社はそれを拝借して「幾世代にもわたる所有」といったスローガンを使うようになっている。それが本当に可能かどうかは、どれだけ先の世代のことまで考えるかで決まってくるかもしれない。

考える先が孫までなら、たぶん何とかなる可能性が高い。でもロウアーマンハッタンの物件オーナーの一部が、もっと遠くのニューヨーク市民たち（たとえばクイーンズのブリージーポイントの人々）が現在直面している問題に直面するまでには、それほど多くの世代は必要ないだろう。その問題とは、洪水の後で再建すべきか、それとももっと高地に引っ越すべきか、というものだ。

何をするにしても、カナダやスウェーデンやロシアの市民権は手放さないようにしよう。あなたやあなたのお孫さんは、もっと南方で相変わらず休暇を取りたいと思うかもしれないが、大規模な変化が起こりつつあるのだ。

ステップ3：儲けよう

「700ppm基金」を想像してみよう。この数字は確実なものにはほど遠いが、国際エネルギー機関（IEA）が2100年までに到達する水準として出した、最高の予測だ。IEAはすべての国の表明した排出削減目標[20]を考慮し、その他いろいろも予測に含める。このすでに楽観的なシナリオだと、地球の平均温暖化が工業化以前の温度に比べて3・4℃以上上がる確率が50パーセント、そしていずれ地球温暖化が6℃を超える[21]可能性が10パーセントと示唆している。

第1章に戻ってみよう。マーク・ライナスによるダンテ『地獄編』第6層への言及や、影響を詳細に調べるEUのプロジェクトHELIXの話があったはずだ。ライナスもHELIXも、悪夢のシナリオを6℃で終えている。いまやそこかそれ以上になる可能性は10にひとつはあるわけだ。その世界がどんなものになるか、ドラマチックになりすぎないようにするのも難しいほどだ。

濃度が４００ppmだった最後の時期に、海面は20メートルも上昇した。７００ppmの地球は、今日想像できるどんなものともちがっているだろう。それでも、それがいまのわれわれの道筋なのだ。

北極圏で採掘する会社の株を買おう

そんな世界で、10億ドルの投資資金を管理しているとしよう。儲けるひとつの方法は、損傷を受けた資産の価値回復に投資することだ。だれかが洪水の水を排水して家屋を再建しなくてはならない。気候変動への対応費用の裏側だ。チャリーン！　莫大な費用がかかるということは、利潤の機会も多いということだ。

ひとつ重要な問題は、考えるべき時間尺度だ。影響の多くは何十年も先に起こるものだが、そうでないものもたくさんある。極端な嵐、干ばつ、洪水がすでに家を襲っている。主食、飲料水など、もっと温暖でもっと不安定な世界で希少になり、したがって需要が高まるものを買っておこう。この一般的なトレンドで儲けるには、気候変動懐疑論者がまだたくさんいて、全般的なトレンドの逆張りをしている間に、そうした資産を買い占めておこう。価格が本当に高騰する前に確保しておくのだ。そして、ここでは７００ppmに向かう世界での投資機会を想像しているので、今後氷がなくなる北極圏で採掘をするだけの頭を持った鉱山会社や石油会社の株を買おう。

350ppm基金の世界では

さて、「350ppm基金」を考えよう。このしきい値はずいぶん前に超えられている。いまは二酸化炭素だけでも[22]400ppmだ。そして大気という風呂桶[23]はますますいきおいよく満たされつつある。

350ppmへの復帰は世界が即座に回れ右する以上の動きを必要とする。経済学についてわかっていることすべては、そんなことが起こるはずはなく、物理的に不可能なことを示している。あらゆる煙突を「ただ単に」閉ざす――巨大で即時の世界的な脱工業化――ではもはやすまない。それどころか、エネルギー産業と運輸産業を一変させ、さらに炭素を直接空中から除去するためにすさまじい再工業化が必要となる。

それでも多くのインフラは、今後何年もリスクにさらされる。すでに何十年、何世紀にもわたる海面上昇がロックインされていて、未知の未知がまだいくらでもある。西南極氷床を救うには手遅れかもしれないが、世界はそれ以上に高くつく他のティッピングポイントなら回避できるかもしれない。

遊休資産だらけになるだろう。ビル・マッキベン[24]がこの概念を『ローリングストーン』

誌で広めた。キャピタル研究所が代わりに計算をした。大気中の二酸化炭素濃度を450ppmで安定化させるだけで、まだ地下にある20兆ドル分もの炭素はずっとそこにとどまり続けるか、その使用で生じる二酸化炭素を地中に注入できる場合にのみ採掘することになる。そうなれば化石燃料企業の価値はずっと下がる。

この世界では、あなたの10億ドル資金を最も有効に使うには、石炭、石油、天然ガスへの投資を避けることだ。そうした企業は、市場全体よりも収益性が下がることになる。風力、太陽、各種の低炭素技術が勝つ。もしみんなが支払うことになる二酸化炭素価格が十分に高ければ、炭素空中除去技術もまた大きく値上がりするだろう。ここでも、タイミングがすべてだ。儲けるには、ちょうどいいタイミングで市場に参加するのが肝心だ。

真実はどこか中間で、現状維持から生じる700ppmの悪夢と、350ppmの世界というエコの夢物語の間になるはずだ。念のため言っておくと、この2つの数字には重要なちがいがある。700ppmはいまのわれわれが向かって*いる*ところだ。「350ppm」を提唱するのは、そこに向かい*たい*という主張だ。この2つはまったくちがうカテゴリーに属する。もし十分に大きく、十分にうまくわれわれが叫べば、世界が700ppm世界の宿命から逃れて、350ppmに近い結果を実現できる可能性はあるが、これはまったく確実とは言えない。

規制のトレンドを見る

では、あなたの仮想的な10億ドルをどう投資しようか？　まず、賢い投資判断はすべて現実に基づくもの（あるいは将来の現実に基づくもの）であって、どうあるべきかに基づくものではない、ということを認識すべきだ。現在の北極圏での黄金ラッシュは、これをあまりに明白に示すものだ。北極海で新たに開いた航路や、鉱山や油井に鼻をつっこんでいない、したがって参加していない人は、大損をしている可能性も高い。

とはいったものの、最近の証拠のいくつかを見ると、社会意識の高い企業は、市場より高い収益率を上げているし、ときにはかなり大幅に市場を上回っていること[25]が示唆されている。でもわれわれの助言は、物事をエコ偏重眼鏡越しに見ると市場の見逃した機会が見つかるかもしれないという事実についてではない。むしろ、賢い投資判断はとにかくリスク管理が重要だという事実に専念しよう。地球へのリスクと、大石炭石油ガス会社へのリスクとにはちがいがある。でもそこには重要なつながりもある。規制と政策が指し示す方向は、おおむねひとつしかないのだ。

現在の規制環境のトレンドを見れば、タバコ株[26]の矢印は下向きとなるのを疑う人はほとんどいない。オーストラリアでは、タバコ会社は製品の包装をシンプルにして、健康上の警告を目立つように示すよう義務づけられている。２０１１年たばこ簡易包装法は、大きな損失を被る一握りのタバコ会社から激しい抵抗を受けて、憲法違反だという訴えまで起こされた。２０１２年８月にオーストラリア高裁がこうした訴えを退けて同法を支持すると、ブリティッシュ・アメリカン・タバコ社とインペリアル・タバコ社の株価はそれぞれ２パーセントほど下がった。

高裁判決がちがったものになった可能性もあり、そうなれば株価は上がっていただろう。でも政府がいきなり、タバコがあまりに長い間悪者にされ続けていたと判断して、包装の規制と禁煙規制を緩和しはじめる、などということはきわめて考えにくい。それどころか、もっと多くの都市がニューヨークのマイケル・ブルームバーグ市長にならって、喫煙者を歩道に追い出すか、もっとひどいめにあわせるだろう。リスク管理をしたい投資家たちは、これを念頭に置くべきだ。

儲けを使って何をするか

似たようなことが、大手石炭会社や石油会社に投資しようとするあらゆる人々についても言える。規制はおおむね石炭会社や石油会社の値付けを押し下げるだけで、押し上げることはない。二酸化炭素にまともな値付けが行われれば、遊休資産を抱えることになるのはかれらだ。政府がいきなり風力や太陽光発電企業に課税して、化石燃料の補助をさらに引き上げることはほぼありえない。

（大手天然ガス会社はグレーゾーンかもしれない。初期の規制は石炭発電所を一気に電力システムから押し出すかもしれず、そうなると天然ガスが一時的に人気を博すことになる——少なくとも、天然ガスもまたますます厳しくなる温室ガス制限に直面するまでは。これは低炭素の未来への「ブリッジ」かもしれないが、だからといっていずれ天然ガスにも重い課税が正当化されないという理由にはならない）

要するに、そうしたものへの投資を減らそう。それが堅実で、リスクの低い金融的な決断だからだ。これはマイナスの規制リスクや遊休資産に対する予防策ともなる。700ppmの道から350ppmの道への移行は、政治的な迷走を経るだろう。化石燃料株に投資しないことは、倫理的な選択だというだけではない。儲かる選択かもしれない。

そうは言ったものの、化石燃料からの全面的な投資引き上げだけが唯一の倫理的な選択ではないかもしれない。その社会的良心のスクリーンを、儲けを使って何をするかにも当てはめよう。（哀しくも）儲かる投資の余地を、何の良心もなく現在の方向性を左右するつもりもない連中に明け渡す必要はないだろう。

われわれみんな——本書を読んでいる（または書いている）ほとんど全員を含む、地球上の少なくとも10億人かそこらの大量排出者たち――がこれまで温暖な気候に向かってきた世界から利益を得てきたことは明らかだ。だからといってそれが正しいことにはならないが、でも倫理的に進む道はたしかにある。いまや700ppmに向かう現実性と、その道を曲げて350ppmに向かわせるという必要性が嫌と言うほどはっきりした以上、そのふんだんにある収益を使って、そのお金にもっと仕事をさせよう。それだけの新しい富が手に入るなら、最大級の政策的後押しを求める叫びを上げる力となりうるのだから。

第8章

エピローグ：ちがう形の楽観論

証拠は動かしがたいものだ。大気中の温室ガスの水準は高まっている。温度も上がっている。春の訪れは早まっている。氷床は融けている。海面は上昇している。降雨と干ばつのパターンは変わっている。熱波は悪化しているし、大雨もひどくなっている。海水は酸性化している。

この言葉は、アメリカ科学振興協会のものだ。この報告書で驚かされるのは、その直接的な表現についてだけだ。結論のどれも、科学的にはとっくにわかっていたことだ。その報告書の題名が示唆するとおり、単に「いまわかっていること」[1]を述べただけだ。

わかっていることはひどいが、わかっていないことはもっとひどい

住宅を持っていれば、過熱しそうなボイラーは修理すべきだし、ガスストーブのバルブの漏れも直すべきだ。そうしないと、どちらも大災害を引き起こす。でもそれに加え、ほとんどの住宅所有者は突発的な事故で家が全焼するという確率の低い事象に備え、火災保

険に入る。

これは別に、大災害が起こってほしいと願っているわけではない。無用な脅しというわけでもない。堅実な動きというだけだ。火事で家が全焼するという確率の低い出来事があったら、費用が大きすぎる。だから保険料支払いをケチったりはしないのだ。

皮肉なことに、洪水や干ばつといったカタストロフ的な事象のための保険料こそが、まさに気候変動の影響が人々の財布に最も早く影響しそうなところとなっている。連邦洪水保険は、各種の混乱した政治的な理由のために大幅な補助を受けている。本来はそうすべきではない。補助をすることで、住宅所有者たちはきわめてリスクの高い地域にも家を建てるよう、うながされてしまうからだ。そして洪水地帯に住宅を持つのがずっと高価になるような形でシステム全体に必要な改革を加えるためには、ニューヨーク市があと数回ハリケーンに襲われるだけですむだろう。

恫喝主義ではない

ますます強さを増すハリケーン、増える洪水、増える干ばつ、さらには上がる温度と海面上昇は、起こっているのがわかっていることで、それが続くことも知っている。こうした影響の結果を積み上げると——少なくとも、金銭的数字をつけられるごく一部だけを積み上げると――最低でも今日大気に注入する二酸化炭素1トンあたり40ドルかかる。[2]でも平均で見ると、世界はこれだけの費用にまったく見合わない支出しか考えていない。平均的な世界の費用は、多くの国で設けられている巨額の化石燃料補助金を考えれば、トンあたりマイナス15ドルに近い。[3]

そしてこのどれもまだ、真に恐ろしい低確率事象は含んでいない。今世紀末までに海面が0・3〜1メートル上がるという見通しと、その先の世紀でいずれ極端な数字としては20メートル以上上昇するという事態とでは、話がまったく変わってくる。[4]そしてこうした極端な事象のどれひとつとして、そもそも「可能性が低い」とか「低確率」とか言えるのかも議論の余地がある。[5]われわれ自身の控えめな計算だと、いずれ地球の平均温暖化が6℃を超える可能性が十にひとつある。[6]これほどの温度上昇は、いまある社会にとっては「カタストロフ的」としか言いようがない。

こうした必然の話をすると、恫喝主義だという批判を受けかねない。だがこれは、恫喝などではまったくない。われわれとしては、わかっていることのすべてを描き出すのが義務だと思っているし、わかっていないことがどの方向に向かいかねないかも示すべきだと考える。別にそんなことをやりたいわけじゃない。むしろわれわれがまちがっていることを祈るばかりだ。

三重のまちがい

まず、本当にひどい低確率事象が決して起こってほしくないという意味で、われわれの主張がまちがっていることを願いたい。

第2にもっと重要な点として、社会が大気中への炭素放出を大幅にカットすること[7]で、気候という船をいわゆる氷山から遠ざけてくれるという点で、われわれがまちがっていることを祈りたい。温暖化も海面上昇もたっぷり起きているし、洪水も干ばつも増え、各種の他の極端な気候現象もすでに織り込まれてはいるが[8]、急速な行動は最悪の予想を避けられるようにしてくれる。

第3に、ジオエンジニアリングに向けての止めがたく思える動きについても、われわれがまちがっていることを願いたい。硫黄などの粒子を成層圏に注入して、人工的な日よけを作ろうという動きだ。経済学についてわかっているあらゆることから考えて、気候変動についてそもそも大した対策がとれないようにしている根本的な力と同じもののおかげで、いずれはジオエンジニアリングされた地球が実現してしまう可能性が高くなっている。しかもそのジオエンジニアリングは、合意なしの抜け駆け行動で起こってしまうだろう。気候問題はあまりに大きすぎ、勢いも大すぎるのに対し、ジオエンジニアリング技術はあまりに安あがりで、あまりに容易すぎるのだ。

希望としては、この3つすべての点でわれわれがまちがっていると示されてほしい。世界は科学の面で運のいいことになり、炭素排出削減の一見手のつけようもない政治も解決し、ジオエンジニアリング研究を生産的な方向に導いて、一見すると必然としか思えない（抜け駆けの）ジオエンジニアリングから遠ざかるような、鉄壁のガバナンスの仕組みを編み出すというわけだ。

炭素に責任を取らせよう

経済学——資本主義——こそが問題なのだと結論してしまいがちだ。経済学はたしかに、この問題の核心にある。というかむしろ、まちがった方向に向かった市場の力が核心なのだ。

すると、単にわれわれの生き方を変えさえすればいいという解決策が思いつく。歩みを止めて、地に足をつけ、もっと少ないものでもっと多くのことをすれば、気候変動は過去のものになるはずだ、というわけだ。そうは問屋がなんとやら。

ほとんどの人は、家族と緑の草原を散策する時間を増やし、仕事で机に向かう時間を減らしたいと思ってはいる。でもそれだけでは明らかに不十分だ。自発行動に関する計算をすれば、それでは帳尻があわない。そしていまある資本主義を変えるという方法は――それが独立の目標[9]としていかに望ましいものだろうと――かなりの高いハードルという表現では甘すぎるほどだ。また、これだと話が混乱してしまう。

活動家で作家のナオミ・クラインなどは「薄汚い金持ちに課税を」[10]と呼びかける。これはなかなか素敵な標語だ。金持ちにもっと課税すべきだというのに合意する人もいるだろう。でもこれはまったく別の問題となる。まず何よりも、われわれは薄汚いほうに課税しよう。「悪者に責任を取らせる」かわりに、ここで重要なのは炭素に責任を取らせることなのだ。

資本主義が悪いのではない

気候変動は、資本主義に対する根本的な問題を投げかけるものではない。それどころか、迫り来る気候ショックを安全にやり過ごす唯一の希望は、資本主義とそのイノベーションや起業家的なあらゆる力にしかないのだ。これは別に、市場に何でも任せろというのではない。自由放任（レッセ・フェール）は、正しいフランス語の発音だと耳には優しい——が、それは理論上だけの話だ。価格が行動の真の費用を反映しない状況には当てはまらない。

無制約な人間の衝動——まちがった制約を課された人間の衝動と言うべきか——こそは、現在の惨状を引き起こした真犯人だ。適切に振り向けた人間の欲望と創意工夫は、真の社会的費用を反映した十分に高い炭素価格に導かれれば、この惨状から逃れるための最高の希望なのだ。

それができてやっと、何が真に倫理的な解決策かについて議論するだけの余裕ができる。炭素汚染に、児童労働や奴隷制と同じ道をたどらせるのだ——純粋に道徳的な理由で避けるべきこととするわけだ。そうなったら、経済学者たちを追い出して、神父やイスラム教の導師（イマーム）やラビや、お気に入りの無宗派哲学者を連れてくればいい。でもいまはまだその時ではない。道徳的な高みに立つためには、そもそも海面上昇に脅かされない高みが残っていなくてはならない。そのためには、経済学を真剣に考える必要があるのだ。

謝辞

本書は、10年にわたり書かれた12本ほどの論文と、他の人々から拝借したずっと多くのアイデアと、論理や表現を磨こうとして行った無数の会話に基づいている。

だれよりもまず、編集者セス・ディトチックに感謝したい。かれは、手元にあるのがあまりに長々とした考えの寄せ集めだったときに、可能性を見て取ってくれた。プリンストン大学出版局は、本書の版元として実にすばらしい場所で、匿名ピアレビュアー3人から実に価値の高い洞察を得られるようにしてくれたし、同時にまったく数式のない本文に数式を加えるべきだという示唆をすべて却下させてくれた（たまの数式ともっと深い議論や詳細な参考文献については注を参照）。

ピーター・エドリンとエリック・プーレイは、最初の一語を書く以前にアイデアの形成を手伝ってくれた。リザ・ヘンショーがそれをすべて可能にしてくれた。ロブ・ソコロウは「はじめに」に登場したかれのクイズを正しい形で描き出すのを手伝ってくれた。ハーバード大学のエルンスト・マイヤー図書館で、ドロシー・バーは不屈の働きを見せて、ピアレビュー論文から「カナダのラクダ」という一節を確認してくれた。ボブ・リターマンは資産価格づけの理論と実践について価値ある洞察を提供し、世界的炭素税が「目もくらむほど自明」とのべたリチャード・ブランソン卿の引用を指摘してくれた。他にも多くの人々が価値ある洞察やコメント、議論を提供してくれた。そうした人々としては、リッチー・アフワ、ジョー・アルディ、ジョン・アンダ、ケン・アロー、マイケル・アジーズ、レン・ベイカー、スコット・バレット、セス・ボーム、エリック・ベインホッカー、ジェニファー・チェン、フランク・コンヴェリー、ケント・ダニエル、セバスチャン・イーストハム、デニー・エラーマン、ケン・ギリンガム、ティモ・ゲシュル、スティーブ・ハンブルグ、ソル・ツィアン、マット・カーン、デヴィッド・キース、ボブ・コヘイン、ナット・コヘイン、マット・コッチェン、デレク・レモイン、キャシー・リン、フランク・ロイ、チャールズ・C・マン、マイケル・マストランドレア、グレアム・マッケイハン、カイル・メン、ギブ・メトカーフ、ジョージ・ミラー、フワン・モレノ＝クルズ、デヴィッド・モロー、ビル・ノードハウス、イリッサ・オッコ、マイケル・オッペンハイマー、リチャード・オーラム、ボブ・ピンティック、ビリー・パイザー、ステファン・ラームストロフ、コリン・ローワン、ダン・シュラグ、ジョーダン・スミス、ロブ・スタヴィンス、エリザベス・スタイン、トマス・スターナー、カス・サンスティーン、クレア・スウィングル、ジョハネス・ウルペライネン、デヴィッド・ヴィクター、ジェフ・ヴィンセント、マシュー・ザラゴザ＝ワトキンス、リチャード・ゼックハウザー。

キャサリン・リッテンハウスはあらゆる過程で不可欠な研究補助をしてくれた。

キャサリン、キース・ギャビー、ピーター・ゴールドマーク、トム・オルソンは一語一句どころかそれ以上の、本書最終版に入らなかった部分にまで目を通してくれた。

このすべては、シリ・ニピタとジェニファー・ワイツマンなしには不可能だった。二人は初期の草稿を読んだり、深夜の電話やたまの日曜や休日のブランチにおけるわれわれの長ったらしい本に関する会話にも我慢したりしてくれた。*Climate Shock* を書くのは――迫り来る気候変動ショックそれ自体と同じく――ときには何もかもを飲み込んでしまう体験となった。そして最終的には未知のものが栄えるのかもしれない。残っている誤りなどはすべてわれわれの責任だ。同じことが、本書の見解についても言える。それはわれわれのものであり、他のだれのものでもない。ここで謝辞にあがった人々のだれも本書に責任は持たないし、環境防衛基金、コロンビア大学理事、ハーバードカレッジの学長やフェロー、あるいは現在も過去もわれわれと関係のあった他のだれも本書に責任は負わない。

訳者あとがき

本書はGernot Wagner and Martin L. Weitzman, *Climate Shock: The Economic Consequences of a Hotter Planet* (Princeton University Press, 2015) の全訳となる。翻訳にあたっては、原出版社からの原著ＰＤＦをもとにしている。

本書の概略と著者たち

本書は、気候変動の被害は甚大なので、もっと対策をすべきだと訴える本となる。具体的な方策としては、世界的に大規模な炭素税を導入しろというものだ。

むろんそれだけなら類書はたくさんある。そのなかで本書の売りはと言えば、なんといっても著者の一人マーティン・ワイツマンだろう。ワイツマンは、現在ハーバード大学の経済学教授だ。その研究分野は、マクロ経済学のミクロ的基礎付けや規制理論など多岐にわたるけれど、なかでも最も有名なのが環境問題、特に気候変動をめぐるさまざまな経済学的研究だ。そして本書は、多くの面でかれの研究成果を活用したものとなっている。

本書の内容は、おおむね以下の三つにまとめられる。

1　気候変動は大きな被害をもたらすので、炭素税などを導入すべきだ。

2　気候変動のリスクは、不確実性がきわめて高いので、その被害見積もりは今よりずっと上積みすべきかもしれない。

3　ジオエンジニアリングによる気候変動対策は高リスクだし、お手軽なのでだれかが自分勝手にやってしまう危険があるので、ガチガチに規制すべきだ。

最低でも1トンあたり36ドルの炭素税を

気候変動が大きな被害をもたらすという、本書の最初の部分は、温暖化の危機についての警鐘としてよく見るものだ。台風が増えるとか、海面上昇で被害が増える、等々。内容的には目新しくはないが、非常に手際よくまとめられている。そして対策としては、炭素税の導入、またはキャップアンドトレード方式の導入が主張されている。

炭素税は、二酸化炭素排出に対してそれが社会にかける費用（つまり被害）の分だけの税金を負担させようという仕組みだ。キャップアンドトレードは、二酸化炭素排出に上限を決めて、その上限の中で余った排出権をそれぞれの参加者が市場取引するという仕組みになる。こうした仕組みは、一部ではすでに導入が始まっている。でも今のところは規模も成果もかなり限定的というのが一般的な見方だろう。もっとこの仕組みの適用範囲を広げなくてはならないし、また炭素税の税率を大幅に引き上げるべきだ、と著者たちは主張する。

具体的な税額は？　アメリカ政府は現在、割引率3パーセントを使った場合に二酸化炭素1トンあたり36ドルという費用推計を出している。少なくともこれに相当するものを導入しなくてはならない、と本書は述べる。現状の炭素税はずっと低いし、むしろ世界中で燃料補助により、炭素排出が後押しされている。これをひっくり返そう！

気候変動の被害想定に伴う不確実性

そして次の、気候変動被害に関する不確実性の部分が、ワイツマンの研究の成果を大きく使ったもので、本書のオリジナリティが大いに発揮された部分となる。

まず一つは、将来的な温暖化の被害を現在の価値に換算するときの割引率の選び方。1

年後にもらうはずの100円と今すぐもらう100円では、今すぐの100円のほうがありがたい。なぜかといえば、将来の出来事は不確実だからだ。将来の不確実な出来事は、その分だけ価値が下がる。どれだけ下がるか、というのが割引率と思えばいい。

さて通常は、その下がり方はずっと一定だとする。今年の100円と来年の100円を比べて、その価値が3パーセント下がるのであれば、100年後の100円と101年後の100円を比べても、その価値は3パーセント下がると考えるわけだ。でもワイツマンは、100年後の100円については割引率を下げるべきだ、という説得力のある議論を行っている。本書では、この結論を使いつつ、実際の説明は巻末注にまわし、そこでも「論文参照」ですませてしまっているのは残念なところだ。が、それを使って本書は気候変動で使う割引率をずっと小さなものにすべきだ（そしてそれに伴い、将来の被害想定をずっと大きなものにすべきだ）と論じる。

類書で割引率が論じられるときには、「これだと将来の温暖化被害が小さく出すぎるから割引率を引き下げましょうね」という、非常に我田引水な論理展開が行われる場合が多い。割引率は、自分勝手な印象でお手盛りの加減をしていいものではないのだ。でも本書は、それについてもう少し周到な説明を与えてくれる。

ファットテールと気候変動対策

そしてもう一つの議論が、ファットテールに関するものだ。ここで言うファットテールは、確率（または頻度）は小さいけれど、その被害（または利益）がすさまじく大きい現象、と思ってほしい。気候変動の被害は、まだわからない部分が大きい。でもそれは、小さければ何もないけれど、ひょっとすると人類絶滅みたいなすさまじい被害が起きる可能性もある。そのとき、確率が小さいからあまり重視しない（対策をとらない）、という考え方でいいんですか、というのがその基本的な発想となる。

2009年にワイツマンは、これを定式化した論文を出し、ファットテールがあるとその現在価値は無限大になってしまう、という結果を出した。そして、地球温暖化はまさにこれを適用すべき現象ではないか、と述べた。2014年にはこの議論をさらにまとめた論文を発表している。

費用や被害が無限大、というのは基本的に変だ、というのはワイツマン本人もその論文の中で認めている。本書に登場するノードハウスなども、この点では批判的だ。無限の被害があるなら、経済成長も人権もテロ対策も明日の食事も今すぐすべてうち捨てて、無限の費用をかけて温暖化を阻止すべきだ、ということになる。でも、最も熱心な温暖化警鐘者や当のワイツマンだって、全身全霊すべてを温暖化阻止に傾けたりはしていない。

結局ワイツマンは、無限大というのは変にしても、いまの気候変動をめぐる経済モデル（本書でＤＩＣＥを中心に紹介されているもの）がそうしたファットテールを考えないから、被害想定を低く出し過ぎているのでは、と指摘した。そしてこれが本書でも主張されている内容となる。

温暖化の被害は、いま想定されているもの（たとえば先に挙げた二酸化炭素1トンあたり36ドル）よりもはるかに大きいかもしれないので、それだけ対策をもっと気張って頑張るべきだ、というのがこの部分の主張だ。その裏付けとして、本書は各種の被害想定について、確率に基づくシンプルながらも詳しい分析を示してくれる。

こうした分析は、一般向けの本ではしばしば端折られる一方で、少し専門的になると話を厳密にしようとして、あれやこれやの場合分けが大量に出てきて、わけがわからなくなってしまうことも多い。本書は単純化しつつもその考え方をうまくまとめてくれている。

ジオエンジニアリングの経済学

さて、温暖化対策として、ときどき話題になるものがジオエンジニアリングだ。海に鉄分を撒いてプランクトンの育成を促進し、二酸化炭素を吸収させればいいのでは？　屋根を白く塗れば？　そしていちばん有名なのが、大気中に硫黄の微粒子をばらまいて、日光をはねかえすことで温暖化を緩和できるのではないか、というものだ。

本書の最後の部分は、これに対する強い批判論となる。副作用の恐れがあるから、拙速にやるべきではない、というのがその主張だ。そして、結構安上がりにできてしまうから、だれかが勝手にやってしまう可能性もある（フリードライバー効果）という議論が詳しく続く。

これはワイツマンの2015年論文に基づく主張となる。この論文では、こうしたフリードライバー効果を抑えるために社会選択理論に基づく投票ルールを検討し、単純な多数決ではないもっと多数派の賛成を必要とする仕組みが提案されている。その成果も、本書で一部説明され、規制方策として提示されている。

著者ワイツマンとワグナーについて

この意味で、本書は地球温暖化に対する警鐘本として読めるだけでなく、業界では有名ながら一般的な知名度は低い大経済学者ワイツマンの業績紹介としても読める。ワイツマンはいずれノーベル経済学賞をとってもおかしくないという人すらいるし、その考え方を知る意味でもおもしろい本だ。

ただし本書を読むと、比較的若い書かれ方となっているのはすぐわかる。今年74歳のワイツマン自身がどこまで書いたのかは首をかしげる部分だ。この点について共著者のワグナーからのメールによれば、おおむねワグナーが全体を書き、ワイツマンはそれに対するコメントを行う形で執筆が進められたとのことだ。

そのワグナーは、NGO環境防衛基金を運営し、ハーバード大学で研究者として活動しつつ、コロンビア大学で講師を行ったりもしている。研究者兼活動家というべきだろうか。かれは最近、ファットテールに伴う被害想定を現在のDICEなど統合気候経済モデルに組み込む手法などについての論文を執筆し、本書で挙げられた課題を先に進めようとしている。

本書の論点について

これまで述べたとおり、本書はワイツマンの先端的な考え方を、比較的わかりやすい形でまとめてくれている。ただし、議論の面白さから一歩離れたとき、読者として注意しておくべきことはある。

ジオエンジニアリングと温暖化被害

まず、後半で大きく批判されているジオエンジニアリングは、なんだかずいぶん差し迫った脅威のような書かれ方になっている。おそらく執筆時点ではベストセラーとなったレヴィット&ダブナー『超ヤバイ経済学』で好意的に採り上げられたり、いくつかの科学番組で大きく紹介されたりしたので著者たちも予防的な攻撃を意図したのだろう。

でも実際には、技術的にすら実現にはほど遠い。フリードライバー効果は理論的にはおもしろく、研究者のテーマとしてはありだろう。でも現段階で規制を訴えたり、ましてその規制組織における投票方式を一般人が検討したりすべき話とは考えにくい。

そして、私見ながらジオエンジニアリングの過大な採り上げ方が、別の問題を浮き彫りにしているのではないか。本書の中盤では、地球温暖化被害の不確実性が強調され、想定被害はファットテールのせいでかなり大きい(ワイツマン論文によれば無限大かも!)、と言う。だったら、少しでも効果が期待されるなら、副作用なんかお構いなしに、あらゆる対策を打ち出すべきだということになる。それが炭素税であろうとジオエンジニアリングだろうと。

ところが本書は、炭素税については経済成長低下という明らかな副作用があるのにそれをまったく検討せず、温暖化の被害がでかいんだからとにかく今すぐやれ、と言う一方で、ジオエンジニアリングだけは慎重に、リスクが大きい、副作用がある、費用便益をきちんと考えるべきだと言う。この差に首をかしげる読者もいるのではないか。

本書の論点と提言の断絶

そして本書最後の提言は、ツイートや投票で気候変動の危機を訴えろ、リサイクルなどで環境意識を高めろ、家を選ぶときには高台を、気候変動関連企業の株を買うと儲かる、というものだ。これは本書の本文での主張とはほぼ関係ない、おもにワグナー氏的な活動家のありがちな主張の繰り返しにとどまる。ちなみに、気候変動の関連銘柄を買うと儲かるなら……どうしてみんなすでにそうしていないのか、というのはすぐに思いつく疑問だ。

いろいろ高度な理論や考察があっても結局やることや提言がレベルの低いエコ本と同じなら、そんな理論の御利益はどこにある？　そう思われてしまっては本当にもったいない。

最後に

そのもったいなさは、本書がとても野心的であるがゆえに生じたものでもある。ワイツマンの各種理論は、この分野の最先端の知見と言える。本書は、そうした知見の少なくとも結論について、ある程度紹介できているのが手柄ではある。

その一方で、本書はとても広い初歩の一般読者にも訴えかけようとしている。この欲張りな野心のため、本の指向性がときに曖昧になっているように思う。たとえば、一般向けを重視したがために肝心なところでレベルを落とし、重要だが説明のむずかしい論点（たとえば割引率の選び方）が文中できちんと説明されていなかったりするのは惜しい。

そして一般受けを狙ったのか、著者は重要な議論の説明を省くだけでなく、軽口とイメージに頼ってしまう。第6章の、ジェームズ・ボンド仕立てのジオエンジニアリング陰謀ドラマのようなおふざけがそうだ。好みにもよるだろうが、これは本当に想定読者に訴求力を持っているのだろうか。また、温暖化の危機を訴えるのに、物理実験でミニブラックホールができて地球が吸い込まれるかも、などという荒唐無稽な話を比較対象に持ち出すのは（第4章）、本当に説得力を高めるのだろうか？

さらに著者はカナダにラクダが登場というのを、温暖化の衝撃を伝えるイメージとしてしきりに持ち出す。たぶん、ラクダは暑い砂漠の動物だという思い込みがあるのだろう。でも実はラクダは寒さにもきわめて強く、冬には極寒の中央アジアですら平気で活動している。それを知っている人には著者の論点が伝わらないどころか、思い込みだけでものを言っているのではという疑念さえ引き起こしかねない。

本書の扱っているのは、比較的高度な理論に基づく高度な話だ。そうであれば、おふざけに頼らないレベルを保った詳しい説明をストレートにしたほうがよかったとは思う。提言も、理論の内容にあわせた政策レベルの話を入れてもよかったのではないだろうか。本書は、そうした議論の糸口は提供してくれている。注の各種参考文献などをつまみ食いすることで知見を広めていただければ幸いだ。地球温暖化は重要な問題だし、なるべく多くの人がそれについてきちんと考えるのが今後の政策面でも重要なのだから。

特に現在では社会的に、温暖化対策への関心は（世界的な不景気のせいもあり）かえって下がる方向にあるようだ。その原因の一つは、温暖化についての一般向けのアピールが十年一日の恫喝議論の繰り返しになっているせいもある。「今すぐ行動しないと手遅れ」というのが10年も20年も続けば、多くの人はそれがオオカミ少年だと思うし、バカにされたように感じるだろう。

また現時点では多くの温暖化対策は、内輪のかけ声とポーズに終わっていると訳者は考えている。たとえば2015年末のパリで採択されたパリ協定は、温度上昇を1・5℃とか2℃とかに抑えるという、関係者ですら実現不可能だと公言する目標を掲げ、決められた各種施策も、実際の温暖化緩和にはほぼ役に立たないという分析さえある。でも、それがなにやら大きな成果だとして、この業界では自画自賛が広まっている。

ぼくはそれでは不健全だし、多くの人がこの温暖化の問題に関心を失う原因にもなっていると思うのだ。

本書は、この分野での最先端の論点（の結論）を、わかりやすい形で教えてくれるものとなっている。それは、これまであちこちで耳にしている一般向けの単純な恫喝論とは少しちがった見方を示すものでもあるし、分野としての進歩を下々のぼくたちに教えてくれるものにもなっている。それに賛成するかはさておき、一人でも多くの読者が、それに触れて、この問題をまじめに考えるきっかけとなってくれれば、訳者としては本望だ。

２０１６年7月

山形浩生（hiyori13@alum.mit.edu）

索引

ア　行

カ　行

サ　行

タ　行

ナ行

ハ　行

マ　行

ヤ　行

ラ　行

"7 Million Premature Deaths Annually Linked to Air Pollution." World Health Organization (March 25, 2014). http://www.who.int/mediacentre/news/releases/2014/air-pollution/en/.

"10-Year Treasury Inflation-Indexed Security, Constant Maturity." FRED Economic Data (March 17, 2014). http://research.stlouisfed.org/fred2/series/ DFII10/.

Acemoglu, Daron, Philippe Aghion, Leonardo Bursztyn, and David Hemous. "The Environment and Directed Technical Change." *American Economic Review* 102.1 (2012): 131–66. http://dspace.mit.edu/openaccess-disseminate/1721.1/61749.

"Acid Test." *Economist* (November 23, 2013). http://www.economist.com/news/science-and-technology/21590349-worlds-seas-are-becoming-more-acidic-how-much-matters-not-yet-clear.

Alderman, Liz. "A Greener Champagne Bottle." *New York Times* (September 1, 2010): B1. http://www.nytimes.com/2010/09/01/business/energy-environment/01champagne.html.

Aldy, Joseph E., and William A. Pizer. "Comparability of Effort in International Climate Policy Architecture." The Harvard Project on Climate Agreements Discussion Paper 14–62 (January 2014). http://belfercenter.ksg.harvard.edu/files/dp62_aldy-pizer.pdf.

Allison, Graham T. *Nuclear Terrorism: The Ultimate Preventable Catastrophe.* Times Books, 2004. http://books.google.com/books?id=jDFY6FY4aakC&dq=isbn:0805076514.

Altshuller, A. P. "Assessment of the Contribution of Chemical Species to the Eye Irritation Potential of Photochemical Smog." *Journal of the Air Pollution Control Association* 28.6 (1978): 594–98. http://www.tandfonline.com/doi/abs/10.1080/00022470.1978.10470634#.UfkVeSTD99.

"Ambient (Outdoor) Air Quality and Health." World Health Organization (March 2014). http://www.who.int/mediacentre/factsheets/fs313/en/.

Anthoff, David, Robert J. Nicholls, Richard SJ Tol, and Athanasios T. Vafeidis. "Global and Regional Exposure to Large Rises in Sea-Level: A Sensitivity Analysis." Tyndall Centre for Climate Change Research Working Paper 96 (2006). http://www.tyndall.ac.uk/sites/default/files/wp96_0.pdf.

Anttila-Hughes, Jesse Keith and Solomon M. Hsiang. "Destruction, Disinvest-ment, and Death: Economic and Human Losses Following Environmental Disaster" (February 18, 2013). http://dx.doi.org/10.2139/ssrn.2220501.

Archer, David, Michael Eby, Victor Brovkin, Andy Ridgwell, Long Cao, Uwe Mikolajewicz, Ken Caldeira et al. “Atmospheric Lifetime of Fossil Fuel Carbon Dioxide.” *Annual Review of Earth and Planetary Sciences* 37 (2009): 117–34. http://forecast.uchicago.edu/Projects/archer.2009.ann_rev_tail.pdf.

Arrhenius, Svante. “On the Influence of Carbonic Acid in the Air upon the Temperature of the Ground.” *London, Edinburgh, and Dublin Philosophical Magazine and Journal of Science* 41.251 (1896): 237–76. http://www.tandfonline.com/doi/abs/10.1080/14786449608620846#.Ufl0myTD99A.

———. *Worlds in the Making: The Evolution of the Universe.* Harper, 1908. http://books.google.com/books/about/Worlds_in_the_making.html.

Arrow, K., M. Cropper, C. Gollier, B. Groom, G. Heal, R. Newell, W. Nordhaus et al. “Determining Benefits and Costs for Future Generations.” *Science* 341.6144 (2013): 349–50. http://www.sciencemag.org/content/341/6144/349.full.

Artemieva, Natalia. “Solar System: Russian Skyfall.” *Nature* 503.7475 (2013): 202–3. http://www.nature.com/nature/journal/v503/n7475/full/503202a.html.

Ashenfelter, Orley. “Measuring The Value of A Statistical Life: Problems and Prospects.” *Economic Journal* 116.510 (2006): C10–C23. http://www.nber.org/papers/w11916.

“The Asilomar Conference Recommendations on Principles for Research into Climate Engineering Techniques: Conference Report,” prepared by the Asilomar Scientific Organizing Committee, Climate Institute (2010). http://climateresponsefund.org/images/Conference/finalfinalreport.pdf.

Avila, Lixion A., and John Cangialosi. “Tropical Cyclone Report: Hurricane Irene.” National Hurricane Center (December 2011). http://www.nhc.noaa.gov/data/tcr/AL092011_Irene.pdf.

Axelrad, Daniel A., David C. Bellinger, Louise M. Ryan, and Tracey J. Woodruff. “Dose-Response Relationship of Prenatal Mercury Exposure and IQ: An Integrative Analysis of Epidemiologic Data.” *Environmental Health Perspectives* 115.4 (2007): 609. http://www.ncbi.nlm.nih.gov/pmc/articles/PMC1852694/.

Ballantyne, A. P., C. B. Alden, J. B. Miller, P. P. Tans, and J. W. C. White. “Increase in Observed Net Carbon Dioxide Uptake by Land and Oceans During the Past 50 Years.” *Nature* 488.7409 (2012): 70–72. http://www.nature.com/nature/journal/v488/n7409/full/nature11299.html.

Bamber, Jonathan L., Riccardo E. M. Riva, Bert L. A. Vermeersen, and Anne M. LeBrocq. “Reassessment of the Potential Sea-Level Rise from a Collapse of the West Antarctic Ice Sheet.” *Science* 324.5929 (2009): 901–3. http://www.sciencemag.org/content/324/5929/901.short.

Barreca, Alan, Karen Clay, Olivier Deschenes, Michael Greenstone, and Joseph S. Shapiro. "Adapting to Climate Change: The Remarkable Decline in the U.S. Temperature-Mortality Relationship over the 20th Century." NBER Working Paper No. 18692 (January 2013). http://www.nber.org/papers/w18692.

Barrett, Scott. "Climate Treaties and Approaching Catastrophes." *Journal of Environmental Economics and Management* 66.2 (2013): 235–50. http://www.sciencedirect.com/science/article/pii/S0095069612001222.

———. *Environment and Statecraft: The Strategy of Environmental Treaty-Making*. Oxford University Press, 2003. http://global.oup.com/academic/product/environment-and-statecraft-9780199257331?cc=us&lang=en&tab=reviews.

———. "The Incredible Economics of Geoengineering." *Environmental and Resource Economics* 39 (2008): 45–54. http://link.springer.com/article/10.1007%2Fs10640-007-9174-8.

———. "Solar Geoengineering's Brave New World: Thoughts on the Governance of an Unprecedented Technology." *Review of Environmental Economics and Policy* 8.2 (2014): 249–69. http://reep.oxfordjournals.org/content/8/2/249.abstract.

Barrett, Scott, and Astrid Dannenberg. "Climate Negotiations under Scientific Uncertainty." *Proceedings of the National Academy of Sciences* 109.43 (2012): 17372–76. http://www.pnas.org/content/109/43/17372.short.

———. "Sensitivity of Collective Action to Uncertainty about Climate Tipping Points." *Nature Climate Change* 4.1 (2014): 36–39. http://www.nature.com/nclimate/journal/v4/n1/full/nclimate2059.html.

Barrett, Steven R. H., Rex E. Britter, and Ian A. Waitz. "Global Mortality Attributable to Aircraft Cruise Emissions." *Environmental Science & Technology* 44.19 (2010): 7736–42. http://pubs.acs.org/doi/abs/10.1021/es101325r.

Barro, Robert J. "Rare Disasters, Asset Price, and Welfare Costs." *American Economic Review* 99.1 (2009): 243–64. http://www.nber.org/papers/w13690.

Bazilian, Morgan, Ijeoma Onyeji, Michael Liebreich, Ian MacGill, Jennifer Chase, Jigar Shah, Dolf Gielen, Doug Arent, Doug Landfear, and Shi Zhengrong. "Reconsidering the Economics of Photovoltaic Power." *Renewable Energy* 53 (2013): 329–38. http://www.sciencedirect.com/science/article/pii/S0960148112007641.

Bem, Daryl. "Self-Perception Theory." In *Advances in Experimental Social Psychology*, edited by Leonard Berkowitz, vol. 6. Academic Press, 1972. 1–62.

Benedick, Richard Elliot. *Ozone Diplomacy: New Directions in Safeguarding the Planet*. Harvard University Press, 1998. 邦訳ベネディック『環境外交の攻防：オゾン層保護条約の誕生と展開』小田切力訳、工業調査会、1999。

Benenson Strategy Group and GS Strategy Group. "Recent Polling on Youth Vot-

ers" (July 2013). http://www.lcv.org/issues/polling/recent-polling-on-youth. pdf.

Berg, Paul. "Asilomar and Recombinant DNA." *Nobelprize.org* (July 17, 2013). http://www.nobelprize.org/nobel_prizes/chemistry/laureates/1980/berg-article.html.

Berg, Paul, D. Baltimore, S. Brenner, R. O. Robin, and M. F. Singer. "Summary Statement of the Asilomar Conference on Recombinant DNA Molecules." *Proceedings of the National Academy of Sciences of USA* 72.6 (1975): 1981–84. http://www.ncbi.nlm.nih.gov/pmc/articles/PMC432675/pdf/pnas00049-0007.pdf.

Bickel, J. Eric, and Shubham Agrawal. "Reexamining the Economics of Aerosol Geoengineering." *Climatic Change* (2011): 1–14. http://link.springer.com/article/10.1007/s10584-012-0619-x.

"Bicycling History." Cycling Embassy of Denmark. http://www.cycling-embassy.dk/facts-about-cycling-in-denmark/cycling-history/.

"Bike City." *Visitcopenhagen.com*. http://www.visitcopenhagen.com/copenhagen/bike-city.

Black, Fischer, and Robert B. Litterman. "Global Portfolio Optimization." *Financial Analysts Journal* 48.5 (1992): 28–43. http://www.jstor.org/discover/10.2307/4479577?uid=2&uid=4sid=21102739263593.

Blake, Eric S., Todd B. Kimberlain, Robert J. Berg, John P. Cangialosi, and John L. Beven II. *Tropical Cyclone Report: Hurricane Sandy*. National Hurricane Center (February 2013). http://www.nhc.noaa.gov/data/tcr/AL182012_Sandy.pdf.

Bluth, Gregg J. S., Scott D. Doiron, Charles C. Schnetzler, Arlin J. Krueger, and Louis S. Walter. "Global Tracking of the SO2 Clouds from the June, 1991 Mount Pinatubo Eruptions." *Geophysical Research Letters* 19.2 (1992): 151–54. http: //so2.gsfc.nasa.gov/pdfs/Bluth_Pinatubo1991_GRL91GL02792.pdf.

Borgerson, Scott G. "The Coming Arctic Boom." *Foreign Affairs* (July/August 2013). http://www.foreignaffairs.com/articles/139456/scott-g-borgerson/the-coming-arctic-boom.

Bostrom, Nick, and Milan M. Ćirković, eds. *Global Catastrophic Risks*. Oxford University Press, 2011. http://www.global-catastrophic-risks.com/book.html.

Bradsher, Keith, and David Barboza. "Pollution from Chinese Coal Casts a Global Shadow." *New York Times* (June 11, 2006): A1. http://www.nytimes.com/2006/06/11/business/worldbusiness/11chinacoal.html.

Brauer, Michael, G. Hoek, H. A. Smit, J. C. de Jongste, J. Gerritsen, D. S. Postma, L. Kerkhof, and B. Brunekreef. "Air Pollution and Development of Asthma, Allergy and Infections in a Birth Cohort." *European Respiratory Journal* 29.5 (2007): 879–88. http://erj.ersjournals.com/content/29/5/879.full.

Brennan, Jason. *The Ethics of Voting*. Princeton University Press, 2011. http: //press.

princeton.edu/titles/9704.html.

British American Tobacco Australasia Limited and Ors v. the Commonwealth of Australia, no. S389/2411 (High Court of Australia 2012). http://www.hcourt.gov.au/cases/case-s389/2011.

Broecker, Wallace S. "Climatic Change: Are We on the Brink of a Pronounced Global Warming?" *Science* 189.4201 (1975). http://www.sciencemag.org/content/189/4201/460.abstract.

Brown, P. G., J. D. Assink, L. Astiz, R. Blaauw, M. B. Boslough, J. Borovicka, N. Brachet et al. "A 500-Kiloton Airburst over Chelyabinsk and an Enhanced Hazard from Small Impactors." *Nature* 503.7475 (2013): 238–41. http://www.nature.com/nature/journal/v503/n7475/full/nature12741.html.

Budescu, David V., Han-Hui Por, Stephen B. Broomell, and Michael Smithson. "The Interpretation of IPCC Probabilistic Statements around the World." *Nature Climate Change* 4.6 (2014): 508–12. http://www.nature.com/nclimate/journal/vaop/ncurrent/full/nclimate2194.html.

Butler, James H., and Stephen A. Montzka. "The NOAA Annual Greenhouse Gas Index (AGGI)." *NOAA Earth System Research Laboratory* (2013). http://www.esrl.noaa.gov/gmd/ccgg/aggi.html.

Caldeira, Ken, and Michael E. Wickett. "Oceanography: Anthropogenic Carbon and Ocean pH." *Nature* 425.6956 (2003): 365. http://www.nature.com/nature/journal/v425/n6956/full/425365a.html.

Carlowicz, M. "World of Change: Global Temperatures." NASA Earth Observatory (2010). http://earthobservatory.nasa.gov/Features/WorldOfChange/decadaltemp.php.

Chakravarty, Shoibal, Ananth Chikkatur, Heleen de Coninck, Stephen Pacala, Robert Socolow, and Massimo Tavoni. "Sharing Global CO_2 Emission Reductions among One Billion High Emitters." *Proceedings of the National Academy of Sciences* 106.29 (2009): 11884–88. http://cmi.princeton.edu/research/pdfs/one_billion_emitters.pdf.

Charney, Jule G., Akio Arakawa, D. James Baker, Bert Bolin, Robert E. Dickinson, Richard M. Goody, Cecil E. Leith, Henry M. Stommel, and Carl I. Wunsch. "Carbon Dioxide and Climate: A Scientific Assessment." National Academy of Sciences, 1979. http://www.atmos.ucla.edu/~brianpm/download/charney_report.pdf.

"China's 12GW Solar Market Outstripped All Expectations in 2013." *Bloomberg New Energy Finance* (January 23, 2014). http://about.bnef.com/files/2014/01/BNEF_PR_2014-01-23_China_Investment-final.pdf.

Christensen, Jens H., and Ole B. Christensen. "Climate Modelling: Severe Sum-

mertime Flooding in Europe." *Nature* 421.6925 (2003): 805–6. http://www.nature.com/nature/journal/v421/n6925/abs/421805a.html.

Christidis, Nikolaos, Peter A. Stott, Adam A. Scaife, Alberto Arribas, Gareth S. Jones, Dan Copsey, Jeff R. Knight, and Warren J. Tennant. "A New HadGEM3-A Based System for Attribution of Weather and Climate-Related Extreme Events." *Journal of Climate* 26.9 (2013). http://journals.ametsoc.org/doi/abs/10.1175/JCLI-D-12-00169.1.

Clark, Pilita. "What Climate Scientists Talk about Now." *Financial Times* (August 2, 2013). http://www.ft.com/intl/cms/s/2/4084c8ee-fa36-11e2-98e0-00144feabdc0.html#axzz2cQegckSd.

"Clean Energy: Calculations and References." *U.S. Environmental Protection Agency* (最終更新2013年4月). http://www.epa.gov/cleanenergy/energy-resources/refs.html.

Clements, Benedict J., David Coady, Stefania Fabrizio, Sanjeev Gupta, Trevor Serge, Coleridge Alleyne, and Carlo A. Sdralevich, eds. *Energy Subsidy Reform: Lessons and Implications*. International Monetary Fund, 2013. http://www.amazon.com/Energy-Subsidy-Reform-Lessons-Implications/dp/1475558112/.

"Climate Science: Vast Costs of Arctic Change." *Nature* 499.7459 (2013): 401–3. http://www.naturecom/nature/journal/v499/n7459/full/499401a.html.

CO_2Now. "Accelerating Rise of Atmospheric CO_2." http://co2now.org/Current-CO2/CO2-Trend/acceleration-of-atmospheric-co2.html.

Coase, Ronald H. "The Nature of the Firm." *Economica* 4.16 (1937): 386–405. http://onlinelibrary.wiley.com/doi/10.1111/j.1468-0335.1937.tb00002.x/full.

———. "The Problem of Social Cost." *The Journal of Law & Economics* 3 (1960): 1. http://heinonline.org/HOL/LandingPage?collection=journals&handle=hein.journals/jlecono3&div=2&id=&page=.

Collingridge, David. *The Social Control of Technology*. Pinter, 1980. http://www.amazon.com/Social-Control-Technology-David-Collingridge/dp/031273168X.

"Conversion Tables." Carbon Dioxide Information Analysis Center (最終更新2012年9月). http://cdiac.ornl.gov/pns/convert.html.

"Cool Roof Fact Sheet." *US Department of Energy Building Technologies* (August 2009). http://www1.eere.energy.gov/buildings/pdfs/cool_roof_fact_sheet. pdf.

"Copenhagen: Bike City for More Than a Century." *Denmark.dk*. http://denmark.dk/en/green-living/bicycle-culture/copenhagen-bike-city-for-more-than-a-century/.

Coumou, Dim, and Alexander Robinson. "Historic and Future Increase in the Global Land Area Affected by Monthly Heat Extremes." *Environmental Research Letters* 8 (2013). http://iopscience.iop.org/1748-9326/8/3/034018/article.

Coumou, Dim, Alexander Robinson, and Stefan Rahmstorf. "Global Increase in Record-Breaking Monthly-Mean Temperatures." *Climatic Change* 118.3–4 (2013): 771–82. http://link.springer.com/article/10.1007%2Fs10584-012-0668-1.

Cropper, Maureen L., Mark C. Freeman, Ben Groom, and William A. Pizer. "Declining Discount Rates." *American Economic Review: Papers and Proceedings* 104.5 (2014): 538–43. http://dx.doi.org/10.1257/aer.104.5.538.

Crutzen, Paul J. "Albedo Enhancement by Stratospheric Sulfur Injections: A Contribution to Resolve a Policy Dilemma?" *Climatic Change* 77.3 (2006): 211–20. http://link.springer.com/article/10.1007%2Fs10584-006-9101-y.

Cui, Ying, Lee R. Kump, Andy J. Ridgwell, Adam J. Charles, Christopher K. Junium, Aaron F. Diefendorf, Katherine H. Freeman, Nathan M. Urban, and Ian C. Harding. "Slow Release of Fossil Carbon during the Palaeocene-Eocene Thermal Maximum." *Nature Geoscience* 4.7 (2011): 481–85. http://www.nature.com/ngeo/ journal/v4/n7/full/ngeo1179.html.

Curry, Judith A., Julie L. Schramm, and Elizabeth E. Ebert. "Sea Ice-Albedo Climate Feedback Mechanism." *Journal of Climate* 8.2 (1995): 240–47. http://journals.amet soc.org/doi/abs/10.1175/1520-0442 (1995) 008%3C0240:SIACFM%3E2.0.CO%3B2.

Dales, John H. *Pollution, Property, and Prices: An Essay in Policy-Making and Economics*. University of Toronto Press, 1968.

"Defending Planet Earth: Near-Earth Object Surveys and Hazard Mitigation Strategies." National Academies Press, 2010. http://www.nap.edu/download.php? record_id=12842.

"Demoralized Trading: Stocks Break on Record Volume—Banking Support Starts Rally." *Wall Street Journal* (October 25, 1929).

Deschênes, Olivier, and Enrico Moretti. "Extreme Weather Events, Mortality and Migration." *Review of Economics and Statistics* 91.4 (2009): 659–81. http://www.mitpressjournals.org/doi/pdf/10.1162/rest.91.4.659.

Diffenbaugh, Noah S., and Christopher B. Field. "Changes in Ecologically Critical Terrestrial Climate Conditions." *Science* 341.6145 (2013): 486–92. http://www.sciencemag.org/content/341/6145/486.full.

Dorbian, Christopher S., Philip J. Wolfe, and Ian A. Waitz. "Estimating the Climate and Air Quality Benefits of Aviation Fuel and Emissions Reductions." *Atmospheric Environment* 45.16 (2011): 2750–59. http://www.sciencedirect.com/ science/article/pii/S1352231011001592.

Dreifus, Claudia. "Chasing the Biggest Story on Earth." *New York Times* (February 11, 2014): D5. http://www.nytimes.com/2014/02/11/science/the-sixth-extinction-

looks-at-human-impact-on-the-environment.html.
Dutton, Ellsworth G., and John R. Christy. "Solar Radiative Forcing at Selected Locations and Evidence for Global Lower Tropospheric Cooling Following the Eruptions of El Chichón and Pinatubo." *Geophysical Research Letters* 19.23 (1992): 2313–16. http://onlinelibrary.wiley.com/doi/10.1029/92GL02495/abstract.
Dyer, Gwynne. *Climate Wars: The Fight for Survival as the World Overheats*. Scribe Publications, 2008. http://www.amazon.com/Climate-Wars-Fight-Survival-Overheats/dp/1851688145.
Eccles, Robert, Ioannis Ioannou, George Serafeim. "The Impact of a Corporate Culture of Sustainability on Corporate Behavior and Performance." HBS working paper 12-035 (November 25, 2011). http://www.hbs.edu/research/pdf/12-035.pdf.
"Economics of Ocean Acidification." International Atomic Energy Agency workshop (November 2012). http://medsea-project.eu/wp-content/uploads/2013/10/ebook-Economics-of-Ocean-Acidification.pdf.
Edmonds, David. *Would You Kill the Fat Man? The Trolley Problem and What Your Answer Tells Us about Right and Wrong*. Princeton University Press, 2013. http://press.princeton.edu/titles/10074.html.
Ellerman, Denny, Frank Convery, and Christian de Perthuis. *Pricing Carbon: The European Union Emissions Trading Scheme*. Cambridge University Press, 2010. http://www.cambridge.org/us/academic/subjects/economics/natural-resource-and-environmental-economics/pricing-carbon-european-union-emissions-trading-scheme.
Emanuel, Kerry A. "Downscaling CMIP5 Climate Models Shows Increased Tropical Cyclone Activity over the 21st Century." *Proceedings of the National Academy of Sciences* (July 8, 2013). http://www.pnas.org/content/early/2013/07/05/1301293110.abstract.
———. "Increasing Destructiveness of Tropical Cyclones over the Past 30 Years." *Nature* 436.7051 (2005): 686–88. http://www.nature.com/nature/journal/v436/n7051/abs/nature03906.html.
———. "MIT Climate Scientist Responds on Disaster Costs and Climate Change." FiveThirtyEight (March 31, 2014). http://fivethirtyeight.com/features/mit-climate-scientist-responds-on-disaster-costs-and-climate-change/.
Engber, Daniel. "You're Getting Warmer . . ." *Slate* (初出 2007; 再掲 August 20, 2013). http://www.slate.com/articles/health_and_science/science/2007/02/youre_getting_warmer_.html.
Fasullo, John T., and Kevin E. Trenberth. "A Less Cloudy Future: The Role of

Subtropical Subsidence in Climate Sensitivity." *Science* 338.6108 (2012): 792–94. http://www.sciencemag.org/content/338/6108/792.

Fiscal Year 2014 Tentative Assessment Roll. NYC Finance (January 15, 2013). http://www.nyc.gov/html/dof/downloads/pdf/press_release/pr_assessment_14.pdf.

Fischer, Carolyn, Winston Harrington, and Ian WH Parry. "Should Automobile Fuel Economy Standards Be Tightened?" *Energy Journal* 28.4 (2007): 1–29. http://iaee.org/documents/vol28_4.pdf.

Fischetti, Mark. "New York City and the U.S. East Coast Must Take Drastic Action to Prevent Ocean Flooding." *Scientific American* 308.6 (2013): 58–67. http://www.scientificamerican.com/article.cfm?id=new-york-city-east-coast-drastic-actions-prevent-flooding-hurricane-sandy.

Fountain, Henry. "A Rogue Climate Experiment Outrages Scientists." *New York Times* (October 19, 2012). http://www.nytimes.com/2012/10/19/science/earth/iron-dumping-experiment-in-pacificalarms-marine-experts.html.

Fourier, Jean-Baptiste Joseph. "Les Temperatures du Globe Terrestre et des espaces planetaires." *Mémoires de l'Académie des sciences de l'Institut de France* 7 (1827): 569–604. http://www.math.umn.edu/~mcgehee/Seminars/ClimateChange/references/Fourier1827.pdf.

———. "Remarques générales sur les températures du globe terrestre et des espaces planétaires." *Annales de Chimie et de Physique* 27 (1824): 136–67.

Fox-Penner, Peter. *Smart Power: Climate Change, the Smart Grid, and the Future of Electric Utilities*. Island Press, 2010. http://www.smartpowerbook.com/.

Franke, Andreas. "Analysis: German 2013 Wind, Solar Output Up 4% at Record 77TWh." *Platts* (January 7, 2014). http://www.platts.com/latest-news/electric-power/london/analysis-german-2013-wind-solar-power-output-26598276.

Frey, Bruno S., and Felix Oberholzer-Gee. "The Cost of Price Incentives: An Empirical Analysis of Motivation Crowding Out." *American Economic Review* 87: 746–55 (1997). http://www.jstor.org/stable/2951373.

Friedlingstein, P., R. M. Andrew, J. Rogelj, G. P. Peters, J. G. Canadell, R. Knutti, G. Luderer, M. R. Raupach, M. Schaeffer, D. P. van Vuuren, and C. Le Quéré. "Persistent Growth of CO_2 Emissions and Implications for Reaching Climate Targets." *Nature Geoscience* 7.10 (2014): 709–15. http://www.nature.com/ngeo/journal/vaop/ncurrent/full/ngeo2248.html.

"Future climate change." U.S. EPA. http://www.epa.gov/climatechange/science/future.html.

Gardiner, Stephen. "Is 'Arming the Future' with Geoengineering Really the Lesser

Evil? Some Doubts about the Ethics of Intentionally Manipulating the Climate System." In *Climate Ethics: Essential Readings*, edited by Stephen M. Gardiner, Simon Caney, Dale Jamieson, and Henry Shue. Oxford University Press, 2010. 284–312. http://papers.ssrn.com/sol3/papers.cfm?abstract_id=1357162.

Garrick, B. John. *Quantifying and Controlling Catastrophic Risks*. Academic Press, 2008. http://www.amazon.com/Quantifying-Controlling-Catastrophic-Risks-Garrick/dp/0123746019.

Gelman, Andrew, Nate Silver, and Aaron Edlin. "What Is the Probability Your Vote Will Make a Difference?" *Economic Inquiry* 50.2 (2012): 321–26. http://www.stat.columbia.edu/~gelman/research/published/probdecisive2.pdf.

Generation Foundation. "Stranded Carbon Assets: Why and How Carbon Risks Should Be Incorporated in Investment Analysis." White Paper (October 30, 2013). http://genfound.org/media/pdf-generation-foundation-stranded-carbon-assets-v1.pdf.

Giles, Jim. "Hacking the Planet, Who Decides?" *New Scientist* (March 29, 2010). http://www.newscientist.com/article/dn18713-hacking-the-planet-who-decides.html?full=true#.UioxwyTD99A.

———. "Scientific Uncertainty: When Doubt Is a Sure Thing." *Nature* 418.6897 (2002): 476–78. http://www.nature.com/nature/journal/v418/n6897/full/418476a.html.

Gillett, Nathan P., Vivek K. Arora, Kirsten Zickfeld, Shawn J. Marshall, and William J. Merryfield. "Ongoing Climate Change Following a Complete Cessation of Carbon Dioxide Emissions." *Nature Geoscience* 4.2 (2011): 83–87. http://www.nature.com/ngeo/journal/v4/n2/abs/ngeo1047.html.

Gillingham, Kenneth, Richard G. Newell, and Karen Palmer. "Energy Efficiency Economics and Policy." *Annual Review of Resource Economics* 1 (2009): 597–620. http://www.annualreviews.org/doi/abs/10.1146/annurev.resource.102308.124234.

Glaeser, Edward, Simon Johnson, and Andrei Shleifer. "Coase vs. the Coasians." *Quarterly Journal of Economics* 116.3 (2001): 853–99. http://qje.oxfordjournals.org/content/116/3/853.short.

"Global Market Outlook for Photovoltaics 2013–2017." *European Photovoltaic Industry Association* (May 2013). http://www.epia.org/fileadmin/user_upload/Publications/GMO_2013_-_Final_PDF.pdf.

"Global Warming: Who Pressed the Pause Button." *Economist* (March 8, 2014). http://www.economist.com/news/science-and-technology/21598610-slowdown-rising-temperatures-over-past-15-years-goes-being.

Goes, Marlos, Nancy Tuana, and Klaus Keller. "The Economics (or Lack Thereof) of Aerosol Geoengineering." *Climatic Change* 109.3–4 (2011): 719–44. http://www.aoml.noaa.gov/phod/docs/Goes_etal_2011.pdf.

Gollier, Christian. "Evaluation of Long-Dated Investments under Uncertain Growth Trend, Volatility and Catastrophes." CESifo Working Paper Series No. 4052 (2012). http://papers.ssrn.com/sol3/papers.cfm?abstract_id=2202094.

———. *Pricing the Planet's Future: The Economics of Discounting in an Uncertain World*. Princeton University Press, 2012. http://press.princeton.edu/titles/9894.html.

Gollier, Christian, and Martin L. Weitzman. "How Should the Distant Future Be Discounted When Discount Rates Are Uncertain?" *Economics Letters* 107.3 (2010): 350–53. http://scholar.harvard.edu/files/weitzman/files/howshoulddistantfuture.pdf.

Goodell, Jeff. *How to Cool the Planet: Geoengineering and the Audacious Quest to Fix Earth's Climate*. Houghton Mifflin Harcourt, 2010. http://books.google.com/books?id=5hAnBB-wmH4C.

Goulder, Lawrence H., and Andrew R. Schein. "Carbon Taxes vs. Cap and Trade: A Critical Review." NBER Working Paper No. 19338 (August 2013). http://www.nber.org/papers/w19338.

Greenberg, Max, Denise Robbins, and Shauna Theel. "Media Sowed Doubt in Coverage of UN Climate Report." MediaMatters.org (October 10, 2013). http://mediamatters.org/research/2013/10/10/study-media-sowed-doubt-in-coverage-of-un-clima/196387.

"A Green Light." *Economist* (March 29, 2014). http://www.economist.com/news/business/21599770-companies-are-starting-open-up-about-their-environmental-risks-they-need-do-more-green.

Greenstone, Michael, Elizabeth Kopits, and Ann Wolverton. "Developing a Social Cost of Carbon for US Regulatory Analysis: A Methodology and Interpretation." *Review of Environmental Economics and Policy* 7.1 (2013): 23–46. http://reep.oxfordjournals.org/content/7/1/23.abstract.

Gunther, Marc. *Suck It Up: How Capturing Carbon from the Air Can Help Solve the Climate Crisis*. Amazon Kindle Single, 2012. http://www.marcgunther.com/suck-it-up-my-book-about-climate-change-geoengineering-and-air-capture-of-co2/.

Gurwick, Noel P., Lisa A. Moore, Charlene Kelly, and Patricial Elias. "A Systematic Review of Biochar Research, with a Focus on Its Stability in Situ and Its Promise as a Climate Mitigation Strategy." *Plos One* 8.9 (2013). http://www.plosone.org/article/info%3Adoi%2F10.1371%2Fjournal.pone.0075932.

Guy, Sophie, Yoshihisa Kashima, Iain Walker, and Saffron O'Neill. "Comparing the Atmosphere to a Bathtub: Effectiveness of Analogy for Reasoning about Accumulation." *Climatic Change* 121.4 (2013): 579–94. http://link.springer.com/article/10.1007/s10584-013-0949-3.

Haagen-Smit, A. J. "Chemistry and Physiology of Los Angeles smog." *Industrial and Engineering Chemistry* 44.6 (1952): 1342–46. http://pubs.acs.org/doi/abs/10.1021/ie50510a045?journalCode=iechad.

Hamilton, Clive. *Earthmasters: The Dawn of the Age of Climate Engineering*. Yale University Press, 2013. http://books.google.com/books?lr=&id=x61F2HkKtVEC.

Hammar, H., T. Sterner, and S. Åkerfeldt. "Sweden's CO_2 Tax and Taxation Reform Experiences." In *Reducing Inequalities: A Sustainable Development Challenge*, edited by R. Genevey, R. Pachauri, L., Tubiana. New Delhi: TERI Press (2013): 169–74. http://www.efdinitiative.org/publications/swedens-co2-tax-and-taxation-reform-experiences.

Hansen, James, and Makiko Sato. "Climate Sensitivity Estimated from Earth's Climate History." NASA Goddard Institute for Space Studies and Columbia University Earth Institute. New York (May 2012). http://www.columbia.edu/~jeh1/mailings/2012/20120508_ClimateSensitivity.pdf.

Hansen, James, Makiko Sato, Pushker Kharecha, David Beerling, Valerie Masson-Delmotte, Mark Pagani, Maureen Raymo, Dana L. Royer, and James C. Zachos. "Target Atmospheric CO_2: Where Should Humanity Aim?" *NASA Goddard Institute for Space Studies, Columbia University Earth Institute* (2008). http://www.columbia.edu/~jeh1/2008/TargetCO2_ 20080407.pdf.

Hardin, Garrett. "Tragedy of the Commons." *Science* 162.3859 (1968): 1243–48. http://citeseerx.ist.psu.edu/viewdoc/download?doi=10.1.1.124.3859&rep=rep1&type=pdf.

Harvey, L. D. D. "Mitigating the Atmospheric CO_2 Increase and Ocean Acidification by Adding Limestone Powder to Upwelling Regions." *Journal of Geophysical Research: Oceans* (1978–2012) 113.C4 (2008). http://onlinelibrary.wiley.com/doi/10.1029/2007JC004373/abstract.

Heal, Geoffrey M., and Antony Millner. "Agreeing to Disagree on Climate Policy." *Proceedings of the National Academy of Sciences* 111.10 (2014): 3695–98. http://www.pnas.org/content/early/2014/02/19/1315987111.short.

———. "Uncertainty and Decision in Climate Change Economics." NBER Working Paper No. 18929 (2013). http://www.nber.org/papers/w18929.

Heal, Geoffrey M., and Jisung Park. "Feeling the Heat: Temperature, Physiology and the Wealth of Nations." National Bureau of Economic Research (NBER) Working

Paper No. w19725 (2013). http://www.nber.org/papers/w19725.

Heckendorn, P., D. Weisenstein, S. Fueglistaler, B. P. Luo, E. Rozanov, M. Schraner, L. W. Thomason, and T. Peter. "The Impact of Geoengineering Aerosols on Stratospheric Temperature and Ozone." *Environmental Research Letters* 4.4 (2009). http://iopscience.iop.org/1748-9326/4/4/045108/fulltext/.

Heffernan, Margaret. *Willful Blindness*. Walker, 2011. http://books.google.com/books?id=3rQiXitkUpMC.

High-End cLimate Impacts and eXtremes (HELIX). http://www.HELIXclimate.eu.

Hogan, William W. "Scarcity Pricing: More on Locational Operating Reserve Demand Curves." Harvard Electricity Policy Group. Presentation, San Diego, March 2013. http://www.hks.harvard.edu/fs/whogan/Hogan_hepg_031309r.pdf.

House of Commons Science and Technology Committee. "The Regulation of Geoengineering." London, UK (2010). http://www.publications.parliament.uk/pa/cm200910/cmselect/cmsctech/221/221.pdf.

Howard, Peter. "Omitted Damages: What's Missing from the Social Cost of Carbon." Cost of Carbon Project (2014). http://costofcarbon.org/files/Omitted_Damages_Whats_Missing_From_the_Social_Cost_of_Carbon.pdf.

Hsiang, Solomon M., Marshall Burke, and Edward Miguel. "Quantifying the Influence of Climate on Human Conflict." *Science* 341.6151 (2013): 1235367.http: //www.sciencemag.org/content/341/6151/1235367.

Hsiang, Solomon M., Kyle C. Meng, and Mark A. Cane. "Civil Conflicts Are Associated with the Global Climate." *Nature* 476.7361 (2011): 438–41. http://www.nature.com/nature/journal/v476/n7361/full/nature10311.html.

IGBP, IOC, SCOR. "Ocean Acidification Summary for Policymakers—Third Symposium on the Ocean in a High-CO_2 World." International Geosphere-Biosphere Programme, Stockholm, Sweden (2013). http://www.igbp.net/download/18.30566fc6142425d6c91140a/1384420272253/OA_spm2-FULL-lorez.pdf.

Immerzeel, Walter W., Ludovicus P. H. van Beek, and Marc F. P. Bierkens. "Climate Change Will Affect the Asian Water Towers." *Science* 328.5984 (2010): 1382–85. http://www.sciencemag.org/content/328/5984/1382.full.

"Incorporating Sea-Level Change Considerations in Civil Works Programs." US ACE EC 1165-2-212 (2011). http://www.flseagrant.org/wp-content/uploads/2012/02/USACE_SLR_policy_2011-2013.pdf.

Inman, Mason, "Carbon Is Forever." *Nature Reports Climate Change* 12 (2008). http://www.nature.com/climate/2008/0812/full/climate.2008.122.html.

Intergovernmental Panel on Climate Change (IPCC). *Climate Change 1992: The Supplementary Report to the IPCC Scientific Assessment* (1992). http://www.ipcc.

ch/publications_and_data/publications_ipcc_supplementary_report_1992_wg1.shtml.
——. *IPCC Fifth Assessment Report: Climate Change 2013* (AR5) (2013–14). http://www.ipcc.ch/report/ar5/.
——. *IPCC First Assessment Report* (1990).
——. *IPCC Fourth Assessment Report: Climate Change 2007* (AR4) (2007). http://www.ipcc.ch/publications_and_data/ar4/syr/en/contents.html.
——. *IPCC Second Assessment Report: Climate Change 1995* (SAR) (1995). http://www.ipcc.ch/pdf/climate-changes-1995/ipcc-2nd-assessment/2nd-assessment-en.pdf.
——. *IPCC Third Assessment Report: Climate Change 2001* (TAR) (2001). http://www.grida.no/publications/other/ipcc_tar/.
——. *Special Report: Managing the Risks of Extreme Events and Disasters to Advance Climate Change Adaptation* (2012). http://ipcc-wg2.gov/SREX/images/uploads/SREX-All_FINAL.pdf.
——. *IPCC Special Report on Emissions Scenarios* (SRES) (2000). https://www.ipcc.ch/pdf/special-reports/spm/sres-en.pdf.
"Interview of Virgin Group Ltd Chairman Sir Richard Branson by *The Economist* New York Bureau Chief Matthew Bishop," 2012年4月20日アメリカ国務省 "Global Impact Economy" 会議議事録より。http://www.state.gov/s/partnerships/releases/2012/189100.htm.
"Irene by the Numbers." *NOAA* (August 2011). http://www.noaa.gov/images/Hurricane%20Irene%20by%20the%20Numbers%20-%20Factoids_V4_083111.pdf.
Jacobsen, Grant D., Matthew J. Kotchen, and Michael P. Vandenbergh. "The Behavioral Response to Voluntary Provision of an Environmental Public Good: Evidence from Residential Electricity Demand." *European Economic Review* 56 (2012): 946–60. http://www.nber.org/papers/w16608.
Jacobsen, Mark R. "Evaluating U.S. Fuel Economy Standards in a Model with Producer and Household Heterogeneity." *American Economic Journal: Economic Policy* 5.2 (2013): 148–87. http://www.aeaweb.org/articles.php?doi=10.1257/pol.5.2.148.
Jacobson, Mark Z., and John E. Ten Hoeve. "Effects of Urban Surfaces and White Roofs on Global and Regional Climate." *Journal of Climate* 24.3 (2012): 1028–44. http://journals.ametsoc.org/doi/abs/10.1175/JCLI-D-11-00032.1?journalCode=clim.
Jaffé, Rudolf, Yan Ding, Jutta Niggermann, Anssi V. Vähätalo, Aron Stubbins, Robert G. M. Spencer, John Campbell, and Thorsten Dittmar. "Global Charcoal

Mobilization from Soils via Dissolution and Riverine Transport to the Oceans." *Science* 340.6130 (2013): 345–47. http://www.sciencemag.org/content/340/6130/345.full.

Jensen, Robert T., and Nolan H. Miller. "Giffen Behavior and Subsistence Consumption." *American Economic Review* 98.4 (2008): 1553. http://www.aeaweb.org/articles.php?doi=10.1257/aer.98.4.1553.

Jerrett, Michael, Richard T. Burnett, C. Arden Pope III, Kazuhiko Ito, George Thurston, Daniel Krewski, Yuanli Shi, Eugenia Calle, and Michael Thun. "Long-Term Ozone Exposure and Mortality." *New England Journal of Medicine* 360.11 (2009): 1085–95. http://www.nejm.org/doi/full/10.1056/NEJMoa0803894.

Johansson, Bengt. "Economic Instruments in Practice 1: Carbon Tax in Sweden." *Swedish Environmental Protection Agency* (2001). http://www.oecd.org/science/inno/2108273.pdf.

"John Tyndall." *NASA Earth Observatory*. http://earthobservatory.nasa.gov/Features/Tyndall/.

Jones, Andy, Jim Haywood, and Olivier Boucher. "Climate Impacts of Geoengineering Marine Stratocumulus Clouds." *Journal of Geophysical Research: Atmospheres* (1984–2012) 114.D10 (2009). http://onlinelibrary.wiley.com/doi/10.1029/2008JD011450/abstract.

Jones, Andy, Jim M. Haywood, Kari Alterskjær, Olivier Boucher, Jason N. S. Cole, Charles L. Curry, Peter J. Irvine et al. "The Impact of Abrupt Suspension of Solar Radiation Management (Termination Effect) in Experiment G2 of the Geoengineering Model Intercomparison Project (GeoMIP)." *Journal of Geophysical Research: Atmospheres* 118.17 (2013): 9743–52. http://onlinelibrary.wiley.com/doi/10.1002/jgrd.50762/abstract.

Jones, Gregory V., Michael A. White, Owen R. Cooper, and Karl Storchmann. "Climate Change and Global Wine Quality." *Climatic Change* 73.3 (2005): 319–43. http://www.recursosdeenologia.com/docs/2005/2005_climate_change_and_global_wine_quality.pdf.

Jones, Morgan T., Stephen J. Sparks, and Paul J. Valdes. "The Climatic Impact of Supervolcanic Ash Blankets." *Climate Dynamics* 29.6 (2007): 553–64. http://link.springer.com/article/10.1007%2Fs00382-007-0248-7.

Joos, Fortunat and M. Bruno. "A Short Description of the Bern Model." (September 1996). http://www.climate.unibe.ch/~joos/model_description/model_description.html.

Joughin, Ian, Benjamin E. Smith, and Brooke Medley. "Marine Ice Sheet Collapse Potentially Under Way for the Thwaites Glacier Basin, West Antarctica." *Science*

344.6185 (2014): 735–38. http://www.sciencemag.org/content/344/6185/735.abstract.

Kahn, Matthew E. *Climatopolis: How Our Cities Will Thrive in the Hotter Future.* Basic Books, 2010. http://books.google.com/books/about/Climatopolis.html?id=nQjxjwEACAAJ.

Kahneman, Daniel. *Thinking, Fast and Slow.* New York: Farrar, Straus and Giroux, 2011. http://www.amazon.com/Thinking-Fast-Slow-Daniel-Kahneman/dp/0374533555. 邦訳カーネマン『ファスト＆スロー：あなたの意思はどのように決まるか？』（上下巻）村井章子訳、ハヤカワ・ノンフィクション文庫、2014。

Kahneman, Daniel, and Amos Tversky. "Prospect Theory: An Analysis of Decision under Risk." *Econometrica* 47.2 (1979): 263–92. http://pages.uoregon.edu/harbaugh/Readings/GBE/Risk/Kahneman%201979%20E,%20Prospect%20Theory.pdf.

———. "Subjective Probability: A Judgment of Representativeness." *Cognitive Psychology* 3.3 (1972): 430–54. http://www.sciencedirect.com/science/article/pii/0010028572900163.

Kahneman, Daniel, Jack L. Knetsch, and Richard H. Thaler. "Anomalies: The Endowment Effect, Loss Aversion, and Status Quo Bias." *Journal of Economic Perspectives* 5.1 (1991): 193–206. http://econ.ucdenver.edu/beckman/Econ%204001/thaler-loss-aversion.pdf.

———. "Experimental Tests of the Endowment Effect and the Coase theorem." *Journal of Political Economy* 98.6 (1990): 1325–48. http://teaching.ust.hk/~bee/papers/040918/1990-Kahneman-endowment_effect_coase_theorem.pdf.

Kaplan, Thomas. "Homeowners in Flood Zones Opt to Rebuild, Not Move." *New York Times* (April 27, 2013): A17. http://www.nytimes.com/2013/04/27/nyregion/new-yorks-storm-recovery-plan-gets-federal-approval.html.

Karplus, Valerie J., Sergey Paltsev, Mustafa Babiker, and John M. Reilly. "Should a Vehicle Fuel Economy Standard Be Combined with an Economy-Wide Greenhouse Gas Emissions Constraint? Implications for Energy and Climate Policy in the United States." *Energy Economics* 36 (2013): 322–33. http://www.sciencedirect.com/science/article/pii/S0140988312002150.

Keeling, C. D., S. C. Piper, R. B. Bacastow, M. Wahlen, T. P. Whorf, M. Heimann, and H. J. Meijer. *Exchanges of Atmospheric CO_2 and I3CO_2 with the Terrestrial Biosphere and Oceans from 1978 to 2013. Global Aspects.* SIO Reference Series, No. 01–06, Scripps Institution of Oceanography, San Diego (accessed 2013). http://scrippsco2.ucsd.edu/data/in_situ_co2/monthly_mlo.csv.

Keith, David W. *A Case for Climate Engineering.* A Boston Review Book/MIT Press,

2013. http://mitpress.mit.edu/books/case-climate-engineering.
——— . "Geoengineering the Climate: History and Prospect." *Annual Review of Energy and the Environment* 25.1 (2000): 245–84. http://www.annualreviews.org/doi/abs/10.1146/annurev.energy.25.1.245?journalCode=energy.2.
——— . "Photophoretic Levitation of Engineered Aerosols for Geoengineering." *Proceedings of the National Academy of Sciences* 107.38 (2010): 16428–31. http://www.pnas.org/content/107/38/16428.full.
Kemp, A. C., and B. P. Horton. "Contribution of Relative Sea-Level Rise to Historical Hurricane Flooding in New York City." *Journal of Quarternary Science* 28.6 (2013): 537–41. http://onlinelibrary.wiley.com/doi/10.1002/jqs.2653/abstract.
Keohane, Nathaniel O. "Cap and Trade, Rehabilitated: Using Tradable Permits to Control U.S. Greenhouse Gases." *Review of Environmental Economics and Policy* 3.1 (2009): 42–62. http://reep.oxfordjournals.org/content/3/1/42.abstract.
Keohane, Nathaniel O., and Gernot Wagner. "Judge a Carbon Market by Its Cap, Not Its Prices." *Financial Times* (July 17, 2013). http://www.ft.com/cms/s/0/de783c62-ee23-11e2-816e-00144feabdc0.html.
Khatiwala, S., F. Primeau, and T. Hall. "Reconstruction of the History of Anthropogenic CO_2 Concentrations in the Ocean." *Nature* 462.7271 (2009): 346–49. http://www.nature.com/nature/journal/v462/n7271/full/nature08526.html.
Kirk-Davidoff, Daniel B., Eric J. Hintsa, James G. Anderson, and David W. Keith. "The Effect of Climate Change on Ozone Depletion through Changes in Stratospheric Water Vapour." *Nature* 402.6760 (1999): 399–401. http://www.nature.com/nature/journal/v402/n6760/abs/402399a0.html.
Kirschbaum, Erik. "Germany Sets New Solar Power Record, Institute Says." Reuters (May 2012). http://www.reuters.com/article/2012/05/26/us-climate-germany-solaridUSBRE84P0FI20120526.
Klepper, Gernot, and Wilfried Rickels. "The Real Economics of Climate Engineering." *Economics Research International* 2012.316564 (2012). http://www.hindawi.com/journals/econ/2012/316564/.
Klein, Naomi. "Capitalism vs. the Climate." *Nation* (November 28, 2011). http://www.thenation.com/article/164497/capitalism-vs-climate.
——— . *This Changes Everything: Capitalism vs. the Climate.* Penguin, 2014.
Klier, Thomas, and Joshua Linn. "New-Vehicle Characteristics and the Cost of the Corporate Average Fuel Economy Standard." *RAND Journal of Economics* 43.1 (2012): 186–213. http://www.rff.org/rff/Documents/RFF-DP-10-50.pdf.
Klingman, William K., and Klingman, Nicholas P. *The Year without a Summer: 1816 and the Volcano That Darkened the World and Changed History.* St. Martin's Press,

2013.
Knight, Frank H. *Risk, Uncertainty, and Profit*. Hart, Schaffner and Marx, 1921. http://www.econlib.org/library/Knight/knRUP.html.
Knutti, Reto, and Gabriele C. Hegerl. "The Equilibrium Sensitivity of the Earth's Temperature to Radiation Changes." *Nature Geoscience* 1.11 (2008): 735-43. http://www.nature.com/ngeo/journal/v1/n11/abs/ngeo337.html.
Kolbert, Elizabeth. *Field Notes from a Catastrophe: Man, Nature, and Climate Change*. Bloomsbury, 2006. http://books.google.com/books?id=Bd-uEKO7g4oC. 邦訳コルバート『地球温暖化の現場から』仙名紀訳、オープンナレッジ、2007。
——— . "Hosed." *New Yorker* (November 16, 2009). http://www.newyorker.com/arts/critics/books/2009/11/16/091116crbo_books_kolbert.
——— . *The Sixth Extinction: An Unnatural History*. Henry Holt, 2014. 邦訳コルバート『6度目の大絶滅』鍛原多惠子訳、NHK出版、2015。
Kopp, Robert E., and Bryan K. Mignone. "The U.S. Government's Social Cost of Carbon Estimates after Their First Two Years: Pathways for Improvement." *Economics: The Open-Access, Open-Assessment E-Journal* 6 (2012-15): 1-41. http://dx.doi.org/10.5018/economics-ejournal. ja.2012-15.
Kravitz, Ben, Alan Robock, Luke Oman, Georgiy Stenchikov, and Allison B. Marquardt. "Sulfuric Acid Deposition from Stratospheric Geoengineering with Sulfate Aerosols." *Journal of Geophysical Research: Atmospheres* (1984-2012) 114. D14 (2009). http://onlinelibrary.wiley.com/doi/10.1029/2009JD011918/abstract.
Krosnick, Jon A. "The Climate Majority." *New York Times* (June 8, 2010). http://www.nytimes.com/2010/06/09/opinion/09krosnick.html?pagewanted=all&_r=1&.
"Kyoto Protocol to the united nations framework convention on climate change." *United Nations Framework Convention on Climate Change* (1997). http://unfccc.int.
Laibson, David. "Golden Eggs and Hyperbolic Discounting." *Quarterly Journal of Economics* 112.2 (1997): 443-77. http://scholar.harvard.edu/laibson/publications/golden-eggs-and-hyperbolic-discounting.
Latham, John, Keith Bower, Tom Choularton, Hugh Coe, Paul Connolly, Gary Cooper, Tim Craft et al. "Marine Cloud Brightening." *Philosophical Transactions of the Royal Society: Mathematical, Physical and Engineering Sciences* 370.1974 (2012): 4217-62. http://rsta.royalsocietypublishing.org/content/370/1974/4217.short.
Latham, John, Philip Rasch, Chih-Chieh Chen, Laura Kettles, Alan Gadian, Andrew Gettelman, Hugh Morrison, Keith Bower, and Tom Choularton. "Global Temperature Stabilization via Controlled Albedo Enhancement of Low-Level Maritime Clouds." *Philosophical Transactions of the Royal Society* 366.1882 (2008): 3969-

87. http://rsta.royalsocietypublishing.org/content/366/1882/3969.short.

Lenton, Timothy M., Hermann Held, Elmar Kriegler, Jim W. Hall, Wolfgang Lucht, Stefan Rahmstorf, and Hans Joachim Schellnhuber. "Tipping Elements in the Earth's Climate System." *Proceedings of the National Academy of Sciences* 105.6 (2008): 1786–93. http://www.pnas.org/content/105/6/1786.full.pdf.

Le Quéré, C., G. P. Peters, R. J. Andres, R. M. Andrew, T. Boden, P. Ciais, P. Friedlingstein et al. "Global Carbon Budget 2013." *Earth System Science Data Discussions* 6.1 (2014): 235–63. http://www.earth-syst-sci-data.net/6/235/2014/essd-6-235-2014.html.

Leurig, Sharlene, and Andrew Dlugolecki. *Insurer Climate Risk Disclosure Survey: 2012 Findings and Recommendations*. Ceres (March 2013). http://www.ceres.org/resources/reports/naic-report.

Levitt, Steven, and Stephen Dubner. *SuperFreakonomics*. Harper Collins, 2010. http://www.superfreakonomicsbook.com/. 邦訳レヴィット＆ダブナー『超ヤバい経済学』望月衛訳、東洋経済新報社、2010。

Lewis, Robert and Al Shaw. "After Sandy, Government Lends to Rebuild in Flood Zones." *ProPublica and WNYC* (March 2013). http://www.propublica.org/article/after-sandy-government-lends-to-rebuild-in-flood-zones.

Li, Qingxiang, Jiayou Huang, Zhihong Jiang, Liming Zhou, Peng Chu, and Kaixi Hu. "Detection of Urbanization Signals in Extreme Winter Minimum Temperature Changes over Northern China." *Climatic Change* 122.4 (2014): 595–608. http://link.springer.com/article/10.1007/s10584-013-1013-z.

Liebreich, Michael. "Global Trends in Clean Energy Investment." *Bloomberg New Energy Finance*. Clean Energy Ministerial in Delhi でのプレゼンテーション (April 17, 2013). http://about.bnef.com/presentations/global-trends-in-clean-energy-investment/.

Liger-Belair, Gérard, Marielle Bourget, Sandra Villaume, Philippe Jeandet, Hervé Pron, and Guillaume Polidori. "On the Losses of Dissolved CO_2 during Champagne Serving." *Journal of Agricultural and Food Chemistry* 58.15 (2010): 8768–75. http://pubs.acs.org/doi/abs/10.1021/jf101239w.

Liger-Belair, Gérard, Guillaume Polidori, and Philippe Jeandet. "Recent Advances in the Science of Champagne Bubbles." *Chemical Society Reviews* 37.11 (2008): 2490–511. http://www.ncbi.nlm.nih.gov/pubmed/18949122.

Lin, Ning, Kerry Emanuel, Michael Oppenheimer, and Erik Vanmarcke. "Physically Based Assessment of Hurricane Surge Threat under Climate Change." *Nature Climate Change* 2 (2012): 462–67. http://www.nature.com/nclimate/journal/v2/n6/abs/nclimate1389.html.

Litterman, Robert B. “The Other Reason for Divestment.” Ensia.com (November 5, 2013). http://ensia.com/voices/the-other-reason-for-divestment/.

———. “What Is the Right Price for Carbon Emissions?” *Regulation* (Summer 2013). http://www.cato.org/sites/cato.org/files/serials/files/regulation/2013/6/regulation-v36n2-1-1.pdf.

Lott, Fraser C., Nikolaos Christidis, and Peter A. Stott. “Can the 2011 East African Drought Be Attributed to Human-Induced Climate Change?” *Geophysical Research Letters* 40.6 (2013): 1177–81. http://onlinelibrary.wiley.com/doi/10.1002/grl.50235/abstract.

Lovett, Ken. “Gov. Cuomo: Sandy as Bad as Anything I've Experienced in New York.” *New York Daily News* (October 30, 2012). http://www.nydailynews.com/blogs/dailypolitics/2012/10/gov-cuomo-sandy-as-bad-as-anything-ive-experienced-in-new-york.

Lynas, Mark. *Six Degrees: Our Future on a Hotter Planet*. Fourth Estate, 2007. 邦訳ライナス『＋6℃地球温暖化最悪のシナリオ』寺門和夫訳、武田ランダムハウスジャパン、2008。

Machiavelli, Niccolò. *The Prince*. 1532. Chapter 11. Translated by W. K. Marriott in 1908. http://www.constitution.org/mac/prince06.htm. 邦訳マキャベリ『君主論』(多数あり)。

MacKay, David J. C. *Sustainable Energy—without the Hot Air*. UIT Cambridge, 2009. www.withouthotair.com. 邦訳マッケイ『持続可能なエネルギー：「数値」で見るその可能性』村岡克紀訳、産業図書、2010。

Major, Julie, Johannes Lehmann, Marco Rondon, and Christine Goodale. “Fate of Soil-Applied Black Carbon: Downward Migration, Leaching and Soil Respiration.” *Global Change Biology* 16 (2010): 1366–79. http://www.css.cornell.edu/faculty/lehmann/publ/GlobalChangeBiol%2016,%201366-1379,%202010%20Major.pdf.

Margolis, Joshua D., Hillary Anger Elfenbein, and James P. Walsh. “Does It Pay to Be Good...and Does It Matter? A Meta-Analysis of the Relationship between Corporate Social and Financial Performance.” SSRN Working paper (March 1, 2009). http://ssrn.com/abstract=1866371.

Marlon, J. R., Leiserowitz, A., and Feinberg, G. “Scientific and Public Perspectives on Climate Change.” Yale University, Yale Project on Climate Change Communication (2013). http://environment.yale.edu/climate-communication/files/ClimateNote_Consensus_Gap_May2013_FINAL6.pdf.

Mastrandrea, Michael D., Katharine J. Mach, Gian-Kasper Plattner, Ottmar Edenhofer, Thomas F. Stocker, Christopher B. Field, Kristie L. Ebi, and Patrick R. Matschoss. “The IPCC AR5 Guidance Note on Consistent Treatment of Uncertainties:

A Common Approach across the Working Groups." *Climatic Change* 108.4 (2011): 675–91. http://link.springer.com/content/pdf/10.1007/s10584-011-0178-6.pdf.

Matthews, H. Damon, and Ken Caldeira. "Transient Climate–Carbon Simulations of Planetary Geoengineering." *Proceedings of the National Academy of Sciences* 104.24 (2007): 9949–54. http://www.pnas.org/content/104/24/9949.short.

Matthews, H. Damon, Nathan P. Gillett, Peter A. Stott, and Kirsten Zickfeld. "The Proportionality of Global Warming to Cumulative Carbon Emissions." *Nature* 459.7248 (2009): 829–32. http://www.nature.com/nature/journal/v459/n7248/full/nature08047.html.

Mauna Loa Observatory, National Oceanic and Atmospheric Administration (NOAA). http://www.esrl.noaa.gov/gmd/obop/mlo/.

McClellan, Justin, David W. Keith, and Jay Apt. "Cost Analysis of Stratospheric Albedo Modification Delivery Systems." *Environmental Research Letters* 7.3 (2012): 034019. http://iopscience.iop.org/1748-9326/7/3/034019.

McCormick, M. Patrick, Larry W. Thomason, and Charles R. Trepte. "Atmospheric Effects of the Mt. Pinatubo Eruption." *Nature* 373.6513 (1995): 399–404. http://www.nature.com/nature/journal/v373/n6513/abs/373399a0.html.

McGranahan, Gordon, Deborah Balk, and Bridget Anderson. "The Rising Tide: Assessing the Risks of Climate Change and Human Settlements in Low Elevation Coastal Zones." *Environment and Urbanization* 19.1 (2007): 17–37. http://eau.sagepub.com/content/19/1/17.

McKibben, Bill. "Global Warming's Terrifying New Math." *Rolling Stone* (August 2, 2012). http://www.rollingstone.com/politics/news/global-warmings-terrifying-new-math-20120719.

Meehl, Gerald A., Aixue Hu, Claudia Tebaldi, Julie M. Arblaster, Warren M. Washington, Haiyan Tang, Benjamin M. Sanderson, Toby Ault, Warren G. Strand, and James B. White III. "Relative Outcomes of Climate Change Mitigation Related to Global Temperature versus Sea-Level Rise." *Nature Climate Change* 2 (2012): 576–80. http://www.nature.com/nclimate/journal/v2/n8/full/nclimate1529.html.

Mehra, Rajnish. "The Equity Premium Puzzle: A Review." *Foundations and Trends in Finance*, 2.1 (2008): 1–81. http://papers.ssrn.com/sol3/papers.cfm?abstract_id=1624986.

Melillo, Jerry M., Terese (T.C.) Richmond, and Gary W. Yohe, eds.: *Climate Change Impacts in the United States: The Third National Climate Assessment*. U.S. Global Change Research Program (2014).

Mellström, Carl, and Magnus Johannesson. "Crowding Out in Blood Donation: Was Titmuss Right?" *Journal of the European Economic Association* 6.4 (2008): 845–63.

http://onlinelibrary.wiley.com/doi/10.1162/JEEA.2008.6.4.845/abstract.

Mendelsohn, Robert, Kerry Emanuel, Shun Chonabayashi, and Laura Bakkensen. "The Impact of Climate Change on Global Tropical Cyclone Damage." *Nature Climate Change* 2.3 (2012): 205–9. http://www.nature.com/nclimate/journal/v2/n3/full/nclimate1357.html.

Mendelsohn, Robert, Wendy Morrison, Michael E. Schlesinger, and Natalia G. Andronova. "Country-Specific Market Impacts of Climate Change." *Climatic Change* 45.3–4 (2000): 553–69. http://link.springer.com/article/10.1023%2FA%3A1005598717174.

Meng, Kyle C. "Estimating the Cost of Climate Policy Using Prediction Markets and Lobbying Records." Ph.D. dissertation, Columbia University, 2013. https://dl.dropboxusercontent.com/u/3015077/Website/Meng_cap_trade_Aug2013.pdf.

Menon, Surabi, Hashem Akbari, Sarith Mahanama, Igor Sednev, and Ronnen Levinson. "Radiative Forcing and Temperature Response to Changes in Urban Albedos and Associated CO_2 Offsets." *Environmental Research Letters* 5.1 (2010). http://iopscience.iop.org/1748-9326/5/1/014005.

Metcalf, Gilbert E., "Designing a Carbon Tax to Reduce U.S. Greenhouse Gas Emissions." *Review of Environmental Economics and Policy* 3.1 (2009): 63–83. http://reep.oxfordjournals.org/content/3/1/63.abstract.

Metz, Tim, Alan Murray, Thomas E. Ricks, and Beatrice E. Garcia. "The Crash of '87: Stocks Plummet 508 Amid Panicky Selling." *Wall Street Journal* (October 20, 1987). http://online.wsj.com/article/SB10000872396390444734804578064571593598196.html.

Miller, Bruce G. *Coal Energy Systems*. Elsevier Academic Press, 2005. http://books.google.com/books/about/Coal_Energy_Systems.html?id=PYyJEEyJN94C.

Millner, Antony, Simon Dietz, and Geoffrey Heal. "Scientific Ambiguity and Climate Policy." *Environmental and Resource Economics* 55.1 (2013): 21–46.

Monastersky, R. "Global Carbon Dioxide Levels Near Worrisome Milestone." *Nature* 497.7447 (2013): 13. http://www.nature.com/news/global-carbon-dioxide-levels-near-worrisome-milestone-1.12900.

Morris, Eric. "From Horse Power to Horsepower." *Access* 30 (2007): 2–9. http://www.uctc.net/access/30/Access%2030%20-%2002%20-%20Horse%20Power.pdf.

Morris, Errol. "The Certainty of Donald Rumsfeld." *New York Times* Opinionator, 4-part series (March 2014). http://opinionator.blogs.nytimes.com/2014/03/25/the-certainty-of-donald-rumsfeld-part-1/.

Morris, Ian. *Why the West Rules—for Now: The Patterns of History and What They Reveal about the Future*. Farrar Straus and Giroux, 2010. http://books.google.com/

books?id=qNVrfoSubmIC. 邦訳モリス『人類5万年文明の興亡：なぜ西洋が世界を支配しているのか』（上下巻）北川知子訳、筑摩書房、2014。
Moyer, Elisabeth, Michael D. Woolley, Michael Glotter, and David A. Weisbach. "Climate Impacts on Economic Growth as Drivers of Uncer-tainty in the Social Cost of Carbon." *Center for Robust Decision Making on Climate and Energy Policy Working Paper* 13 (2013): 25. http://www.law.uchicago.edu/files/file/652-ejm-mdw-mjg-daw-climate-new.pdf.
Nabuurs, Gert-Jan, Marcus Lindner, Pieter J. Verkerk, Katja Gunia, Paola Deda, Roman Michalak, and Giacomo Grassi. "First Signs of Carbon Sink Saturation in European Forest Biomass." *Nature Climate Change* 3.9 (2013): 792–96. http://www.nature.com/nclimate/journal/v3/n9/full/nclimate1853.html.
"NASA Authorization Act of 2005" (Public Law No. 109–155, 119 Stat. 2895, 2005). http://www.gpo.gov/fdsys/pkg/PLAW-109publ155/pdf/PLAW-109publ155.pdf.
National Disaster Risk Reduction and Management Council. Situation Report No. 38 re Effects of Typhoon "PABLO" (BOPHA), December 25, 2012. http://www.ndrrmc. gov.ph/attachments/article/835/Update%20Sitrep%20No.%2038.pdf.
"Near-Earth Object Survey and Deflection Analysis of Alternatives." NASA, 2007. http://www.nasa.gov/pdf/171331main_NEO_report_march07.pdf.
Newell, Richard G., and William A. Pizer. "Regulating Stock Externalities under Uncertainty," *Journal of Environmental Economics and Management* 45.2 (2003): 416–32. http://www.sciencedirect.com/science/article/pii/S0095069602000165.
Nguyen B. T., J. Lehmann, J. Kinyangi, R. Smernik, S. J. Riha, and M. H. Engelhard. "Long-Term Black Carbon Dynamics in Cultivated Soil." *Biogeochemistry* 89.3 (2008): 295–308. http://link.springer.com/article/10.1007%2Fs10533-008-9220-9.
"Nigeria Restores Fuel Subsidy to Quell Nationwide Protests." *Guardian* (January 16, 2012). http://www.guardian.co.uk/world/2012/jan/16/nigeria-restores-fuel-subsidy-protests.
Nordhaus, William D. *The Climate Casino: Risk, Uncertainty, and Economics for a Warming World*. Yale University Press, 2013. http://www.amazon.com/The-Climate-Casino-Uncertainty-Economics/dp/030018977X. 邦訳ノードハウス『気候カジノ』藤﨑香里訳、日経BP社、2015。
Nordhaus, William D. "Economic Aspects of Global Warming in a Post-Copenhagen Environment." *Proceedings of the National Academy of Sciences* 107.26 (2010): 11721–26. http://www.pnas.org/content/107/26/11721.full.
——— . "Estimates of the Social Cost of Carbon: Concepts and Results from the DICE-2013R Model and Alternative Approaches." *Journal of the Association of Environmental and Resource Economists* 1.1 (2014): 273–312. http://dx.doi.org/

10.1086/676035.
——— . "Optimal Greenhouse Gas Reductions and Tax Policy in the 'DICE' Model." *American Economic Review* 83.2 (1993): 313–17. http://ideas.repec.org/a/aea/aecrev/v83y1993i2p313-17.html.
——— . "An Optimal Transition Path for Controlling Greenhouse Gases." *Science* 258.5086 (1992): 1315–19. http://www.sciencemag.org/content/258/5086/1315.
——— . "To Slow or Not to Slow: The Economics of the Greenhouse Effect." *Economic Journal* 101.407 (1991): 920–37. http://ideas.repec.org/a/ecj/econjl/v101y1991i407p920-37.html.
Normile, Dennis. "Clues to Supertyphoon's Ferocity Found in the Western Pacific." *Science* 342.6162 (2013): 1027. http://www.sciencemag.org/content/342/6162/1027.short.
OECD. *Inventory of Estimated Budgetary Support and Tax Expenditures for Fossil Fuels 2013*. OECD Publishing, 2013. http://dx/doi.org/10.1787/9789264187610-en.
Office of Management and Budget (OMB). "Circular No. A-94 Revised" (October 29, 1992). http://www.whitehouse.gov/omb/circulars_a094.
Ogburn, Stephanie Paige. "How Media Pushed Climate Change 'Pause' into the Mainstream." *Environment and Energy Publishing* (November 4, 2013). http://www.eenews.net/stories/1059989863.
——— . "What's in a Name? Would 'the Pause' by Any Other Name Help Scientists Communicate?" *Environment and Energy Publishing* (November 1, 2013). http://www.eenews.net/stories/1059989790.
Oleson, Keith W., G. B. Bonan, and J. Feddema. "Effects of White Roofs on Urban Temperature in a Global Climate Model." *Geophysical Research Letters* 37.3 (2010). http://onlinelibrary.wiley.com/doi/10.1029/2009GL042194.abstract.
Olivier, Jos, Greet Janssens-Maenhous, Marilena Muntean, and Jeroen Peters. "Trends in Global CO_2 Emissions: 2013 Report." PBL Netherlands Environmental Assessment Agency and European Commission Joint Research Center, 2013. http://edgar.jrc.ec.europa.eu/news_docs/pbl-2013-trends-in-global-co2-emissions-2013-report-1148.pdf.
"Operation Ivy." U.S. Nuclear Weapons Archive (最終更新1999年). http://nuclearweaponarchive.org/Usa/Tests/Ivy.html.
Otto, F. E. L., N. Massey, G. J. Oldenborgh, R. G. Jones, and M. R. Allen. "Reconciling Two Approaches to Attribution of the 2010 Russian Heat Wave." *Geophysical Research Letters* 39.4 (2012). http://onlinelibrary.wiley.com/doi/10.1029/2011GL050422/abstract.
Pall, Pardeep, Tolu Aina, Daithi A. Stone, Peter A. Stott, Toru Nozawa, Arno G. J.

Hilberts, Dag Lohmann, and Myles R. Allen. "Anthropogenic Greenhouse Gas Contribution to Flood Risk in England and Wales in Autumn 2000." *Nature* 470.7334 (2011): 382–85. http://www.nature.com/nature/journal/v470/n7334/abs/nature09762.html.

Palumbi, Stephen R., Daniel J. Barshis, Nikki Traylor-Knowles, and Rachael A. Bay. "Mechanisms of Reef Coral Resistance to Future Climate Change." *Science* 344.6186 (2014): 895–98. http://www.sciencemag.org/content/early/2014/04/23/science.1251336.abstract.

Parfit, Derek. "Five Mistakes in Moral Mathematics." Chap.3 of *Reasons and Persons*. Oxford University Press, 1986. 67–86. http://www.oxfordscholarship.com/view/10.1093/019824908X.001.0001/acprof-9780198249085. 邦訳パーフィット「道徳数学における5つの誤り」『理由と人格』森村進訳、勁草書房、1998、第5章。

Parris, A., P. Bromirski, V. Burkett, D. Cayan, M. Culver, J. Hall, R. Horton, K. Knuuti, R. Moss, J. Obeysekera, A. Sallenger, and J. Weiss. "Global Sea Level Rise Scenarios for the United States National Climate Assessment." National Oceanic and Atmospheric Administration Tech Memo OAR CPO (2012). http://cpo.noaa.gov/sites/cpo/Reports/2012/NOAA_SLR_r3.pdf.

Parson, Edward A. "The Big One: A Review of Richard Posner's Catastrophe: Risk and Response." *Journal of Economic Literature* 45.1 (2007): 147–64. http://www.jstor.org/discover/10.2307/27646750.

Parson, Edward A., and David W. Keith. "End the Deadlock on Governance of Geoengineering Governance." *Science* 339.6125 (2013): 1278–79. http://www.sciencemag.org/content/339/6125/1278.

Peterson, Thomas C., Peter A. Stott, and Stephanie Herring. "Explaining Extreme Events of 2011 from a Climate Perspective." *Bulletin of the American Meteorological Society* 93.7 (2012): 1041–67. http://journals.ametsoc.org/doi/abs/10.1175/BAMS-D-12-00021.1.

Pew Global Attitudes Project (June 2013). http://www.pewglobal.org/files/2013/06/Pew-Research-Center-Global-Attitudes-Project-Global-Threats-Report-FINAL-June-24-20131.pdf.

Pew Research Center/USA Today Survey (February 21,2013). http://www. people-press.org/files/legacy-pdf/02-21-13%20Political%20Release.pdf.

"Philippines: Typhoon Haiyan Situation Report No. 34." United Nations Office for the Coordination of Humanitarian Affairs (2013). http://reliefweb.int/sites/reliefweb.int/files/resources/OCHAPhilippinesTyphoonHaiyanSitrepNo.34.28Jan2014.pdf.

Pigou, Arthur. 1920. *The Economics of Welfare*. 4th ed. Macmillan, 1932. http://

www.econlib.org/library/NPDBooks/Pigou/pgEW20.html#PartII,Chapter 9. 邦訳ピグウ『厚生経済学』気賀健三他訳、東洋経済新報社、1960。

Piketty, Thomas. *Capital in the 21st Century*. Harvard University Press, 2014. http://www.hup.harvard.edu/catalog.php?isbn=9780674430006. 邦訳ピケティ『21世紀の資本』山形浩生・守岡桜・森本正史訳、みすず書房、2014。

Pindyck, Robert S."Climate Change Policy: What Do the Models Tell Us?" *Journal of Economic Literature* 51.3 (2013): 860–72. http://www.aeaweb.org/articles.php?f=s&doi=10.1257/jel.51.3.860.

Pongratz, Julia, D. B. Lobell, L. Cao, and K. Caldeira. "Crop Yields in a Geoengineered Climate." *Nature Climate Change* 2.2 (2012): 101–5. http://www.nature.com/nclimate/journal/v2/n2/full/nclimate1373.html.

Posner, Richard A. *Catastrophe: Risk and Response*. Oxford University Press, 2004. http://books.google.com/books/about/Catastrophe_Risk_and_Response.html?id=SDe59lXSrY8C.

"Pressure Continues: Stocks Sink Lower under Record Volume of Liquidation." *Wall Street Journal* (October 30, 1929).

Previdi, M., B. G. Liepert, D. Peteet, J. Hansen, D. J. Beerling, A. J. Broccoli, S. Frolking et al. "Climate Sensitivity in the Anthropocene." *Quarterly Journal of the Royal Meteorological Society* 139.674 (2013): 1121–31. http://onlinelibrary.wiley.com/doi/10.1002/qj.2165/abstract.

Pun, Iam-Fei, I-I. Lin, and Min-Hui Lo. "Recent Increase in High Tropical Cyclone Heat Potential Area in the Western North Pacific Ocean." *Geophysical Research Letters* 40.17 (2013): 4680–84. http://onlinelibrary.wiley.com/doi/10.1002/grl.50548/abstract.

Rahmstorf, Stefan, and Dim Coumou. "Increase of Extreme Events in a Warming World." *Proceedings of the National Academy of Sciences* 108.44 (2011): 17905–9. http://www.pnas.org/content/108/44/17905.short.

Ramanathan, Veerabhadran, and Yan Feng. "On Avoiding Dangerous Anthropogenic Interference with the Climate System: Formidable Challenges Ahead." *Proceedings of the National Academy of Sciences* 105.38 (2008): 14245–50. http://www.pnas.org/content/105/38/14245.short.

Rau, Greg H. "CO_2 Mitigation via Capture and Chemical Conversion in Seawater." *Environmental Science and Technology* 45.3 (2010): 1088–92. http://pubs.acs.org/doi/abs/10.1021/es102671x.

Rayner, Steve, Clare Heyward, Tim Kruger, Nick Pidgeon, Catherine Redgwell, and Julian Savulescu. "The Oxford Principles." *Climatic Change* 121.3 (2013): 499–512. http://link.springer.com/article/10.1007/s10584-012-0675-2.

Reichstein, Markus, Michael Bahn, Philippe Ciais, Dorothea Frank, Miguel D. Mahecha, Sonia I. Seneviratne, Jakob Zscheischier et al. "Climate Extremes and the Carbon Cycle." *Nature* 500.7462 (2013): 287–95. http://www.nature.com/nature/journal/v500/n7462/full/nature12350.html.

"Report: The After Action Review/Lessons Learned Workshops for Typhoon Bopha Response." United Nations Office for the Coordination of Humanitarian Affairs (2013). http://reliefweb.int/sites/reliefweb.int/files/resources/Bopha%20AAR-LLR%20Report%202013_FINAL_14%20June%202013.pdf.

Revesz, Richard, and Michael Livermore. *Retaking Rationality: How Cost-Benefit Analysis Can Better Protect the Environment and Our Health.* Oxford University Press, 2008. http://www.amazon.com/Retaking-Rationality-Benefit-Analysis-Environment/dp/0195368576.

Ricke, Katharine L., M. Granger Morgan, and Myles R. Allen. "Regional Climate Response to Solar-Radiation Management." *Nature Geoscience* 3.8 (2010): 537–41. http://www.nature.com/ngeo/journal/v3/n8/full/ngeo915.html.

Rignot, E., J. Mouginot, M. Morlighem, H. Seroussi, and B. Scheuchl. "Widespread, Rapid Grounding Line Retreat of Pine Island, Thwaites, Smith and Kohler Glaciers, West Antarctica from 1992 to 2011." *Geophysical Research Letters* 41.10 (2014): 3502–9. http://onlinelibrary.wiley.com/doi/10.1002/2014GL060140/abstract.

Risky Business Project. *Risky Business: The Economic Risks of Climate Change in the United States*. 2014. http://riskybusiness.org.

Robine, Jean-Marie, Siu Lan K. Cheung, Sophie Le Roy, Herman Van Oyen, Claire Griffiths, Jean-Pierre Michel, François Richard Herrmann. "Death Toll Exceeded 70,000 in Europe during the Summer of 2003." *Comptes rendus biologies* 331.2 (2008): 171–78. http://www.sciencedirect.com/science/article/pii/S1631069107003770.

Robock, Alan. "20 Reasons Why Geoengineering May Be a Bad Idea." *Bulletin of the Atomic Scientists* 64.2 (2008): 14–18, 59. http://www.atmos.washington.edu/academics/classes/2012Q1/111/20Reasons.pdf.

———. "Is Geoengineering Research Ethical?" Peace and Security 4 (2012): 226–29. http://climate.envsci.rutgers.edu/pdf/GeoResearchEthics.pdf.

Robock, Alan, L. Oman, and G. L. Stenchikov. "Regional Climate Responses to Geoengineering with Tropical and Arctic SO_2 Injections." *Journal of Geophysical Research* 113.D16 (2008): D16101. http://onlinelibrary.wiley.com/doi/10.1029/2008JD010050/abstract.

Roe, Gerard. "Costing the Earth: A Numbers Game or a Moral Imperative?" *Weather, Climate, and Society* 5.4 (2013): 378–80. http://journals.ametsoc.org/doi/abs/

10.1175/WCAS-D-12-00047.1.

Roe, Gerard H., and Yoram Bauman. "Climate Sensitivity: Should the Climate Tail Wag the Policy Dog?" *Climatic Change* 117.4 (2013): 647–62. http://link.springer.com/article/10.1007/s10584-012-0582-6.

Rosenthal, Elisabeth. "Your Biggest Carbon Sin May Be Air Travel." *New York Times* (January 27, 2013): SR4. http://www.nytimes.com/2013/01/27/sunday-review/the-biggest-carbon-sin-air-travel.html.

Rosenzweig, C., and W. Solecki, eds. "Climate Risk Information 2013: Observations, Climate Change Projections, and Maps." New York City Panel on Climate Change (June 2013). http://www.nyc.gov/html/planyc2030/downloads/pdf/npcc_climate_risk_information_2013_report.pdf.

Roston, Eric. *The Carbon Age: How Life's Core Element Has Become Civilization's Greatest Threat*. Bloomsbury Publishing USA, 2009. http://www.ericroston.com/.

Rottenberg, Dan. *In the Kingdom of Coal*. Routledge, 2003. http://books.google.com/books/about/In_the_Kingdom_of_Coal.html?id=VL8YWx2X8asC.

Rowley, Rex J., John C. Kostelnick, David Braaten, Xingong Li, and Joshua Meisel. "Risk of Rising Sea Level to Population and Land Area." *Eos, Transactions American Geophysical Union* 88.9 (2007): 105–7. http://onlinelibrary.wiley.com/doi/10.1029/2007EO090001/abstract.

Royal Society. "Geoengineering the Climate: Science, Governance and Uncertainty" (September 2009). http://royalsociety.org/uploadedFiles/Royal_Society_Content/policy/publications/2009/8693.pdf.

Rumsfeld, Donald. "Press Conference at NATO Headquarters." Brussels, Belgium (June 6, 2002). http://www.defense.gov/transcripts/transcript.aspx?transcriptid=3490.

Rybczynski, Natalia, John C. Gosse, C. Richard Harington, Roy A. Wogelius, Alan J. Hidy, and Mike Buckley. "Mid-Pliocene Warm-Period Deposits in the High Arctic Yield Insight into Camel Evolution." *Nature Communications* 4 (2013): 1550. http://www.nature.com/ncomms/journal/v4/n3/full/ncomms2516.html.

Salter, Stephen, Graham Sortino, and John Latham, "Sea-Going Hardware for the Cloud Albedo Method of Reversing Global Warming." *Philosophical Transactions of the Royal Society* 366.1882 (2008): 3989–4006. http://rsta.royalsocietypublishing.org/content/366/1882/3989.full.

Samuelson, William, and Richard Zeckhauser. "Status Quo Bias in Decision Making." *Journal of Risk and Uncertainty* 1.1 (1988): 7–59. http://dtserv2.compsy.uni-jena.de/__C125757B00364C53.nsf/0/F0CC3CAE039C8B42C125757B00473C77/$FILE/samuelson_zeckhauser_1988.pdf.

Sandel, Michael J. *Justice: What's the Right Thing to Do?* Farrar Strauss and Giroux, 2009. http://www.justiceharvard.org/. 邦訳サンデル『これからの「正義」の話をしよう：いまを生き延びるための哲学』鬼澤忍訳、早川書房、2010。

———. "Market Reasoning as Moral Reasoning: Why Economists Should Re-engage with Political Philosophy." *Journal of Economic Perspectives* 27.4 (2013): 121–40. http://pubs.aeaweb.org/doi/pdfplus/10.1257/jep.27.4.121.

Sandsmark, Maria, and Haakon Vennemo. "A Portfolio Approach to Climate Investments: CAPM and Endogenous Risk." *Environmental and Resource Economics* 37.4 (2007): 681–95. http://link.springer.com/article/10.1007/s10640-006-9049-4.

Schelling, Thomas. "The Economic Diplomacy of Geoengineering." *Climatic Change* 33.3 (1996): 303–7. http://link.springer.com/article/10.1007%2FBF00142578.

Schlosser, Eric. *Command and Control*. Penguin, 2013.

Schmidt, Gavin, and Stefan Rahmstorf. "11℃ Warming, Climate Crisis in 10 Years?" RealClimate.org (January 29, 2005). http://www.realclimate.org/index.php/archives/2005/01/climatepredictionnet-climate-challenges-and-climate-sensitivity/.

Schneider, Stephen H. *Science as a Contact Sport*. National Geographic Society, 2009. http://www.amazon.com/Science-Contact-Sport-Inside-Climate/dp/1426205406.

Self, Stephen, Jing-Xia Zhao, Rick E. Holasek, Ronnie C. Torres, and Alan J. King. "The Atmospheric Impact of the 1991 Mount Pinatubo Eruption." U.S. Geological Survey, 1999. http://pubs.usgs.gov/pinatubo/self/index.html.

Shepherd, Andrew, Erik R. Ivins, A. Geruo, Valentina R. Barletta, Mike J. Bentley, Srinivas Bettadpur, Kate H. Briggs et al. "A Reconciled Estimate of Ice-Sheet Mass Balance." *Science* 338.6111 (2012): 1183–89. http://www.sciencemag.org/content/ 338/6111/1183.

Sherwood, Steven C., Sandrine Bony, and Jean-Louis Dufresne. "Spread in Model Climate Sensitivity Traced to Atmospheric Convective Mixing." *Nature* 505.7481 (2014): 37–42. http://www.nature.com/nature/journal/v505/n7481/full/nature12829.html.

Shoemaker, Julie K., and Daniel P. Schrag. "The Danger of Overvaluing Methane's Influence on Future Climate Change." *Climatic Change* 120.4 (2013): 903–14. http://link.springer.com/article/10.1007/s10584-013-0861-x.

Silver, Nate. "Crunching the Risk Numbers." *Wall Street Journal* (January 8, 2010). http://online.wsj.com/news/articles/SB10001424052748703481004574646963713 06511.

Socolow, Robert. "Truths We Must Tell Ourselves to Manage Climate Change." *Vanderbilt Law Review* 65.6 (2012): 1455–78. http://www.vanderbiltlawreview.org/content/articles/2012/11/Socolow_-65_Vand_L_Rev_1455.pdf.

Solomon, Pierrehumbert, Damon Matthews, John S. Daniel, and Pierre Friedlingstein. "Atmospheric Composition, Irreversible Climate Change, and Mitigation Policy." In *Climate Science for Serving Society*. Springer Netherlands, 2013. 415–36. http://link.springer.com/chapter/10.1007/978-94-007-6692-1_15.

Solomon, Susan, Gian-Kasper Plattner, Reto Knutti, and Pierre Friedlingstein. "Irreversible Climate Change Due to Carbon Dioxide Emissions." *Proceedings of the National Academy of Sciences* 106.6 (2009): 1704–9. http://www.pnas.org/content/early/2009/01/28/0812721106.abstract.

Specter, Michael. "The First Geo-Vigilante." *New Yorker* (October 2012). http://www.newyorker.com/online/blogs/newsdesk/2012/10/the-first-geo-vigilante.html.

"Statistic Data on the German Solar Power (Photovoltaic) Industry." German Solar Industry Association (BSW-Solar) (June 2013). http://www.solarwirtschaft.de/fileadmin/media/pdf/2013_2_BSW-Solar_fact_sheet_solar_power.pdf.

Stenchikov, Georgiy L., Ingo Kirchner, Alan Robock, Hans-F. Graf, Juan Carlos Antuna, R. G. Grainger, Alyn Lambert, and Larry Thomason. "Radiative Forcing from the 1991 Mount Pinatubo Volcanic Eruption." *Journal of Geophysical Research: Atmospheres* (1984–2012) 103. D12 (1998): 13837–57. http://onlinelibrary.wiley.com/doi/10.1029/98JD00693/abstract.

Stephens, Phillip. "Major Puts ERM Membership on Indefinite Hold." *Financial Times* (September 25, 1992).

Sterman, John D. "Risk Communication on Climate: Mental Models and Mass Balance." *Science* 322.5901 (2008): 532–33. http://www.sciencemag.org/content/322/5901/532.summary.

Stern, Nicholas. "The Structure of Economic Modeling of the Potential Impacts of Climate Change: Grafting Gross Underestimation of Risk onto Already Narrow Science Models." *Journal of Economic Literature* 51.3 (2013): 838–59. http://www.aeaweb.org/articles.php?doi=10.1257/jel.51.3.838.

Sterner, Thomas, ed. *Fuel Taxes and the Poor: The Distributional Consequences of Gasoline Taxation and Their Implications for Climate Policy*. RFF Press, 2011. http://www.routledge.com/books/details/9781617260926/.

Sterner, Thomas, and U. Martin Persson. "An Even Sterner Review: Introducing Relative Prices into the Discounting Debate." *Review of Environmental Economics and Policy* 2.1 (2008): 61–76. http://reep.oxfordjournals.org/content/2/1/61.short.

Stocker, Thomas F. "The Closing Door of Climate Targets." *Science* 339.6117

(2013): 280–82. http://www.sciencemag.org/content/339/6117/280.full?sid=a0ad9885-1715-4bff-a27f-54d5f68c15e2#ref-2.

Stommel, Henry M., and Elizabeth Stommel. *Volcano Weather: The Story of 1816, the Year without a Summer*. Seven Seas Press, 1983. 邦訳H・ストンメル／E・ストンメル『火山と冷夏の物語（地人選書13）』山越幸江訳、地人書館、1985。

Stothers, Richard B. "The Great Tambora Eruption in 1815 and Its Aftermath." *Science* 224.4654 (1984): 1191–98. http://www.sciencemag.org/content/224/4654/1191.short.

Stott, Peter A., Myles Allen, Nikolaos Christidis, Randall M. Dole, Martin Hoerling, Chris Huntingford, Pardeep Pall, Judith Perlwitz, and Dáithí Stone. "Attribution of Weather and Climate-Related Events." In *Climate Science for Serving Society*, edited by Ghassem R. Asrar and James W. Hurrell. Netherlands: Springer, 2013. 307–37. http://link.springer.com/chapter/10.1007%2F978-94-007-6692-1_12.

Stott, Peter A., Dáithí Stone, and Myles Allen. "Human Contribution to the European Heatwave of 2003." *Nature* 432.7017 (2004): 610–14. http://www.nature.com/nature/journal/v432/n7017/abs/nature03089.html.

Strong, Aaron, Sallie Chisholm, Charles Miller, and John Cullen. "Ocean Fertili-zation: Time to Move on." *Nature* 461.7262 (2009): 347–48. http://www.nature.com/nature/journal/v461/n7262/full/461347a.html.

Summers, Lawrence H. "Comments on Richard Zeckhauser's Investing in the Unknown and Unknowable." *Capitalism and Society* 1.2 (September 2006). http://dx.doi.org/10.2202/1932-0213.1012.

Sunstein, Cass R. "Of Montreal and Kyoto: A Tale of Two Protocols." *Harvard Environmental Law Review* 31 (2007): 1. http://heinonline.org/HOL/LandingPage?collection=journals&handle=hein.journals/helr31&div=5&id=&page=.

———. *Worst-Case Scenarios*. Harvard University Press, 2007. http://www.hup.harvard.edu/catalog.php?isbn=9780674032514. 邦訳サンスティーン『最悪のシナリオ：巨大リスクにどこまで備えるのか』田沢恭子訳、みすず書房、2012。

Survey Findings on Energy and the Economy. Institute for Energy Research, July 12 2013. http://www.instituteforenergyresearch.org/wp-content/uploads/2013/07/IER-National-Survey.-Key-Findings.pdf.

Taleb, Nassim Nicholas. *The Black Swan: The Impact of the Highly Improbable Fragility*. Random House, 2010. http://www.fooledbyrandomness.com. 邦訳タレブ『ブラック・スワン：不確実性とリスクの本質（上下巻）』望月衛訳、ダイヤモンド社、2009。

Talke, S. A., P. Orton, and D. A. Jay. "Increasing Storm Tides in New York Harbor, 1844–2013." *Geophysical Research Letters* 41.9 (2014): 3149–55. http://online

library.wiley.com/doi/10.1002/2014GL059574/abstract.

"Technical Update of the Social Cost of Carbon for Regulatory Impact Analysis under Executive Order 12866." United States Government Interagency Working Group on Social Cost of Carbon (November 1, 2013). http://www.whitehouse.gov/sites/default/files/omb/assets/inforeg/technical-update-social-cost-of-carbon-for-regulator-impact-analysis. pdf.

Thomas, E. "Biogeography of the Late Paleocene Benthic Foraminiferal Extinction." In *Late Paleocene-Early Eocene Climatic and Biotic Events in the Marine and Terrestrial Records*, edited by M. P. Aubry, S. C. Lucas, and W. A. Berggren. Columbia University Press, 1998. 214–43. http://books.google.com/books?hl=en&lr=&id=BR-zAQAAQBAJ&oi.

Thomson, Judith Jarvis. "The Trolley Problem." *Yale Law Journal* 94.6 (1985): 1395–415. http://www.jstor.org/stable/796133.

Thøgersen, John, and Tom Crompton. "Simple and Painless? The Limitations of Spillover in Environmental Campaigning." WWF United Kingdom (2009). http://www.wwf.org.uk/research_centre/research_centre_results.cfm?uNewsID=2728.

"Threat of Space Objects Demands International Coordination, UN Team Says." UN News Center (February 2013). http://www.un.org/apps/news/story.asp?NewsID=44186&Cr=outer+space&Cr1=#.UnAt3JQ-vvA.

Titmuss, Richard M. *The Gift Relationship*. Allen and Unwin, 1970.

"Tobacco Shares Fall on Australian Packaging Rule." *Telegraph* (August 15, 2013). http://www.telegraph.co.uk/finance/newsbysector/retailandconsumer/9476621/Tobacco-shares-fall-on-Australian-packaging-ruling.html.

Tol, Richard S. J. "Correction and Update: The Economic Effects of Climate Change." *Journal of Economic Perspectives* 28.2 (2014): 221–26. http://pubs.aeaweb.org/doi/pdfplus/10.1257/jep.28.2.221.

———. "The Economic Impact of Climate Change in the 20th and 21st Centuries." *Climatic Change* 117.4 (2013): 795–808. http://link.springer.com/article/10.1007%2Fs10584-012-0613-3.

———. "Estimates of the Damage Costs of Climate Change— Part I: Benchmark Estimates." *Environmental and Resource Economics* 21.1 (2002): 47–73. http://link.springer.com/article/10.1023%2FA%3A1014500930521.

Tollefson, Jeff. "Hurricane Sandy Spins Up Climate Discussion." *Nature: News* (October 30, 2012). http://www.nature.com/news/hurricane-sandy-spins-up-climate-discussion-1.11706.

———. "Ocean-Fertilization Project off Canada Sparks Furore." *Nature* 490.7421 (2012): 458–59. http://www.nature.com/news/ocean-fertilization-project-off-

canada-sparks-furore-1.11631.
Trenberth, Kevin E., and Aiguo Dai. "Effects of Mount Pinatubo Volcanic Eruption on the Hydrological Cycle as an Analog of Geoengineering." *Geophysical Research Letters* 34: L15702 (2007). http://onlinelibrary.wiley.com/doi/10.1029/2007GL030524/abstract.
Tyndall, John. "XXIII. On the Absorption and Radiation of Heat by Gases and Vapours, and on the Physical Connexion of Radiation, Absorption, and Conduction — the Bakerian Lecture." *London, Edinburgh, and Dublin Philosophical Magazine and Journal of Science* 22.146 (1861): 169–94. http://www.gps.caltech.edu/~vijay/Papers/Spectroscopy/tyndall-1861.pdf.
United Nations. *Our Common Future*. Report of the World Commission on Environment and Development (1987). http://www.un-documents.net/our-common-future.pdf. 邦訳環境と開発に関する世界委員会『地球の未来を守るために』大来佐武郎監修、福武書店、1987。
U.S. Department of Defense. "Quadrennial Defense Review Report." (February 2010). http://www.defense.gov/qdr/qdr%20as%20of%2026jan10%200700.pdf.
U.S. Environmental Protection Agency. "Climate Change Indicators in the United States: U.S. and Global Temperature." 2012. http://www.epa.gov/climatechange/science/indicators/weather-climate/temperature.html.
———. "Drinking Water Contaminants" (最終更新 June 2013). http://water.epa.gov/drink/contaminants/.
———. "Overview of Greenhouse Gases: Carbon Dioxide Emissions." http://www.epa.gov/climatechange/ghgemissions/gases/co2.html.
U.S. Global Change Research Program. "Climate Change Impacts in the United States." 2014. http://nca2014.globalchange.gov/.
U.S. Supreme Court. Global-Tech Appliances, Inc., et al. v. SEB S.a. 563 No. 10-6 (May 31, 2011). http://www.supremecourt.gov/opinions/10pdf/10-6.pdf.
van Benthem, Arthur, Kenneth Gillingham, and James Sweeney. "Learning-by- Doing and the Optimal Solar Policy in California." *Energy Journal* 29.3 (2008): 131–52. http://ideas.repec.org/a/aen/journl/2008v29-03-a07.html.
van den Bergh, J. C. J. M., and W. J. W. Botzen. "A Lower Bound to the Social Cost of CO_2 Emissions." *Nature Climate Change* 4.4 (2014): 253–58. http://www.nature.com/nclimate/journal/v4/n4/full/nclimate2135.html.
Viscusi, W. Kip, and Joseph E. Aldy. "The Value of a Statistical Life: A Critical Review of Market Estimates throughout the World." *Journal of Risk and Uncertainty* 27.1 (2003): 5–76. http://www.nber.org/papers/w9487.
Vivid Economics. "The Implicit Price of Carbon in the Electricity Sector of Six Major

Economies." Report Prepared for the Climate Institute (October 2010). http://www.vivideconomics.com/docs/Vivid%20Econ%20Implicit%20Carbon%20Prices.pdf.

Voosen, Paul. "Provoked Scientists Try to Explain Lag in Global Warming." Environment and Energy Publishing, 2011. http://www.eenews.net/stories/ 1059955427.

Wagner, Gernot. *But Will the Planet Notice? How Smart Economics Can Save the World*. Hill and Wang, 2011. http://www.gwagner.com/planet.

———. "Going Green but Getting Nowhere." *New York Times* (September 8, 2011). http://www.nytimes.com/2011/09/08/opinion/going-green-but-getting-nowhere.html.

———. "Naomi Klein Is Half Right: Distorted Markets Are the Real Problem." Grist.org (March 14, 2012). http://grist.org/climate-change/naomi-klein-is-half-right-distorted-markets-are-the-real-problem/.

Wagner, Gernot, and Martin L. Weitzman. "Playing God." Foreign Policy.com (October 24, 2012). http://www.foreignpolicy.com/articles/2012/10/22/playing_god.

Wagner, Gernot, and Richard J. Zeckhauser. "Climate Policy: Hard Problem, Soft Thinking." *Climatic Change* 110.3–4 (2012): 507–21. http://link.springer.com/article/10.1007%2Fs10584-011-0067-z.

Walter, K. M., S. A. Zimov, Jeff P. Chanton, D. Verbyla, and F. S. Chapin III. "Methane Bubbling from Siberian Thaw Lakes as a Positive Feedback to Climate Warming." *Nature* 443.7107 (2006): 71–75. http://www.nature.com/nature/journal/v443/n7107/abs/nature05040.html.

Weaver, R. Kent. "The Politics of Blame Avoidance." *Journal of Public Policy* 6.4 (1986): 371–98. http://dx.doi.org/10.1017/S0143814X00004219.

Weitzman, Martin L. "Can Negotiating a Uniform Carbon Price Help to Internalize the Global Warming Externality?" NBER Working Paper No. 19644 (November 2013), forthcoming in the *Journal of the Association of Environmental and Resource Economists*. http://www.nber.org/papers/w19644.pdf.

———. "Fat-Tailed Uncertainty in the Economics of Catastrophic Climate Change." *Review of Environmental Economics and Policy* 5.2 (2011): 275–92. http://scholar.harvard.edu/weitzman/publications/fat-tailed-uncertainty-economics-catastrophic-climate-change-0.

———. "Fat Tails and the Social Cost of Carbon." *American Economic Review: Papers and Proceedings* 104.5 (2014): 544–46. http://dx.doi.org/10.1257/aer.104.5.544.

———. "Gamma discounting." *American Economic Review* 91.1 (2001): 260–71.

http://scholar.harvard.edu/files/weitzman/files/gamma_discounting.pdf.
——— . "GHG Targets as Insurance against Catastrophic Climate Damages." *Journal of Public Economic Theory* 14.2 (2012): 221–44. http://scholar.harvard.edu/weitzman/publications/ghg-targets-insurance-against-catastrophic-climate-damages-0.
——— . "The Geoengineered Planet." In *In 100 Years*, edited by Ignacio Palacios-Huerta. MIT Press, 2013. 145–63. http://scholar.harvard.edu/weitzman/publications/one-hundred-years-chapter-10-geoengineered-planet. 邦訳パラシオス＝ウエルタ編『経済学者、未来を語る：新「わが孫たちの経済的可能性」』小坂恵理訳、NTT出版、2015、239–267。
——— . "On Modeling and Interpreting the Economics of Catastrophic Climate Change." *Review of Economics and Statistics* 91.1 (2009): 1–19. http://scholar.harvard.edu/weitzman/publications/modeling-and-interpreting-economics-catastrophic-climate-change.
——— . "Prices vs. Quantities." *Review of Economic Studies* 41.4 (1974): 477–91. http://www.jstor.org/discover/10.2307/2296698.
——— . "Recombinant Growth." *Quarterly Journal of Economics* 113.2 (1998): 331–60.http://qje.oxfordjournals.org/content/113/2/331.short.
——— . "A Review of the Stern Review on the Economics of Climate Change." *Journal of Economic Literature* 45.3 (2007): 703–24. http://www.aeaweb.org/articles.php?doi=10.1257/jel.45.3.703.
——— . "Subjective Expectations and Asset-Return Puzzles." *American Economic Review* 97.4 (2007): 1102–30. http://www.jstor.org/discover/10.2307/30034086.
——— . "A Voting Architecture for the Governance of Free-Driver Externalities, with Application to Geoengineering." *Scandinavian Journal of Economics*, 117.4 (2015): 1049–68. http://scholar.harvard.edu/weitzman/publications/voting-architecture-governance-free-driver-externalities-application.
——— . "What Is the 'Damages Function' for Global Warming—and What Difference Might it Make?" *Climate Change Economics* 1.1 (2010): 57–69. http://scholar.harvard.edu/weitzman/publications/what-damages-function%E2%80%9F-global-warming-%E2%80%93-and-what-difference-might-it-make.
"What We Know: The Realities, Risks and Response to Climate Change." American Association for the Advancement of Science (2014). http://whatweknow.aaas.org/wp-content/uploads/2014/03/AAAS-What-We-Know.pdf.
White House Press Release. August 6, 1945, Harry S. Truman Library. https://www.trumanlibrary.org/whistlestop/study_collections/bomb/large/documents/index.php?documentdate=1945-08-06&documentid=59&studycollectionid=abomb&pag

enumber=1.

Willis, Margaret M., and Juliet B. Schor. "Does Changing a Light Bulb Lead to Changing the World? Political Action and the Conscious Consumer." *Annals of the American Academy of Political and Social Science* 644.1 (2012): 160–90. http://ann.sagepub.com/content/644/1/160.abstract.

Wood, Graeme. "Re-engineering the Earth." *Atlantic* (June 2009). http://www.theatlantic.com/magazine/archive/2009/07/re-engineering-the-earth/307552/.

"World Energy Outlook 2013." International Energy Agency (2013). http://www.worldenergyoutlook.org/publications/weo-2013/.

"World Energy Outlook 2014." International Energy Agency (2014). http://www.worldenergyoutlook.org/publications/weo-2014/.

"The World of Civil Aviation: Facts and Figures." International Civil Aviation Organization. http://www.icao.int/sustainability/Pages/FactsFigures.aspx.

World Resource Institute (WRI). Climate Analysis Indicators Tool. http://cait.wri.org.

Yienger, James J., Meredith Galanter, Tracey A. Holloway, Mahesh J. Phadnis, Sarath K. Guttikunda, Gregory R. Carmichael, Waller J. Moxim, and Hiram Levy II. "The Episodic Nature of Air Pollution Transport from Asia to North America." *Journal of Geophysical Research* 105.D22 (2000): 26931–45. http://onlinelibrary.wiley.com/doi/10.1029/2000JD900309/abstract.

Zeckhauser, Richard J. "Investing in the Unknown and Unknowable." *Capitalism and Society* 1.2 (2006). http://www.hks.harvard.edu/fs/rzeckhau/InvestinginUnknownandUnknowable.pdf.

Zweig, Jason. "What History Tells Us about the Market." *Wall Street Journal* (October 11, 2008). http://online.wsj.com/news/articles/SB122368241652024977.

注

はじめに：クイズ

1　プリンストン大学のロバート・ソコロウは、多くの講演をこのクイズの変種で始め、聴衆たちに気候変動が「火急の事態」か、化石燃料が「代替困難か」を尋ねる。そして得られた結果を次の4つに分類する。それを許可を得て、少し改変してここで示そう。

		世界が化石燃料から抜け出すのは難しいか？	
		No（簡単だ）	Yes（難しい）
気候変動は火急の問題か？	No（火急ではない）	気候変動への配慮から低炭素世界は実現できない？	一般大衆の多くとエネルギー産業の人々
	Yes（火急だ）	核支持者を含む、多くの環境保護主義者	私たちの作業仮説

ソコロウ「真実」はこの作業仮説にしっかり根ざした解決策を探す。『エコノミスト』誌編集者オリヴァー・モートンは、マサチューセッツ工科大学でのジオエンジニアリングに関する2013年8月の論争をこの2つの質問で開始した。モートンはソコロウと同じ結論を述べ、認知的不協和を避けるためにほとんどの人々はこのどちらかの質問に「はい」と答えるが、両方には「はい」と言わないと指摘した。その晩、MITの満員の講義室で、ほとんどの人々は両方に「はい」と答えた。これはジオエンジニアリング論争に現在興味を持つ人々がどういうタイプかを明確に示している。

2　気候変動の科学と経済学についての人気ある標準的な見方としては、Nordhaus, *Climate Casino*（邦訳ノードハウス『気候カジノ』）を参照。もっと詳しくは、第2章57ページの「DICE」の節を参照。

第1章：緊急事態

1　Artemieva, "Solar System: Russian Skyfall" を参照。

2　2005年NASA承認法321節は、NASAに「一部の地球接近小隕石や彗星の検出、追跡、分類、分析」を義務づけ、「地球との衝突経路と思われるものにある物体の経路をそらすためにNASAが使える代替案の分析」を含む報告の提出を求めている。代替案は、最も成熟した技術とされる「非核力学的衝突物」から最も有効と思われる「原子力直接爆発」までを含む（"Near-Earth Object Survey"）。現在の予算措置の不十分さについては "Defending Planet Earth" を参照。この報告書は、年間2.5億ドルの予算を10年続けてくれればNASAは小隕石の軌道変更の実地試験を開始できると述べている。
国連は小隕石の軌道変更を世界的な問題と認識しており、最近になって「国際小隕石警告グループ」の創設を可決した。このグループ参加国は、潜在的に危険性を持つ接近小

隕石に関する情報を共有し、国連外宇宙平和利用委員会と共同で防衛策を講じる。国連は、2013年2月にロシア上空で隕石が爆発したあとで、こうした国際警告グループ創設を議論したが、世界の宇宙機関は事前に知らされていなかった（"Threat of Space Objects Demands International Coordination, UN Team Says"）。

3 全面的防衛を必要とする規模の小隕石衝突は、1000年に一度の出来事かもしれない。2013年にチェリャビンスク=オブラスト上空で爆発した小隕石衝突の可能性は、通常は100年に一度とされている（Artemieva, "Solar System: Russian Skyfall"）。でも最新の研究では、チェリヤビンスク級小隕石の可能性は、その推計値の10倍とされている(Brown et al., "500-Kiloton Airburst")。

4 Kolbert, *Sixth Extinction*（邦訳コルバート『6度目の大絶滅』）は過去の絶滅事象を見た後に、主に現在の人類による絶滅現象に焦点をあてる。コルバートの議論のまとめとしては以下を参照: Dreifus, "Chasing the Biggest Story on Earth."

5 Diffenbaugh and Field, "Changes in Ecologically Critical Terrestrial Climate Conditions." これは5600万年前の暁新世—始新世温暖化極大事件（PETM）さえ含んでいる。ここでは地球が1万年以下で最低でも5℃温暖化した。これは現在のIPCCのRCP2.6シナリオにおける地球の平均表面温度上昇予想速度より10倍も遅い。

6 Lovett, "Gov.Cuomo."

7 Avila and Cangialosi, *Tropical Cyclone Report*.
"Irene by the Numbers"の推計では、アメリカで230万人が避難命令を受けた。

8 Blake et al., *Tropical Cyclone Report*.

9 2014年1月28日現在、台風30号は410万人の住居を破壊し、6000人以上を殺したとみられる（"Philippines: Typhoon Haiyan Situation Report No. 34"）。
フィリピンで、台風30号は「ヨランダ台風」と呼ばれた。こうした数字はすべて大幅な過少申告だろう。というのも家族が自分や子どもたちを適切に養う能力に与える台風の負の影響に関する推計は除外されているからだ。Antilla-Hughes and Hsiang, "Destruction, Disinvestment, and Death"によれば、「台風に襲われた翌年の逸失所得と児童死亡率の増加は、即座の被害や死者数を15対1ほどで上回っている」。

10 "Report: The After Action Review/Lessons Learned Workshops for Typhoon Bopha Response"によると、台風24号は620万人に影響し、23万軒の家屋を破壊し、1146人を殺して、834名が行方不明だ。台風24号の影響に関する最新の状況報告によると、避難シェルターに逃れた人は70万人以上で、避難者数がピークに達したときは避難センターの外に106万人がいて、家を失った人が合計176万人となる（National Disaster Risk Reduction and Management Council)。文中ではこれを丸めて180万人としている。またなぜこれらの数字が総被害額と死者数についておそらくかなりの過少申告である理由についてはAntilla-Hughes and Hsiang, "Destruction, Disinvestment, and Death"を参照。

11 Robine et al., "Death Toll."

12 Deschênes and Moretti, "Extreme Weather Events" によれば、アメリカ人が北東部からもっと暖かい南西部気候へ移動したことで1980年以来の平均期待寿命は大幅に延びている。 Barreca et al., "Adapting to Climate Change" は、アメリカにおける温度と死亡率の相関が大幅に下がったことについて住宅のエアコンの重要性を指摘している。

13 Tollefson, "Hurricane Sandy"は気候変動とハリケーンとのつながりについて論じている。また「気候変動による期待増加はたった0.6℃」と述べ、「気候変動はたしかに貢献はしているが……自然の変動の部分もきわめて大きい」と結論づけている。Pun, Lin, and Lo, "Tropical Cyclone Heat Potential"は最近のフィリピン東の水温上昇傾向を論じている。これがおそらくは台風30号の熾烈さに貢献したはずだ。このつながりについては Normile, "Supertyphoon's Ferocity"が言及している。

これに比べ、地球の平均海面温度上昇は、過去40年にわたり、10年あたり0.1℃ほどだった（*Summary for Policymakers of Working Group I of the IPCC Fifth Assessment Report*〈邦訳「IPCC第5次評価報告書第一作業部会の報告政策立案者向け概要」〉）。

14 2005 年刊のEmanuel, "Increasing Destructiveness" は、ハリケーンが過去30年にわたり強度を増してきたことを示している。その後の科学論争はどうやら、気候変動がたしかにもっと強いハリケーンをもたらしたが、その頻度は変わらない（あるいはちょっと減ったかもしれない）という結論に落ち着いたようだ。最新の研究の一部である Emanuel, "Downscaling CMIP5"は、気候変動がおそらくはもっと強く、しかも頻繁な嵐をもたらすだろうと結論している。この科学論争は決着していないが、物理的な兆候は哀しいほど明らかだ。予想される経済的な影響も同じくらい驚異的だ。Mendelsohn et al., "Impact of Climate Change" によれば、2100年までに「世界のハリケーンによる被害は人口トレンドのおかげで2倍になり、気候変動のおかげでさらに2倍になる」(Emanuel, "MIT Climate Scientist Responds")。

とはいえ、ハリケーンは未だに気候変動と結びつけるのが最も困難な気候事象のひとつだ。それは、その頻度が少ないからだ。ハリケーン予測能力が高まるにつれて、他の極端事象について行われたような事象研究をハリケーンについても行うのはますます容易になるだろう（次の注15を参照）。

15 良い出発点はIPCCの2012 *Special Report: Managing the Risks of Extreme Events and Disasters to Advance Climate Change Adaptation*だ。この研究は、今日の極端事象についてどちらの証拠も挙げるが、ますます一部の証拠が有力となりつつある。また個別事象についてもますます詳細な研究が行われるようになっている。おそらく最も有力な研究を行っているのはPeter Stott で、イギリス気象庁においてClimate Monitoring and Attribution teamを率いている。Stott, Stone, and Allen, "Human Contribution"は、本文中で言及した結論を引き出している。つまり2003年にヨーロッパで観察された規模の熱波のリスクが倍増するというものだ。Stott et al., "Attribution

of Weather" は最近の文献をサーベイして、原因究明科学の今後の方向性を示唆している。

イギリス気象庁のClimate Monitoring and Attribution team からの多くの論文を含む多数の研究が、「原因究明科学」という急速に発達しつつある分野の貢献に光を当てている。Christidis et al., "HadGEM3-A Based System for Attribution" によれば、2010年のモスクワの熱波は少なくとも部分的には人為的気候変動のせいだと言える。この研究はモデルにより、実測値に基づくデータと、そのデータが人為的強制なしだったらどうなっていたかという推計値とを比較している。Rahmstorf and Coumou, "Increase of Extreme Events"は、各種極端気候事象に対して長期トレンドが与える影響を見極める手法を開発している。そのアプローチを使って、2010年のモスクワ熱波が気候変動なしでは起こらなかったという確率は80パーセントであると推計している。Otto et al., "Reconciling Two Approaches"は、こうした確率上昇に関する結果と、モスクワ熱波の規模に人間による影響をいっさい見出さなかった別の研究とを対比している。Lott, Christidis, and Scott, "East African Drought" は、人為的強制が2011年東アフリカの干ばつ確率を高めたことを発見している。Pall et al., "Flood Risk"は「確率的事象原因帰属フレームワーク」を使って人間の排出がイングランドとウェールズにおける2000年の洪水の蓋然性を20パーセントから90パーセント程度の規模で高めたことを示した。Peterson, Stott, and Herring, "Explaining Extreme Events of 2011"は中央イングランド気温データセットと地球気候モデルを使って、人為的強制が同年にイギリスで発生した6つの極端事象の可能性をどれだけ高めたかを検討した。Li et al., "Urbanization Signals" は、中国北部の都市における冬の最低気温の差を都市化の影響だとしている。

また温暖化と極端事象の世界的なつながりを調べた人々もいる。Coumou, Robinson, and Rahmstorf, "Global Increase"は、気候変動により記録的な月次平均温度が生じた可能性を調べた。その結論は、「中位地球温暖化シナリオに基づけば、2040年までに月次温度の記録更新が世界的に長期的な温暖化のない気候と比べ、12倍も起こりやすくなる」。またCoumou and Robinson, "Historic and Future Increase" では、極端な夏の暑さを経験しそうな世界の土地割合を推計しているのでそちらも参照。

16 Rosenzweig and Solecki, "Climate Risk Information" および Fischetti, "Drastic Action" を参照。Lin et al., "Physically Based Assessment"は気候と水力学モデルの組み合わせを使い、現在では100年に一度の洪水とされるものが今世紀終わりまでには3年から20年ごとに襲うようになると示している。

Talke, Orton, and Jay, "Increasing Storm Tides" は今日の年間防潮壁突破の可能性が、1800年代半ばに比べてどのくらい増大したかを推計している。またKemp and Horton, "Historical Hurricane Flooding" は、海面上昇がハリケーンによる高潮にどれだけ貢献したかを見ているのでそちらも参照。

17 この海面上昇の範囲は、『IPCC第5次評価報告』の第一作業部会政策立案者向け概要か

らとった。この報告では、2081-2100年の平均地球海面を、1986-2005年と比較している。この数字は『IPCC第4次評価報告』の以前の推計値より大幅に上がっている(本章注33を参照)。またアメリカ陸軍工兵部隊による、以前の高い推計値を更新して引き下げた。工兵部隊は、高位シナリオで1.5メートルとしている（“Incorporating Sea- Level Change Considerations in Civil Works Programs”）また全米海洋大気局は、2100年の高位シナリオとして2メートルを使っている（Parris et al., “Global Sea Level Rise Scenarios”)。

18 Gillett et al., “Ongoing Climate Change” は、「もし西南極氷床の急速な融解……が、一般に可能性が高いと思われているように中深度の海洋温暖化で引き起こされているなら、ジオエンジニアリング的な対応は、水面下の温暖化に伴う長い遅延のために数世紀にわたって効果が出ないことになる」と述べている。西南極氷床の完全な融解は、海面の3.3メートル上昇をもたらす（第3章88ページ「グリーンランド……融解」を参照)。

19 Kolbert, *Field Notes from a Catastrophe*（邦訳コルバート『地球温暖化の現場から』）は最も赤裸々な記述を行っている。「危険な人為的干渉」の先駆的な定義についてはRamanathan and Feng, “Avoiding Dangerous Anthropogenic Interference”を参照。「地球の気候システムにおけるティッピング要素」に関する先駆的な分類（そのすべてがカタストロフ的ではない）についてはLenton et al. の包括的な研究を参照。この一覧には、北極圏の夏の海氷融解、グリーンランド氷床の融解、西南極氷床の融解、大西洋熱塩循環の停止、ますます強まるエルニーニョ／南方震動、インド洋の夏季モンスーンの変化、アマゾン熱帯雨林の死滅などが含まれている。こうした潜在的なティッピング要素のそれぞれについて評価は異なっており、したがってその潜在的な影響はますます強いものとなる（第3章における不確実性の詳細な議論を参照)。

20 第2章59ページの「フリードライバー」の節にもっと包括的な定義がある。またそこに対応する注では、エネルギー効率経済学分野の学術文献でこの用語が一種のネットワーク効果を示すものとして別の意味で使われていることも指摘した。

21 Bradsher and Barboza, “Pollution from Chinese Coal”; Yienger et al., “Episodic Nature.”

22 こうした明らかな全体的トレンドにもかかわらず、一部の人々は口々に過去10年におけるいわゆる温暖化停止または休憩期間を指摘し、メディアでもこれが報道されている。たとえば Ogburn, “What’s in a Name?,”Ogburn, “Climate Change ‘Pause’ into Mainstream,” Voosen, “Provoked Scientists” など。メディア報道の包括的な分析としては、Greenberg, Robbins, and Theel, “Media Sowed Doubt”を参照。最新の研究では、そもそも温暖化速度の低下は生じていなかったという事実を指摘しており、各種の洞察を示し、それらをあわせると、低下が十分過ぎるほど説明できることを述べている（“Global Warming: Who Pressed the Pause Button”)。

23 Melillo, Richmond, and Yohe, “Climate Change Impacts in the United States”を参照。

24 Borgerson, "The Coming Arctic Boom."

25 もしすでに大気中にある温室ガスの濃度が2000年の水準に保たれていれば、いまでも温度上昇の可能性としては2000年に対して2100年で0.3–0.9℃の上昇が使われ、最善の推計は0.6℃になっていたはずだ。この数字は『IPCC第4次評価報告書』のもので、『IPCC第5次評価報告書』第12章でも引用されている。

排出を完全に止めても世界の温度上昇はきわめてわずかしか遅くならない。Ramanathan and Feng, "Avoiding Dangerous Anthropogenic Interference" は、すでに組み込まれた地球平均温暖化のうち、まだたった4分の1ほどしか表面化していないという研究をレビューしている。Coumou and Robinson, "Historic and Future Increase"は、もし今日排出を止めたとしても、やはり極端な夏の暑さを経験する土地面積は2020年までに2倍になり、2040年までにそれが4倍になると指摘する。2040年以後にやっと、熱波の頻度や強度は、今日の削減に大きく左右されるようになる。

二酸化炭素のエアキャプチャー（空中除去）——二酸化炭素を大気から直接除去する——ですらかなりの遅れを伴う。空中除去をひとたび大規模に実施したら、それ以降の変化速度を遅らせることはできるが、それまでの多くの気候変動は元に戻せない（第5章166ページの「いろいろな装いでやってくる」の記述や第2章46ページの「風呂桶」の節を参照）。

26 Meehl et al., "Relative Outcomes" によれば、温度を安定化させる強硬な削減シナリオの下ですら「海面上昇は今後少なくとも数百年は止められない」）という結果が出ている。

独立した2つの研究で、西南極氷床の相当部分がいずれ崩壊すると指摘されている (Joughin, Smith, and Medley, "Marine Ice Sheet Collapse" および Rignot et al., "Widespread, Rapid Grounding Line Retreat")。すでに西南極氷床がますます急速に融解しつつあるのは明らかとなっている。Shepherd et al., "A Reconciled Estimate"は、西南極氷床の年平均体積喪失が1992年から2000年には380億トン、1993年から2003年平均では490トン、2000年から2011年では850億トン、2005年から2010年だと1020億トンだと推計している。また、第3章88ページ「グリーンランド……融解」も参照。

27 Solomon et al., "Irreversible Climate Change." 結果はシナリオによってちがうが、ざっとした目安として、工業化以前の280ppmという水準を上回る「ピーク上昇水準」の70パーセントは、排出ゼロが100年続いても維持されるし、工業化以前の280ppmを上回るピーク増加の40パーセントほどは、排出ゼロが1000年続いても維持される。これは大気中の二酸化炭素の純増を指すものであり、個別分子がそれだけとどまるということではないのに注意。Archer et al., "Atmospheric Lifetime"は、炭素の「寿命」というときにしばしば混同される2つの定義について述べ、過剰な炭素水準のうち20–40パーセントは排出されてから何百年、何千年（「2世紀から20世紀」）も残ると結論づけている。しばしば引用されるベルン・モデルによる計算だと、二酸化炭素の20

パーセントは1000年後も残る（Joos and Bruno, "Short Description"）。最新のIPCCコンセンサスによれば、過剰な二酸化炭素のおよそ15-40パーセントは1000年以上大気中に残る（『IPCC第5次評価報告第一作業部会の報告政策立案者向け概要』を参照）。アメリカ環境保護局"Overview of Greenhouse Gases: Carbon Dioxide Emissions"によれば、それぞれの二酸化炭素分子の寿命は50年から200年だ。厳密な数字はかなりの科学論争の的であり、驚くほど解明が進んでいない（Inman, "Carbon Is Forever"）。

28 400ppmは二酸化炭素濃度だ。他の温室ガス――メタン、窒素酸化物、工業ガス――の濃度もよく知られているが、それを二酸化炭素相当に換算するのは不確実性だらけだ。と言うのもそれが二酸化炭素に比べた相対的な放射効率や、そうした気体の大気中での寿命に関する各種の想定に大きく依存しているからだ。二酸化炭素相当での濃度推計は、440ppmから最大480ppmまでの幅がある（"World Energy Outlook 2013"は2010年の推計値を引用しており、Butler and Montzka, "NOAA Annual Greenhouse Gas Index" は 2013年の推計値を引用している）。また400ppmのマイルストーン到達に関するもっと詳細な記述としては Monastersky, "Global Carbon Dioxide Levels" を参照。

各種の人造粒子（エアロゾル）がもたらす相対的な冷却効果を加えると、あらゆる人為排出からくる総温暖化効果は、400ppmに近いものとなる。だから今日の人為排出すべてからくる温暖化は、やはり400ppm程度だ。ただし冷却エアロゾルのマスキング効果がもし消えるようなことがあれば、影響は増大するはずだ――しかも劇的に。

すべてを二酸化炭素相当指標に換算する場合の困難も、IPCCが人為排出の温暖化効果を主に放射強制力で表現する理由のひとつだ。『IPCC第5次評価報告第一作業部会政策立案者向け概要』は、1750年と比べた人為的放射強制力を$2.29Wm^{-2}$としている。これはエアロゾルによるマイナス$0.9Wm^{-2}$の強制力を含めた数字だ。

29 『IPCC第5次評価報告』の第5章「古気候情報庫からの情報」では、鮮新世環境についてのこうした事実が説明されている。温度は工業化以前の水準と比べて2-3.5℃高かった。

30 Rybczynski et al., "Mid-Pliocene"報告では、鮮新世のカナダ高緯度北極圏に巨大なラクダが住んでいたことが示されている。

31 専門的な区別としては、通称急速均衡と、通称地球システム感度とのちがいとなる。とはいえ、ここでの時間は相対的なものだ。「急速」というのは地質的な観点で、数十年、あるいは1、2世紀にわたるものだ。数世紀の間に、二酸化炭素の大気中濃度上昇に対する地球の反応を左右する他の要因が作用しはじめる。そうした例としては、アルベド（反射率）の変化、海洋や地上の生態系などの生物学的シンクの変化、温度が引き起こす炭素やメタンの放出などがある。たとえば以下を参照: Hansen et al., "Target Atmospheric CO_2" および Hansen and Sato, "Climate Sensitivity." Previdi et al., "Climate Sensitivity in the Anthropocene" はこうした長期フィードバックを地球シ

ステムの感度推計に組み込んで、気候感度の推計値の2倍高い、二酸化炭素倍増ごとに6-8℃になるかもしれないと推計している。この追加の温暖化は長期にわたってずっと起こるもので、ひょっとすると数千年になるかもしれないが、フィードバックの一部の影響は今世紀中にも実感できるようになるかもしれない。

32 1993年以来、熱膨張による観測された海面上昇は年1.1mm程度、つまり観測された総海面上昇である年約3.2mmの34パーセントとなる。熱膨張のモデルでの寄与度はもっと高く、1993年以来年1.49mmだ。『IPCC第5次評価報告書』第13章「海面変化」を参照。

33 2007年IPCC報告は、海面上昇予測については熱膨張の影響しか含めておらず、極地の氷冠融解の影響は含めなかった(『IPCC第4次評価報告』第一作業部会の報告の、気候の将来変化予測)。この遺漏は、その後修正された。2013年『IPCC第5次評価報告第一作業部会の報告政策立案者向け概要』は、海面についていくつかのシナリオを含んでおり、そのすべては2007年推計で漏れていた、氷冠の融解を含めており、かなりの気候対策がなければ海面上昇は最大で2100年までに1メートルと予測している。最新のIPCC報告とこの問題を取り巻く論争のよい記述としては、Clark, “What Climate Scientists Talk about Now” を参照。また8ページの「30センチから1メートル」も参照。

34 ほどほどの温暖化は、たしかに金銭化できる本物の便益を伴うかもしれない。気候経済モデルの中でほぼ唯一、Richard TolのFUNDモデルは、ゆっくりした最大2℃程度までの穏健な温暖化については、世界中でプラスの便益が生じると推計している。Tolの推計では、20世紀のほとんどについて、地球温暖化の便益は費用を上回ったかもしれない(Tol, “Economic Impact of Climate Change”)。気候変動がもたらす機会についての別の見方としては、Kahn, *Climatopolis*を参照。

地球温暖化の経済的費用便益をめぐるもっと広い問題は、かなりの——しばしばきわめて熾烈な——論争の種となる。Tol, “Correction and Update”は、平均地球温暖化のさまざまな水準における厚生的な影響について21種類の推計をサーベイしている。こうした推計のうち3つ、特にTol自身のもの(“Estimates of the Damage Costs”)は、気候変動がゼロかプラスの経済的影響をもたらすと述べている(Tol, “Estimates of the Damage Costs”は地球温暖化が平均で1℃の場合、地球厚生の2.3パーセントというかなりのプラスの便益を推計として出している。Mendelsohn et al., “Country-Specific Market Impacts”は、地球平均温暖化推計値2.5℃について2つの厚生推計の中央値を出しているが、どちらもゼロに近い影響となっている)。さらにもう1つの推計は、マイナスの中央値を持つが、信頼性区間にゼロを含んでいる。サーベイされた他の17の推計は、さまざまな地球平均温度で経済費用がかかるとしており、なかにはかなり大きな費用を計上したものもある。Tolはその後、21の経済的影響をすべてプロットし、その中央となる「最小二乗」曲線と95パーセント信頼性区間を示した(“Correction and Update,” figure 2)。かつての自分の推計(“Correction and Update,”

figure 1 に再掲）を見直して、Tolは地球平均温暖化がどんな水準であれ、世界的な厚生への影響はマイナスであることを中央値曲線が示していると推計する。95パーセント信頼性区間の上位ですらほとんどゼロを超えることはなく、これはTol自身の昔のサーベイがここで大きく乖離し、ここで更新補正されていることを示す。

さらに急いで付け加えておくと、Tol, "Correction and Update" に登場した21種類の推計値のほとんどは、真の経済費用の下限を表すものでしかありえない。35ページの「ずっと多いかもしれない」と、第3章を通じた詳しい議論、特に89ページの「1トンあたり2ドル」と90ページの「ノードハウスの好む『最適』な推計値」および99ページの「被害は産出レベルではなく産出の成長率に影響」を参照。

人間社会と生態系への大きなマイナスの影響はあっても、低水準の地球平均温暖化への適応は広く見られる現象だ。これは通常、マイナスの影響の代表例とされる珊瑚礁ですら含まれる。多くの魚は他のところに移る。サンゴは基本的には移動できない。でも最新の証拠を見ると、いくつかのサンゴでは適応メカニズムがある（Palumbi et al., "Reef Coral Resistance"）。だが温度上昇に対応しているのと同時に、海洋環境はやはり酸性度上昇からくる悪影響にも対応しなければならない。第2章65ページの「海洋酸性化」を参照。

35　『IPCC第5次評価報告第一作業部会』第2章では、地球の平均表面温度が1901年から約0.86℃上がり、そのうち0.72℃つまり81パーセントが1951年以降の温暖化だとしている。1951年から2012年までに報告されている平均は10年あたり0.106-0.124℃だが、1901年から2012年までの約100年だと平均は、使うデータセットにもよるが10年あたりたった0.075-0.083℃だ。アメリカ環境保護局"Climate Change Indicators in the United States: U.S. and Global Temperature" によれば、1970年代以来、温度上昇の速度はアメリカでは10年あたり0.17-0.25℃だったが、1901年からの平均で見ると10年あたり0.072℃となる。

似たようなことが海面上昇についても言える。海面は過去1世紀で0.2メートルほど上昇した。そしてこの傾向は加速している。過去100年で、平気海面上昇速度は10年あたり1.7センチほどだった。過去40年で見ると、それが10年あたり2.0センチで、過去20年で見ると10年あたり3.2センチとなる。この傾向はたぶん、当分先まで加速し続けるだろう。2100年についてのIPCC推計は、地球平均海面上昇が0.3-1メートルというものだが、これは現在の海面水準を基準にしての数字であり、すでに起こった0.2メートルの上昇は含まれていない8ページの「30センチから1メートル」を参照。

36　13ページ「人類史上で最も温かい」を参照。

37　2000年から2009年のアメリカの温度変化は、海上より地上のほうが50パーセント大きかった（Carlowicz, "World of Change"）。世界的に、データセットにもよるが陸上の表面気温は 1979年以来0.25-0.27℃上昇したとされるのに対し、海上では10年あたりたった0.12℃である（『IPCC第5次評価報告第一作業部会』第2章より）。

38　北極上空の平均温暖化は、今世紀末まで地球平均の2.2-2.4倍と推定されている

(『IPCC第5次評価報告第一作業部会』第12章)。

39 『IPCC第5次評価報告第一作業部会政策立案者向け概要』は、2つの中心的な数字を挙げている。地球表面平均温度上昇は、1880年から2012年の平均は0.85℃で、1850年から1900年の平均と2003年から2012年の平均との差は0.78℃だった。それぞれの数字の90パーセント信頼性区間は0.65–1.06℃、および0.72–0.85℃だ。

40 IEA, "World Energy Outlook 2014"はこのシナリオを「新政策シナリオ」と呼んでいる。この道筋をたどって、現在の排出削減約束がすべて実現され、再生可能エネルギー導入や省エネ対策が現状かそれに近い水準で推移し、世界が少なくとも化石燃料補助の一部を廃止すれば、二酸化炭素相当物の濃度が2100年に700ppmに達すると予想される。IEAはこれを、工業化以前の水準と比べて総温度上昇が3.6℃となることと解釈している。これはわれわれのメジアン温暖化3.4℃よりちょっと上だ。

IPCCは濃度がどうなるかについて、これよりずっと態度をあいまいにしている。IPCCの排出シナリオ特別報告は将来の世界がどうなるかについての各種ちがった想定をもとに、大量のシナリオを全部で40種類も考案している。このシナリオのどれにも確率は割り当てられておらず、それぞれが相対的にどのくらいもっともらしいかは何も述べていない。後の評価報告書で、IPCCはこうしたシナリオを使って将来の温室ガス濃度として考えられる範囲を決めようとする。恐ろしいことに、こうしたシナリオは二酸化炭素相当物の濃度が最大1550ppmにも達するという結論を出す。最新のIPCC報告もあまり安心させてくれるものではない。そこでモデル化されているシナリオは、濃度のピークが500ppmから1500ppmまでさまざまで、それに伴う今世紀中の温度上昇は0.3から4.8℃だ(『IPCC第5次評価報告第一作業部会政策立案者向け概要』)。

41 Lynas, *Six Degrees*(邦訳ライナス『+6℃地球温暖化最悪のシナリオ』). かれは恐ろしいほど詳細に、1–6℃の温度上昇でどんな変化が予想されるかを描いている。最初は珊瑚礁喪失で、最後は極端な資源不足と大量移民だ。

42 これは「ハイエンド気候影響と極端事象」の略だ。プロジェクトは2013年11月に始まった。詳しくはwww.HELIXclimate.eu を参照。プロジェクトの記述を見ると、「4℃、6℃、2℃での世界について、信頼できる一貫した地球と地域の見方の集合」を提供するのが狙いとされている。

43 第3章の議論を参照。特に81ページ「明らかに……ゆとりがある」と、84ページ「科学論文」。

44 認知的不協和と関連現象に関する最初期の研究としては Kahneman and Tversky, "Subjective Probability," Kahneman and Tversky, "Prospect Theory," and Kahneman, Knetsch, and Thaler, "Experimental Tests" を参照。Kahneman, *Thinking, Fast and Slow*(邦訳カーネマン『ファスト&スロー』)には、もっと包括的でわかりやすいバージョンとその含意が出ている。気候変動の心理学についての文献は多いが、Wagner and Zeckhauser, "Climate Policy" などを参照。

45 Guy et al., "Comparing the Atmosphere to a Bathtub"は、風呂桶の喩えを使うこ

とで、二酸化炭素の安定化と、気候変動抑制の望ましい水準に関する理解をどこまで有効に深められるか研究した。その結果、この喩えで非専門家の気候変動に関する理解を改善するのに有効だということがわかった（この研究は大学生とオーストラリアの一般市民で実験を行った）。この研究でもうひとつわかったのは、喩えを使って二酸化炭素の蓄積を説明すると、気候変動緩和の行動に対する支持が高まるということだ（これは大学生に対する実験で見られた）。

だが微妙な差異はたくさんある。言葉の説明は役立つが、グラフは役に立たない。「結果を見ると、喩えは非専門家のCO_2蓄積に関する理解を改善できるが、グラフを使って排出速度を伝えようとすると理解の改善は阻害された」。風呂桶の喩えについて詳しくは第2章46ページの「風呂桶」の節を参照。

46 Sterman, “Risk Communication.” 実際の問題には2つのグラフが使われた。ひとつのグラフが被験者に渡され、濃度が安定するという様子が描かれていた。「大気中のCO_2濃度がだんだん400ppm（2000年の水準より8パーセント高い）に上がり、その後2100年までに安定化するというシナリオを想定してほしい」。2番目のグラフは、排出トレンドの増加を示しており、学生たちは濃度の安定を実現するための排出の将来経路を描くように言われる。被験者の驚くほど多くは、排出量を引き下げるのではなく、横ばいにすることで濃度を引き下げられると答えた。

47 全体として、1960年から2010年にかけて、二酸化炭素の取り込み量は年88億トンから180億トンほどに倍増した（Ballantyne et al., “Increase in Observed Net Carbon Dioxide Uptake”）。これは毎年排出される二酸化炭素のだいたい半分となる。つまり水圧が上がったために排水量も増えたが、水位は上がり続けている。だがもっと最近だと、海洋による二酸化炭素の取り込みは下がったようで、これは飽和点を示唆しているのかもしれない（Khatiwala, Primeau, and Hall, “Reconstruction of the History”）。同じことがヨーロッパの森林についても言える（Nabuurs et al., “First Signs”）。Reichstein et al., “Climate Extremes”は今後ありうる重要な落とし穴を指摘している。

48 『IPCC第4次評価報告第一作業部会エグゼクティブサマリー』を参照。

49 Liebreich, “Global Trends.” 最近の太陽電池価格の低下の相当部分は、短期の在庫投げ売りではなく、製造コスト低下で生じている（Bazilian et al., “Re-considering the Economics of Photovoltaic Power”）。

50 Kirschbaum, “Germany Sets New Solar Power Record.”

51 2013年には、ドイツの総電力消費量の5パーセントが太陽電池だった（Franke, “Analysis”）。また同様に2013年には総電力消費量の4.7パーセントを占めていた（“Statistic Data on the German Solar Power [Photovoltaic] Industry”）。

52 “China’s 12GW Solar Market Outstripped All Expectations in 2013” および “Global Market Outlook for Photovoltaics 2013-2017.” ここでの重要な注意点としては、驚異的なソーラー発電容量の成長は、化石燃料、原子力、水力といった伝統的な電源に比べて設備利用率が小さいということを隠している、ということだ。それでも

——「楽観的な道筋」を維持するなら——発電容量の増大と同じような道筋をたどって発電量増大が生じるので、設備利用率もこの先確実に向上する。

53 たしかに世論調査では気候変動の存在について懐疑論が見られる（Marlon, Leiserowitz, and Feinberg, “Perspectives on Climate Change”を参照。同論文では、気候変動が起きていて人為的だと信じる人々は、気候科学者の97パーセントに対し、アメリカ一般市民だと41パーセントだ)。当然ながら、アメリカ人たちは炭素税など、温暖化緩和のための多くの政府行動に反対らしい（*Survey Findings on Energy and the Economy*)。でも世論調査の対象となったアメリカ人の大多数（最高75から85パーセント）が望む環境改善行動はある。Krosnick, “The Climate Majority”では2010年のPolitical Psychology Research Groupの世論調査で、アメリカ人たちは企業による大気汚染の制限を圧倒的に支持し（86パーセント)、燃費の高い自動車の製造を増やすインセンティブや規制を支持し（81パーセント)、電力効率の高い設備を支持し（80パーセント)、冷暖房のエネルギー効率が高い家屋や建物を支持している（80パーセント)。さらに、League of Conservation Votersの最近の世論調査によると、若者たちは圧倒的に気候法制を支持している（Benenson Strategy Group and GS Strategy Group)。35歳以下の有権者の85パーセントは大統領が気候変動に対処することを支持し、35歳以下の共和党支持者の半分以上は、大統領の気候アクションプランに反対する人物への投票確率が下がる。最後に、Pew Research Center / USA Todayの調査によると、アメリカ人の62パーセントは発電所の排出規制を厳しくするのに賛成だ。でもアメリカ人は全体として、Pew Research CenterがPew Global Attitudes Projectで調査した他の国に比べ、気候変動に対する懸念が低い。世界的な気候変動が自国への大きな脅威だと考えるアメリカ人はたった40パーセントだ。調査対象39カ国の世界平均は54パーセントで、気候変動を脅威と見なすヨーロッパ人の割合と同じだ。

54 技術進歩がますます加速して蓄積される可能性は十分にある。これはもっと脱物質化した未来を可能にするアイデアに基づいた成長をうまく説明できるものとなり、経済学者が通常述べるような成長を、惑星の限界にぶちあたるはずの物質的な成長と別の形で実現できるかもしれない。Weitzman, “Recombinant Growth” を参照。

55 馬糞の物語は何度も語られており、最も詳しいのは Eric Morrisの“From Horse Power to Horsepower”と題された記事で、最も有名なのは Steven Levitt and Stephen Dubner, *SuperFreakonomics*（邦訳レヴィット＆ダブナー『超ヤバい経済学』）の記述。最も説得力があるのは Elizabeth Kolbertが*New Yorker*で同書の気候部分について書いた書評（“Hosed”）だ。Kolbertはありがたいことに、『超ヤバい経済学』が広めた誤解をただしてくれている。この巻末注のここまではWagner, *But Will the Planet Notice?*から採った（この本はさらなるまとめも掲載している)。

56 リチャード・ニクソンは1969年全米環境政策法に、1970年1月1日に署名した。1970年12月に環境保護局の創設をもたらしたのは、1970年7月の連邦「再編計画No.3」だ。ここに挙がった法以外にも、ニクソンは連邦殺虫剤、防カビ剤、殺鼠剤法

(1972) に署名し、殺虫剤の使用規制をあまり懸念していなかった1947年版の同法を大きく改正した。また騒音規制法（1972）、沿岸地区管理法（1972）にも署名している。「きれいな水法」の公式名称は、「連邦水質汚染規制法」であり、1972年に改正されている。

57 Axelrad et al., "Dose-Response Relationship" をはじめ多くの調査が、出生前の水銀被曝が IQ低下をもたらすという結果を出している。Axelrad et al. は過去の3つの調査のデータをサーベイし、母親の髪の毛の水銀1ppm増加ごとに子どものIQが0.18程度低下という結果を出している。Brauer et al., "Air Pollution"は子どもの煤塵などの交通関係大気汚染物質への被曝と、その子がぜん息やアレルギー症状や、呼吸器系感染を生じるリスクとの間に正の関係があることを発見している。以前の多くの調査は、スモッグの中のどの成分が目に炎症を起こしやすいかを見ている。Altshuller, "Contribution of Chemical Species" および Haagen-Smit, "Los Angeles Smog"を参照。スモッグの基本的な含有物であるオゾンへの対流圏での長期的な被曝は、死亡率上昇との相関が見られている（Jerrett et al., "Ozone Exposure and Mortality"）。
アメリカの安全飲料水法は、EPAが飲料水に含まれる汚染物質についての基準を定める権限を認めているが、これには立派な理由がある。汚染物質の最大許容量に関する最新の基準や、各種汚染物質の健康への影響については、飲料水汚染物質についてのアメリカEPAサイトを参照（http://water.epa.gov/drink/contaminants/)。

58 引用はマキャベリ『君主論』第6章より。この本が最初に頒布されたのは1515年頃で、刊行されたのは死後の1532年となる。

59 Miller, *Coal Energy Systems* および Rottenberg, *In the Kingdom of Coal*.

60 21ページの「認知的不協和」を参照。さらに、不確実性が根深いと、集合的行動はことさら難しくなる。この点を理論的に示すBarrett, "Climate Treaties"を参照。Barrett and Dannenberg, "Climate Negotiations"および Barrett and Dannenberg, "Sensitivity of Collective Action"は、この点を実験により裏づけている。

61 第2章55ページ「気候科学」の節を参照。

62 第5章144ページ「二酸化炭素5850億トン」を参照。

63 CO_2Now（http://co2now.org/Current-CO2/CO2-Trend/acceleration-of-atmospheric-co2.html）から得た増加率であり、この数字はKeeling et al., Exchanges of atmospheric CO_2から計算されたものである。過去約10年（2000年から2010年)、温室ガス排出は平均で年率2.2パーセントの増加を見せたが、これは2000年以前の30年間よりも急速だ（『IPCC第5次評価報告第三作業部会政策立案者向け概要』)。化石燃料燃焼とセメント生産からの二酸化炭素排出だけでも、過去10年には平均で年率2.5パーセントずつ増えている（Friedlingstein et al., "Persistent Growth of CO_2 Emissions."）。
10年ごとの平均は、このトレンドのもっと最近の変化を覆い隠してしまう。たとえば2012年には、世界の二酸化炭素排出はそれ以前の10年の平均的な年よりも少ない増加

を見せた（そしてこれは、2000年代末の世界的不景気があってもそれより低かったのだ)。言い換えると、濃度の増加率は2012年には下がった。それでも排出はやはり1.4パーセントの増大を見せた（Olivier et al., "Trends in Global CO_2 Emissions")。さらに、この望ましいトレンドは2013年には続かず、排出は2012年に比べて2.1パーセント増えたと予想されている（Le Quéré et al., "Global Carbon Budget 2013")。増加が緩和されても、排出（つまり流入）を安定させるだけではまったく不十分だ。濃度、つまり水準を安定（そしていずれは減少）させねばならない。22ページからの「風呂桶問題」に関する節と、第2章の46ページ「風呂桶」の節を参照。

64 Chakravarty et al., "Sharing Global CO_2 Emission Reductions."

65 最新の国ごとの数字は"World Energy Outlook 2014"を参照。最新報告では、2013年の総額が5480億ドルで、その前年から250億ドル下がったとしている。また多くの国が補助金引き下げへの動きを見せていることも書かれている。それでも化石燃料補助は、再生可能エネルギーへの補助金の4倍以上も高い。一方、世界の二酸化炭素排出は年300億トン以上だ（World Resource InstituteのClimate Analysis Indicators Tool)。これを平均すると、二酸化炭素1トンあたり15ドル以上の補助金となる。さらなる推計はClements et al., *Energy Subsidy Reform*（2011年には総エネルギー補助金は4800億ドル）および「Lessons and implications」を参照。

こうした補助金を、一部の国で行われているその他の規制が含意する二酸化炭素価格と比べてみよう。Vivid Economics, "Implicit Price of Carbon" はオーストラリア、韓国、中国、日本、イギリス、アメリカの電力セクターにおける暗黙の二酸化炭素価格を計算している。価格は韓国の1トンあたり0.50ドルからイギリスの28.46ドルまでさまざまだ。アメリカでの価格は二酸化炭素1トンあたり5ドル程度と推計されている。これは二酸化炭素1トンあたり3ドルという、直接・間接的なアメリカでの化石燃料補助金とだいたい同額だ（OECD, "Fossil Fuel Subsidies" の推計では、アメリカの化石燃料補助は2010年には総額163億ドルとなる)。

Aldy and Pizer, "Comparability of Effort in International Climate Policy Architecture"の表3は、さまざまな国のエネルギーと気候政策の下での二酸化炭素価格を挙げている。そうした政策としては、アメリカの地域温室ガス・イニシアチブ（RGGI）によるキャップアンドトレード方式での3ドル以下の価格から、ドイツのソーラー電力のフィードイン料金までさまざまなものがある。これらは削減した二酸化炭素1トンあたり750ドル以上とされる。

66 "Nigeria Restores Fuel Subsidy to Quell Nationwide Protests."

67 実は当のピグーは、公害について書いていたのではなく、ウサギについて論じていたのだった。「ある占有者による獲物保存活動が、隣接する占有者の土地にウサギがあふれる結果となるとき、附随的な無料の負のサービスが第三者に課されることとなる。ただし、この両者が地主と賃借人の関係にあり、その補償が地代の調整で行われれば話はちがってくる」(Pigou, *The Economics of Welfare* 邦訳ピグー『厚生経済学』)。でも原

理は同じだ。

ピグー税はたしかに効率的な政策ツールだが、それはまた再分配の問題を引き起こす。たとえばガソリン税を例に再分配の問題を扱った Sterner, *Fuel Taxes* を参照。

68 "Technical Update of the Social Cost of Carbon for Regulatory Impact Analysis under Executive Order 12866" の表1で、2015年に排出された二酸化炭素1トンの社会費用は、3パーセントの社会的割引率を使うと37ドルになる。2020だと、この数字は43ドル、2030年だとこの数字は52ドルまで上がる。すべての数字はインフレ調整後の2007年ドルに換算されている。37ドルという数字は、いまのドルに換算すると40ドルにずっと近づく。37ドルから43ドル、さらに52ドルへの増加は、二酸化炭素の引き起こす被害がすでに大気中にある濃度のためだという点を強調している。すでにある量が多ければ、追加の1単位が引き起こす限界被害はそれだけ大きくなる。
ここで参照している文書は、2013年11月1日に発表されたもので、アメリカ政府による最も新しい更新版であり、たった3年前に発表された数字と比べても大幅な増加となっている。当時は、2015年に排出される炭素の社会費用の中央推計値は、二酸化炭素1トンあたり24ドルだった。"Technical Update"の表1は、2010年版から2013年版にかけて社会費用増大をもたらした主要要因をまとめている。DICEの場合、これは「炭素サイクルモデルの補正更新と、海面上昇（SLR）と関連損害の明示的な表現」となる。また2010年推計値を導き出した、当初の政府間作業部会のプロセスに関する詳細な記述としては Greenstone, Kopits, and Wolverton, "Developing a Social Cost of Carbon"を参照。要するに、アメリカ政府の炭素の社会費用計算は、多年度多省庁レビュープロセスの結果であり、3つの確立した経済モデルに基づいている。そうしたモデルのうち最も有力なのは、イェール大学ビル・ノードハウスのDICEだ。ノードハウスのモデルについてもっと詳しくは第2章57ページの「DICE」の節と、第3章89ページの「1トンあたり2ドル」と90ページの「ノードハウスの好む『最適』な推計値」を参照。

個別モデルの欠点についてはKopp and Mignone,"Social Cost of Carbon Estimates" を参照。Van den Bergh and Botzen, "Lower Bound"は、二酸化炭素1トンあたりの社会費用が最低でも125ドルだと論じる。統合評価モデル全般の批判としては、以下の有力な2例を参照。Pindyck, "Climate Change Policy: What Do the Models Tell Us?" Stern, "Structure of Economic Modeling." Pindyckが自論文の題名で投げかけた問題に対する答えは「ほとんど何も」というものだ。Sternもまた、経済モデルで話の全貌がわかるという主張には警戒を示す。だがPindyckもSternも、政府間作業部会による炭素のアメリカでの社会費用が二酸化炭素1トンあたり40ドルというのは出発点としてはよいことを認めている。Sternはそれが「ゼロよりはずっといい」と宣言している。

最後に、社会費用計算を第3章で扱うファットテールと結びつけた議論としては Weitzman, "Fat Tails and the Social Cost of Carbon"を参照。

69 EPAは、ガソリン1ガロン燃焼ごとに平均で0.00892トンの二酸化炭素が出ると計算している。1トン40ドルとすると、これはガロンあたり35.68セントだ。"Clean Energy: Calculations and References"より。

70 キャップアンドトレード方式を初めて提唱したのはDales, *Pollution, Property, and Prices* だ。アメリカはモントリオール議定書に準拠するためのフロン除去や、ガソリンからの鉛除去、そして最も有力な例として酸性雨対策でアメリカの煙突から二酸化硫黄を除去するために、キャップアンドトレード方式を採用した。

71 不確実性の下で厚生損失を最小化するための理論的な議論としては Weitzman, "Prices vs. Quantities"を参照。Newell and Pizer, "Regulating Stock Externalities under Uncertainty" はその結果を拡張して、二酸化炭素のようなストック型汚染物質の検討に適用している。

72 税金かキャップアンドトレード方式かに関する最近の学術論争としては、キャップアンドトレード方式支持の議論としてKeohane, "Cap and Trade, Rehabilitated" を、税支持の議論としてMetcalf, "Designing a Carbon Tax" を参照。論争のレビューはGoulder and Schein, "Carbon Taxes vs. Cap and Trade" を参照。

73 Keohane and Wagner, "Judge a Carbon Market" を参照。

74 文献は多いが Meng, "Estimating Cost of Climate Policy" などを参照。

75 Weitzman, "Negotiating a Uniform Carbon Price" を参照。

76 ハーバード大学のBill Hoganはこの研究の先駆者だ。たとえばHogan, "Scarcity Pricing" を参照。電力網改革についてのもっと広範なサーベイとしては、Fox-Penner, *Smart Power*を参照。

77 Karplus et al., "Vehicle Fuel Economy Standard" は、燃費の基準と排出制限との比較と組み合わせについて検討している。その推計だと、アメリカの新CAFE基準は、ガソリン消費を同じだけ減らすためには燃料税の6–14倍の費用がかかる。またよいサーベイとしてFischer, Harrington, and Parry, "Automobile Fuel Economy Standards" を参照。CAFE目標を満たすための最近の費用推計としてはJacobsen, "Evaluating U.S. Fuel Economy Standards," およびKlier and Linn, "New-Vehicle Characteristics" を参照。ガソリン税の影響に関するレビューとしてはSterner, *Fuel Taxes*を参照。

第2章　基本のおさらい

1 オリジナルのデータについてはマウナロア観測所のデータが以下にある。http://www.esrl.noaa.gov/gmd/obop/mlo/. また第1章33ページの「2ppm」を参照。

2 第1章20ページ「700ppm」を参照。

3 第1章15ページ「400ppm」を参照。

4 Gunther, *Suck It Up*を参照。

5 この技術の一変種は、この等式を逆転させる可能性を持つ（少なくとも炭素除去を行う

側の狭い意味においては)。除去した二酸化炭素を地下に送りこんで、もっとたくさん石油を採掘するのに活用するのだ。これは「石油増進回収 (EOR)」という用語に含まれ、採取した二酸化炭素を潜在的に価値を持つ商品にする。この皮肉――というべきか――は、それがさらに排出を増やすということだ。

6 地球はいま空前の技術進歩を体験しているし、それも十分に理由がある(たとえば Weitzman, "Recombinant Growth"を参照)。Morris, *Why the West Rules—for Now* (邦訳モリス『人類5万年　文明の興亡』) はこの事実を使い、題名で使われている、将来を支配するのが西洋か中国かという問題を回避している。かわりにMorrisは「シンギュラリティ」と「夜の到来」との選択について語る。つまり気候変動に関わる実存的なリスクによる「夜の到来」を避けて「シンギュラリティ」に向かうにはどうするか、という話だ。

7 たとえば Shoemaker and Schrag, "Overvaluing Methane's Influence"および Solomon et al., "Atmospheric Composition" を参照。 また第1章14ページ「何十年にもわたる温暖化」と15ページ「大気中の過剰な二酸化炭素」を参照。

8 この両者の間の複雑ながらしばしば重要なちがいについては、第1章37ページからのキャップアンドトレード方式と課税との差に関する論争を参照。

9 van Benthem, Gillingham, and Sweeney, "Learning-by-Doing" を参照。

10 第1章33ページ「年額5000億ドル」を参照。

11 二重価格補助金アプローチに関する最も優れた包括的な議論のひとつとしては、Acemoglu et al., "The Environment and Directed Technical Change"を参照。

12 1820年代に、Joseph Fourier は太陽からの距離を考えると地球は実際よりずっと冷たいはずだと計算した。追加の熱についての考えられる各種説明のひとつとして、Fourierは大気が何らかの形で断熱材として働いているかもしれないと考察している (Fourier, "Remarques generals." この論文は3年後にちょっと改変を加えて、以下の論文として発表されている: Fourier, "Les Temperatures")。

13 John TyndallはFourier の研究を一歩進め、1859年1月に実験室での実験を始めた ("John Tyndall")。水蒸気や二酸化炭素を含む気体が大気中に熱を閉じ込めるかもしれないと示した有力な論文は1861年に刊行された (Tyndall, "On the Absorption and Radiation of Heat")。

14 1896年にSvante Arrheniusが初めて温室効果を実証し、気候感度――二酸化炭素濃度が倍増すると温度がどうなるか――を計算した (Arrhenius, "On the Influence of Carbonic Acid")。Arrheniusは気候感度が5-6℃だと計算したが、これは現在のコンセンサス推計値として1970年代に確立された1.5-4.5℃より大きい (Charney et al., "Carbon Dioxide and Climate")。詳しくは、第3章の気候感度に関する詳細な議論を参照。

15 「気候感度」「均衡気候感度」は、大気中の二酸化炭素倍増に伴う地球平均表面均衡温度の変化と定義されるのが普通だ。これは定義からして長期的な推計である、「均衡」状

態、つまり温度が数十年、数世紀でどう動くかを示したものだ。地質学の尺度だとこれでも「急速」だ。「急速均衡」——最も普通に使われる気候感度パラメータが示すもの——と、通称地球システム感度（これは一般的な気候感度推計値の倍以上になることもある）とのちがいについては、第1章16ページ「何十年、何世紀」を参照。気候感度の範囲は、通常は各種の推計値のつぎはぎだ。過去150年かそこらに実際に機器で計測された実測値、過去数百万年にわたる氷河などの減少から得られた古気候の証拠、慎重に補正された気候モデル、さらに火山爆発や単純な専門家の見解（気候科学者にその人の最高の推定を尋ねる）などが使われている。包括的なレビューとしては Knutti and Hegerl, “Equilibrium Sensitivity”を参照。

気候感度計算の歴史とそれが持つ大きな意味合いについては第3章「ファットテール」の議論を参照。

16 ビル・ノードハウスは1991年に初めてDICEを発表した。後に出てきた派生のRICEは地域差も含む。たとえばNordhaus, “To Slow or Not to Slow”および最も重要なものとしてNordhaus, “Optimal Transition Path”を参照。当時最も包括的な記述としてはNordhaus, “Optimal Greenhouse Gas Reductions”を参照。この成果の最新で最も包括的な記述はNordhaus, *Climate Casino*（邦訳ノードハウス『気候カジノ』）となる。その後の更新についてはNordhaus, “Estimates of the Social Cost of Carbon”を参照。ここでは2015年に排出された二酸化炭素1トンあたり18.6ドルという数字が出ている（2005年ドルに換算）。もっと詳しい議論としては第1章35ページ「ずっと多いかもしれない」と、第3章89、90ページ「1トンあたり2ドル」と「ノードハウスの好む『最適』な推計値」の話を参照。

17 この用語のわれわれの定義と本書での用法は、ジオエンジニアリングの文脈だけに注目したものだ。他の人々はこの用語をエネルギー効率改善で、一種のネットワーク効果を指すのに使っている。この用法はきわめて肯定的なものだ。あるエネルギー効率化プログラムの外にいる人々は、プログラマ参加者に促されたように感じてもっと効率の高い技術を採用するようになる、というのがその議論だ。たとえばGillingham, Newell, and Palmer, “Energy Efficiency Economics”を参照。

18 Stothers, “The Great Tambora Eruption”は、北半球での平均温度の低下が0.4–0.7℃だったと推計している。噴火とその多様な影響に関する詳細な記述としてはKlingman and Klingman, *The Year without a Summer* および Stommel, *Volcano Weather*（邦訳『火山と冷夏の物語』）を参照。

19 この問題に関する最初期の最も参照されている調査としてはHardin, “Tragedy of the Commons”を参照。

20 第1章15ページ「大気中の過剰な二酸化炭素」を参照。

21 第3章88ページ「グリーンランド……の融解」を参照。

22 たとえば McGranahan, Balk, and Anderson, “The Rising Tide”; Anthoff et al., “Global and Regional Exposure”; Rowley et al., “Risk of Rising Sea Level”を参照。

23 Jensen and Miller, “Giffen Behavior and Subsistence Consumption.”

24 国際原子力機関の2012年国際ワークショップ報告書“Economics of Ocean Acidification”は、海洋酸性化の経済的影響について概観している。またIGBP, IOC, SCOR, “Ocean Acidification Summary for Policymakers”はこの現象の科学を説明している。この両者のよいまとめとしては“Acid Test”を参照。5600万年前の海洋死滅についてはThomas, “Biogeography of the Late Paleocene”を参照。これに対応するような陸上での大量死は起こらなかった。Cui et al., “Slow Release of Fossil Carbon” は、5600万年前の二酸化炭素の大気放出のピークは現在よりずっと低かったと示している。

25 海洋への石灰粉の直接散布に関する総合的な議論としてはHarvey, “Mitigating the Atmospheric CO_2 Increase”を参照。二酸化炭素を地上でまず捕まえてから海にアルカリ溶液を撒くという別の手法については Rau, “CO_2 Mitigation” を参照。Royal Society, “Geoengineering the Climate” はこれについて手短な議論を行い、もっと大きな文脈の中においている。

26 World Resource Institute の Climate Analysis Indicators Tool を使って2100年について計算。

27 Sunstein, “Of Montreal and Kyoto”とSunstein, *Worst-Case Scenarios*（邦訳サンスティーン『最悪のシナリオ』）の中でこれを後に改訂したものは、モントリオール議定書と京都議定書の比較史と分析を記述している。著者は、なぜモントリオール議定書があんなにうまく行ったのに、後者がよく言っても正しい方向へのわずかなステップにしかならなかったかについて、いくつか理由を挙げている。特にSunsteinは、片方の成功ともう一方の失敗は、アメリカ国内の費用便益分析と大きく関連していたと述べる。モントリオール議定書の考案についてのすばらしい内部者の視点としてはBenedick, *Ozone Diplomacy*（邦訳ベネディック『環境外交の攻防』）を参照。Barrett, *Environment and Statecraft*は、部分的にはモントリオール議定書の成功を使って国際環境条約の理論を構築し、何がそれを成功させるか、あるいは大半の場合のように失敗させるかについて分析している。

第3章　ファットテール

1 IPCCは、コンセンサス評価について普通の英語の言葉を当てようとしている。「可能性が比較的高い（more likely than not）」は50パーセント以上の蓋然性、「可能性が高い（likely）」は66パーセント以上（3分の2ではない。それだと67パーセントになる）；「可能性がとても高い（very likely）」は90パーセント以上の蓋然性、「きわめて可能性が高い（extremely likely）」は95パーセント以上。これらの用語は、それぞれIPCC『第2、第3、第4、第5次評価報告書』で、人為的地球温暖化の蓋然性を表すのに使われた。Engber, “You're Getting Warmer”によれば、第4次評価報告の初期ドラフトは最高の区分である「ほぼ確実（virtually certain）」、つまり蓋然性99パーセント以上を使おうとしていたが、その後「very likely」に落ち着いた。EngberはIPCC

の蓋然性評価の歴史と含意を論じている。最新の公式ガイダンス文書としてはMastrandrea et al., “IPCC AR5 Guidance Note”を参照。歴史と科学的な根拠について詳しくは Giles, “Scientific Uncertainty”を参照。こうした確率的な表現がどう受け取られているか（そしてしばしば誤解されているか）のサーベイとしては Budescu et al., “Interpretation of IPCC”を参照。

2 近年の温暖化「停止」や「一時停止」については、第1章13ページ「人類史上で最も暖かい」を参照。

3 第2章55ページ「気候科学」の節を参照。その歴史と未来については Roston, *The Carbon Age*を参照。

4 Broecker, “Climatic Change.”

5 第2章55ページ「気候感度」の節を参照。

6 Stocker, “Closing Door”およびMatthews et al., “Proportionality of Global Warming”は、総温暖化と累積排出との比例関係について論じている最新の文献の一つとなる。

7 これは二酸化炭素の濃度だ。他の温室ガス（エアロゾールなし）を見ると、情報源にもよるが濃度は二酸化炭素相当温室ガスで440–480ppmとなる。第1章15ページ「400ppm」と33ページ「2ppm」を参照。

8 第1章20ページ「700ppm」を参照。

9 Charney et al., “Carbon Dioxide and Climate.”

10 Gavin Schmidt は、気候変動科学の最新情報に関する優れた情報収集を行っているRealClimate.org でこの話を語っている（Schmidt and Rahmstorf, “11℃ Warming”）。

11 1990年だとIPCCの範囲はまだ1.5–4.5℃だった。1995年と2001年も同様。2007年になるとこの範囲は少し狭まったが、その方向は悪いほうに向かっていた。もはや1.5℃の線はなさそうだった。新しい「likely」の幅は2–4.5℃となった。最新のIPCC評価報告である2013年になると、この範囲はまた広がって昔どおりとなった。1.5–4.5℃だ。報告書の関連部分としては、『IPCC第1次評価報告』の第一作業部会第5章、『IPCC気候変動1992年補遺報告』のセクションB：気候モデル、気候予測、モデル確認、『IPCC第2次評価報告第一作業部会』、『IPCC第3次評価報告書第一作業部会』、『IPCC第4次評価報告第一作業部会』、『IPCC第5次評価報告書第一作業部会』である。たしかに、この範囲についての信頼度は次第にめざましい高まりを見せてきた。具体的には「今日の信頼性は、明確な人為的シグナルを持つ高質で長期の観測記録、古気候再構築からの証拠の増加と理解の深まり、もっと多くのプロセスをもっと現実的にとらえる高解像度の改善された気候モデルの結果としてずっと高まっている」（『IPCC第5次評価報告第一作業部会』、TFE.6; またBox 12.2も参照）。それでもIPCCはこの範囲を「likely」（66パーセント超の信頼度）と呼ぶことにして、もっと確実な評価、たとえば「very likely」（>90パーセント）は使わなかった。

状況が以前よりもっとひどいかもしれない理由がもうひとつある。1990年に、IPCC

の主張は、この広い範囲の中から「最高の推測」として2.5℃という数字をあえて挙げている。2007年には、「最もありそう」な数字は3℃になった。確率ではなく、統計学的な意味での平均やメジアンでもなく、少なくともたったひとつの数字——ただしかなり高いもの——を旗印として結集できるのだ。2013年になるとIPCCはどの数字が最もありそうかという評決を出さなくなった。これは確実性の面で一歩後退だ。IPCCはまた他の注意書きをつけたが、その中には気候感度が1℃以下という確率が5パーセント以下で、6℃以上の確率は10パーセント以下、となる。「likely」の範囲の定義については、81ページの「明らかに……ゆとりがある」、76ページの「可能性が比較的高い」を参照。

12　ひとつ前の注と、76ページ「可能性が比較的高い」を参照。

13　IPCC の最新評価報告は、もっと詳細にまで踏み込んでいる。これは1℃以下をすべて“extremely unlikely”（0-5パーセント）とし、6℃以上はすべて“very unlikely”（0-10パーセント）としている（『IPCC第5次評価報告第一作業部会政策立案者向け概要』）。この表の2行目は、IPCCの記述を気候感度ごとに実際の確率に変換したものだ。

気候感度	＜0℃	＜1℃	＜1.5℃	＜ ＞2.6℃	＞3℃	＞4.5℃	＞6℃
IPCC (2013)	データなし	0-5%	（1.5-4.5℃が「likely」）				0-10%
われわれの補正	0%	1.7%	11%	50%	37%	11%	3.1%
	（1.5-4.5℃の確率78%）						

対数正規分布を計算するのに、4.5℃を超える確率11パーセント、1.5℃以下となる確率11パーセントを計算することで補正を行った。こうすることで、IPCCの数字をできるだけ保守的に解釈したことになる。たとえばIPCCは、6℃以上の数字はすべて「very unlikely」としている。これは0-10パーセントの範囲ということだ——ひとつ数字を選ぶなら5パーセントとなる。でもIPCCの著者たちが本当にそれがたった5パーセントだと言いたいなら、「extremely unlikely」という表現を選んだだろう。「very unlikely」ということで、かれらは5パーセントから10パーセントの間の数字を割り当てたかったのかもしれない——真ん中をとるなら7.5パーセントだ。いずれにしても、われわれの補正は気候感度が6℃以上となる確率は3パーセントをちょっと上回る程度という確率推計をもたらす。ここでの検討の狙いからすれば、7.5パーセントよりずっと低い「保守的」な推計となる。

われわれの「likely」の範囲の解釈も似たような論理を使っている。IPCCの「likely」の定義は66-100パーセントだ。でももし著者たちが1.5-4.5℃の範囲になる確率が90パーセント以上と伝えたいなら、この範囲を「very likely」だと表現しただろう（実は「very likely」はIPCC著者向け指針文書で明確に定義されていて、「extremely likely」というのは『IPCC第5次評価報告第一作業部会』に参加した著者たちが追加した用語だ（〈『IPCC第5次評価報告第一作業部会政策立案者向け概要』を参照〉）。比較

として Mastrandrea et al., “IPCC AR5 Guidance Note”を参照。代わりに、IPCCの著者たちは「likely」をもっとゆるく解釈するほうを選んだので、われわれとしては、真の確率は66-100パーセントではなく、66-90パーセントだと解釈した。そのちがいを半分に割り、78パーセントという数字を使って、この範囲の下になる確率は11パーセント、上になる確率も11パーセントとした。

メジアン推計値は2.6℃だ。最もよく挙がる平均気候感度である3℃は、われわれの補正だと3分の2のところに近いことになる。われわれは気候感度3℃以下の確率を63パーセント、つまり3℃以上の可能性を37パーセントとしている。後者が表に載せた確率だ。残りの推計値は上の表の最下段に載っている。

*Science*と*Nature*に載った最近の論文は、気候感度は3℃より低い確率より高い確率のほうがずっと大きいと示唆している。Fasullo and Trenberth, “A Less Cloudy Future”は、気候感度の低いモデルは雲の被覆変化に伴うアルベド（反射率）を十分に考慮していないと結論している。Sherwood, Bony, and Dufresne, “Spread in Model”はこの発想をさらに進め、雲の混合プロセスの正確な算入から見て、気候感度は3℃より大きいと示唆している。

14　シャンペンのよいボトルがどのようにできるかに関する繊細な科学については、いろいろな分析が行われている。平均的なシャンペンの750mlボトルには二酸化炭素9グラムが含まれており、栓を抜くとそれが5リットル程度の体積となる（Liger-Belair, Polidori, and Jeandet, “Science of Champagne Bubbles”）。これは、シャンペンを世界中に運ぶために放出される年20万トンの二酸化炭素は考慮していない（Alderman, “A Greener Cham pagne Bottle”）。シャンペンに溶けた二酸化炭素の喪失を最小化する方法のひとつは、ビールを注ぐように注ぐことだ――つまり勢いよく注ぐのではなく、グラスの壁をつたうように注ぐのだ。あまりスタイリッシュではないかもしれないが、科学者はそれで味がよくなると保証している（Liger-Belair et al., “Losses of Dissolved CO_2”）。皮肉なことだが、お祝いのシャンペンは、そもそもお祝いすべきことがないほうが美味しくなるかもしれない。事実フランスのシャンパーニュ地方のワイン品質は、気候変動予想に基づくと改善すると予想されている（Jones et al., “Global Wine Quality”）。

15　「ファットテール」の専門的な定義は多項的かそれより遅くゼロに近づく分布だ。反対に、「シンテール」の定義は、幾何級数的かそれより速くゼロに近づく収束となる。われわれの使う対数正規分布は、ファットテールとシンテールの中間となる。一部の定義はこれを「ヘビーテール」と呼ぶ。シン（細い）ではないが、ファット（太い）ともいえないものだ。対数正規分布は多項関数よりも速くゼロに近づくが、幾何級数よりはゆっくり近づく。これはすべて、われわれの補正が IPCC自身の数字よりも保守的だということを示す。6℃以上の気候感度となる確率が3パーセントより少し高いことになるからだ。これはIPCCが述べる「very unlikely」の範囲である0-10パーセントに収まる。81ページ「明らかに……ゆとりがある」を参照。

16　この表に至る計算の概念的な出発点はWeitzman, "Modeling and Interpreting the Economics"である。それをさらに進めたものがWeitzman, "Fat-Tailed Uncertainty" だ。この表と同様に3つの確率分布に基づく計算を示すが、『IPCC第4次評価報告第』に基づくものがWeitzman, "GHG Targets as Insurance" に登場する。ここでの表は81ページ「明らかに……ゆとりがある」で説明したように気候感度に対数正規分布確率をあてはめたものに基づく。

CO_2e濃度(ppm)	400	450	500	550	600	650	700	750	800
平均気候感度3℃での温度上昇	1.5℃	2.1℃	2.5℃	2.9℃	3.3℃	3.6℃	4.0℃	4.3℃	4.5℃
平均気候感度2.6℃での温度上昇	1.3℃	1.8℃	2.2℃	2.5℃	2.7℃	3.2℃	3.4℃	3.7℃	3.9℃
2-4.5℃が「likely」(確率70%)の場合の6℃以上となる確率	0.03%	0.3%	1.3%	3.3%	6.3%	10.2%	14.4%	19.2%	23.9%
1.5-4.5℃が「likely」(確率70%)の場合の6℃以上となる確率	0.2%	1.1%	2.8%	5.2%	8.1%	11.3%	14.6%	18.0%	21.3%
1.5-4.5℃が「likely」(確率78%)の場合の6℃以上となる確率	0.04%	0.3%	1.2%	2.7%	4.9%	7.6%	10.6%	13.9%	17.3%

1行目は最終的な二酸化炭素相当物（CO_2e）の濃度を示す。2行目は、気候感度を3℃（2007年『IPCC第4次評価報告』での「likely」範囲である2-4.5℃を元に補正した平均値）とした場合の、それぞれの濃度による最終的な温度上昇を示す。3行目は、気候感度を2.6℃（2013年『IPCC第5次評価報告』での「likely」範囲である1.5-4.5℃を元に補正した平均値）とした場合の、それぞれの濃度による最終的な温度上昇を示す。後者が本文で使った数字となる。単一の「most likely」な温度上昇は、平均値や期待値より低いことに注意。これは、気候感度でIPCCが「likely」範囲にあてはめた分布は非対称的な対数正規分布を想定しているからで、これはゼロでカットオフされるが高いほうのテールは長いからだ。いくら不確実でも、気候感度がマイナスの数字になると本気で論じる人はいない。次の3つの行は、IPCC「likely」範囲を中心にいろいろ想定をつけている。4行目は古い気候感度2-4.5℃を想定している。これは2013年『IPCC第5次評価報告書』発表以前の最近までのコンセンサスだ。5行目は「likely」の範囲を広げて低いほうの端を1.5℃にしている。どちらも気候感度が「likely」範囲である確率を70パーセントとしている。これはIPCCによる「likely」の定義である66パーセントの数字を丸めたものだ。最終行は、66パーセント（「likely」）と90パーセント（「very likely」）の中間をとって、1.5-4.5℃の範囲の確率が78パーセント、4.5℃以上の気候

感度となる可能性を11パーセントとしている。すると気候感度が6℃以上となる確率は3パーセントとなる。これはどんな基準で見ても保守的に低い。本文で示したのは最終行の数字だが、それをさらに四捨五入して単純化してある。

17　83ページ「ファットテール」を参照。

18　温度上昇の計算にあたっては、気候感度のメジアン（中央）値2.6℃を使っていることに注意。もっと通常の3℃という平均気候感度を使うと、700ppmに達する濃度では(平均）温度上昇は4.0℃になる（本文では、メジアン値の3.4℃を示した)。

19　Taleb, *Black Swan*（邦訳タレブ『ブラック・スワン』).

20　ドナルド・ラムズフェルドはこの用語をアメリカのイラク侵攻の際に広め、このアナロジーを複数回使っている。初めての言及は2002年2月12日の国防省記者会見でのことだった。「何かが起こらなかったという報告は常に私にとって興味深いことだ。というのもみんな知っているように、既知の既知があるからだ。つまり自分たちが知っていると知っていることがある。そして既知の未知がある。つまり、まだわかっていないことがある。でもまた、未知の未知もある――自分たちが知らないことさえ知らないものだ。そしてわが国や他の自由諸国の歴史をずっと見渡せば、難しいのはこの後者のカテゴリーなのだ」(Morris, “Certainty of Donald Rumsfeld”)。ラムズフェルドは後に、この主張を少なくとももう一度、2002年6月6日のNATO記者会見でも繰り返している(Rumsfeld, “Press Conference”)。

経済学者は、この発想を考案した人物はシカゴ大の経済学者フランク・ナイトだとしている（Knight, “Risk, Uncertainty, and Profit”)。かれは「リスク」と「不確実性」との間に専門的な区別を行った（ナイト的な「リスク」は平均的な人物――平均的な科学者を含む――が「リスク」と呼ぶものとはちがうことに注意。素人の使う「実存的なリスク」というのは、われわれの本文での用法を含め、ナイト的な「リスク」よりはナイト的な「不確実性」にずっと近いものだ)。Richard Zeckhauser は第3の分類「無知」を追加している。リスクは既知の確率分布を想定している。不確実性とは、どの確率分布を使うべきかわからないということだ。無知というのは、そもそも確率分布があることさえはっきりしない場合だ。 Zeckhauser, “Unknown and Unknowable” およびそれを受けた応答Summers, “Comments”を参照。

21　Walter et al., “Methane Bubbling” は、シベリアで溶けた湖からのメタン放出を計測しようとしており、その推計だと北部湿地からのメタン放出はそれまで思われていたより10-60パーセント高い。放出メタンの最も多い部分は、湖の縁の永久凍土融解から生じるとかれらは発見している。このプロセスは、前回の気候変動の時期にきわめて重要だったと思われている。“Climate Science: Vast Costs of Arctic Change”の推計では、シベリア永久凍土融解から放出されるメタンが社会に与える総費用は60兆ドル規模になる。

22　グリーンランド氷床は、海面だと7.36メートルに相当し、南極氷床が完全に融ければ海面は58.3m上昇する（『IPCC第5次評価報告』第一作業部会の報告第4章「雪氷圏」

を参照)。西南極氷床の完全な融解だけでも、3.3メートルの海面上昇をもたらす(Bamber et al., “Potential Sea-Level Rise”)。これが融解した場合に元に戻せない点について、詳しくは第1章14ページ「何世紀にもわたる海面上昇」を参照。『IPCC第5次評価報告』は、グリーンランド氷床は2002年から2011年にかけて年平均0.59mmの上昇に貢献しており、南極の貢献はおそらく同時期に年0.4mmと推計している。この貢献はどちらも1992年から2001年の平均に比べて4倍以上になっている。観測された世界平均海面上昇は、1993年から2010年だと年3.2mmだった。最悪ケースシナリオでの海面上昇に関するIPCCの推計は0.53–0.97mだ。このありそうな範囲を2100年までに大きく増やすと思われる唯一の状況は南極の氷床のうち海洋部分が崩壊した場合だ(『IPCC第5次評価報告』第一作業部会の報告第13章「海面変化」を参照)。

23　第2章57ページ「DICE」の節を参照。

24　Nordhaus は1990–1999年にかけて、炭素1トンあたり5ドルの数字をはじいている(Nordhaus, “Optimal Transition Path”)。われわれはこの数字を**二酸化炭素**の1トンあたりドル価値に変換し、GDPデフレーターを使って二酸化炭素1トンの価値を2014年ドルで2ドルに変換している。

25　Nordhaus, “Estimates of the Social Cost of Carbon” は、2015年に放出された二酸化炭素1トンあたり18.6ドルという価格を出している(2005年ドル)。2014年ドルに換算すると、これはだいたい1トン20ドルになる。この論文は、Nordhausが「最適」な経路と考えるものと、各種の他のシナリオを提示しており、その中には、世界平均温度上昇を2℃以下に抑えるものも含まれる。この20ドルという推計値は、わずか4年前にかれがはじき出した「最適」経路より著しく高いことに注意。当時、その2015年の「最適」な数字は12ドルだった(Nordhaus, “Economic Aspects”)。また、この20ドルという数字は、Nordhausによる「2.5℃に温度を抑えるために必要な根拠となる一連の炭素価格」(Nordhaus, *Climate Casino*(邦訳ノードハウス『気候カジノ』)図33)や“Technical Update of the Social Cost of Carbon for Regulatory Impact Analysis under Executive Order 12866” の最初の表で示された2015年排出二酸化炭素1トンの「中央」推計値よりも低いことに注意。前者は2015年に排出された二酸化炭素1トンあたり25ドルだ。後者は3つのモデルの平均を使い、3パーセントの割引率を使って1トン40ドルに近い数字を出している。Nordhaus 自身の好む割引率は4.2パーセントほどだ。割引率のちがいが、40ドルと Nordhaus の20ドルという数字の差の大半を説明してくれる。

26　第1章35ページ「ずっと多いかもしれない」を参照。

27　全文を引用しよう。「大気中の(二酸化炭素の)割合が上がるにつれて、もっと安定した改善された気候を享受できるようになるかもしれない。特に地球の寒冷地域については、地球が現在よりずっと豊富な作物をもたらし、急速に人口増加する人類の便益となる」(Arrhenius, *Worlds in the Making*, 63)。

もっと温暖な気候への適応の重要性と機会についての全般的な意気込みを最もよく表す

のはKahnの*Climatopolis*だ。たしかに費用はかかるが、適応メカニズムは独自の機会を作り出し、特にきわめて効率的な都市だとそれが大きいというのがKahnの議論だ。

28 ノードハウスによるDICE推計の推移に関する議論としては、89、90ページ「1トンあたり2ドル」「ノードハウスの好む『最適』な推計値」を参照。アメリカ政府の数字についての議論は第1章35ページの「ずっと多いかもしれない」を参照。

29 Bill Nordhaus がDICEを作った。Richard Tol がFUNDを作り、いまではおおむねDavid Anthoffが維持している: http://www.fund-model.org/. PAGEの主導的な存在はChris Hopeだった: http://climatecolab.org/resources/-/wiki/Main/PAGE.

30 根底にある地球循環モデルは気候科学者に使われ、IPCC報告にも参考にされているが、複雑な計算をたしかに使っている。でも統合評価モデルはずっと単純化した結果に頼っており、DICEの場合は温室ガス起源気候変動評価モデル(Model for the Assessment of Greenhouse Gas Induced Climate Change, MAGICC)を使っているが、これ自体が根底にある気候モデルをずっと単純化したものだ。DICE自体はBill Nordhausのウェブサイトで無料公開され、Excel上ですら動く: http://www.econ.yale.edu/~nordhaus/.

31 たとえば Howard, "Omitted Damages"を参照。Van den Bergh and Botzen, "Lower Bound"もやはり、DICEのようなモデルでは十分に考慮されていない気候変動の影響を提示している。そうした影響のほとんどは、炭素の社会費用推計値を増やす。減らすものも一部はある(第1章35ページ「ずっと多いかもしれない」を参照)。

32 DICEは温度(T)に対して逆2次損失関数を使う。損失は $1/[1+aT+bT^2]$ で定義される。

33 事実、Nordhaus, *Climate Casino*(邦訳ノードハウス『気候カジノ』)はグラフを5℃でカットしている。その水準以上の温度変化はあまりに不確実すぎる(あるいは珍しすぎる)ので検討できないという含意だ。

34 Pindyck, "Climate Change Policy" および Heal and Park, "Feeling the Heat"を参照。これは温度と、人間の生理を通じた労働生産性を関連づけている。高い気温はすでに暑い——そしてしばしば貧困な——諸国では生産性を引き下げるが、平均より高い気温は寒冷——で通常は豊かな——国の生産性をほぼ同じ分だけ引き上げることを発見している。

Moyer et al., "Climate Impacts on Economic Growth"も同様に、気候の影響を産出水準ではなく生産性に変えると炭素の社会費用推計に大きな影響を与えることを発見している。「この種の穏やかな影響ですら、SCC推計値を何倍にも増やす」

35 Weitzman, "Damages Function"を参照。それを補う議論——「相対価格」の発想に注目したもの——としてはSterner and Persson, "Even Sterner Review"を参照。乗数的な被害と加算的な被害の根本的なちがいは代替性の問題に関するものだ。乗数的な被害は、経済部門と環境アメニティとの単位代替性を効用関数の中で(暗黙に)想定している。加算的な被害は効用関数の中で、これらの部門をまたがる代替性が小さい(ま

たはまったくない）と想定する。

36 第1章35ページ「ずっと多いかもしれない」を参照。

37 この問題については多くの本や論文が書かれている。Gollier, *Pricing the Planet's Future* は最高の入門書のひとつだ。

38 実は、今日1ドルを手にするのは、明日もらうよりもずっと価値が高いのが普通だ。でも、同じ1日の差は、100年後であればほとんど関係ない。今日の観点からすると、100年プラス1日は、100年とほぼ同じだ。ごく自然なこととして、人間は最初の1日を、100年後の1日よりずっと大きく割り引く。この現象についての専門用語は「双曲割引」で、経済学に最も大きく導入したのは Laibson, "Golden Eggs" だ。

39 "10-Year Treasury Inflation-Indexed Security, Constant Maturity."

40 Weitzman, "A Review" は、「スターン報告はまちがった理由のために正しいかもしれない」と論じている。ここでは、低い割引率がまちがった理由のひとつだ。

41 本文中で述べた割引率の低下については Weitzman, "Gamma Discounting" を参照。割引率低下の背景にある論理についてのその後のコンセンサス的な見方（必ずしも具体的な数字についてではない）については、Arrow et al., "Determining Benefits and Costs"および Cropper et al., "Declining Discount Rates"を参照。たとえばフランスとイギリスは、低下する割引率を使っているが、具体的な数字については意見が異なる。フランスは4パーセントで始まり、300年後には2パーセント強に下がる。イギリスのものは3.5パーセントで始まり、300年後に1パーセントに下がる。

基本的な論理の適用におけるいくつかの重要な専門的相違で折り合いをつける応用としては Gollier and Weitzman, "Distant Future" を参照。その結論は「長期的な割引率は時間が経つにつれて、可能な最低の値にまで下がる」というものだ。割引率低下の理由を理解するには、以下の思考実験を考えてほしい。100年先の被害についての割引率が、1パーセントであるべきか7パーセントであるべきかわからないとしよう。前者は、リスクフリー投資に最も近いものであるアメリカ国債の割引率の最低線だ。後者は、あらゆる政府投資や規制の意思決定におけるベースケース分析として、強力なアメリカ政府管理予算局（OMB）が使うべきだと指定したもので、あまり知られていないがきわめて重要な「Circular A-94」からきている（OMB, "Circular No. A-94 Revised"）。ちなみに7パーセントは、どんな意味合いにおいてもリスクフリー利率ではない。むしろこれは、意図的にリスクの高い投資判断を扱うためのものだ。ここでの大きな問題は、リスクの高い投資の割引率は上がるべきか下がるべきかということで、これは本文自体でもっと詳細に論じている。

OMBが、100年先にも及ぶものの率として使うべきだとしている別のもっと適切な割引率は3パーセントだ。これは炭素の社会費用が40ドルというときの政府のベースケースでもある。でも議論のため、とりあえず7パーセントの数字を使おう。これはまちがいなく、ある種の上限となる。これ以上高い割引率を本気で主張する人はほとんどいない。これには十分な理由がある。100年後の100ドルを7パーセントで割引くと、

今日では9セントになる。7パーセントの収益率で10セント未満の投資をすれば、1世紀後には100ドル受け取れると期待できるわけだ。投資家にとっては、悪い話ではない。100年先の気候損害を割り引くと、これは今日ほぼ無価値となる。もちろん、気候変動なんかどうでもいいのだと論じる一部の人は、まさにこの理屈を使っている。損害をカバーするのにほんのちょっとお金をとっておけばいいだけなんだから、1世紀後の地球温暖化の費用なんか心配しても無意味だ、というわけだ。7パーセントならたしかにそうなる。でも100年後の100ドルを1パーセントで割引くと、今日の37ドルの価値となる。これだとかなり多くなる。

両者の間をとって、1パーセントと7パーセントの中間で4パーセントを使おう。すると100年後の100ドルは、今日の1.8ドルとなる。これは1パーセントの割引率の37ドルに比べると、7パーセントの割引率で出る9セントにずっと近い。でもこれは「間をとる」やり方のたったひとつでしかない。割引率が1パーセントであるべきか7パーセントであるべきか、まるでわからなかったら？

それぞれの割引率の確率が半々だとしよう。つまり、正しい数字が9セントになる確率が50パーセント、37ドルとなる可能性が50パーセントだ。平均すると約18ドル。この割り引いた数字の平均は、割引率の平均である4パーセントを使った場合の数字よりずっと大きい（4パーセント＝（7パーセント＋1パーセント）/2)。ここでの例だと、そのちがいは10倍だ。片や8ドル、片や1.8ドルだ。そしてこの差は、期間を先に延ばすにつれて拡大する。

最後に、割引率低下に関する別の議論としてはHeal and Millner, "Agreeing to Disagree"を参照。かれらは、割引率の選択は「倫理的プリミティブ」であると論じ、割引率が低下するという同じ結論に達している。

42 Black and Litterman, "Global Portfolio Optimization."

43 「もしカタストロフ的な被害をもたらす潜在シナリオが大量にあることで、気候リスクが経済成長リスクを圧倒するのであれば、排出投資の適切な割引率は、リスクフリー金利よりも低くなり、今日の二酸化炭素排出の価格は高くなるべきだ。こうしたシナリオだと、気候リスクの『ベータ』は大きな負の数字となり、排出削減投資は保険便益をもたらす。これに対し、カタストロフ的な被害が基本的にはありえず、多少の気候被害も経済成長が高く、よい時期で、限界効用が低いときに起こる可能性が強いなら、気候リスクの『ベータ』はプラスとなり、割引率はリスクフリー金利よりも高くなるべきで、二酸化炭素排出の価格は低くなるべきだ」(Litterman, "Right Price")。気候の文脈で「ベータ」を使ったもっと以前の例としては、削減投資にマイナスのベータを主張したSandsmark and Vennemo, "Portfolio Approach" を参照。Gollier, "Evaluation of Long-Dated Investments"はプラスのベータを主張している。

44 概説としては Mehra, "Equity Premium Puzzle" を参照。

45 この議論の専門的な検討としてはWeitzman, "Subjective Expectations" や Barro, "Rare Disasters" を参照。エクイティプレミアムの謎に関する別の説明と、継続中の論

争に関するサーベイとしてはMehra, "Equity Premium Puzzle" を参照。

46 1987年10月19日のブラックマンデーで、ダウ平均株価は22パーセント下がった。1929年10月29日のブラックチューズデーは、大恐慌の始まりを告げた。1992年9月16日のブラックウェンズデーで、イングランド銀行の逆張りをしたジョージ・ソロスは10億ポンド儲けた。1929年10月24日ブラックサーズデーでは、取引開始直後にウォール街は10パーセント以上も下がった（その後どうなったかについては上のブラックチューズデーを参照）。1869年9月24日ブラックフライデーでは、金市場を操作しようとして失敗した後で、市場が暴落した。このどれも、2008年10月6日月曜に始まったブラックウィークと混同してはいけない。このときダウ平均株価は金曜までに18パーセント下がった。これらの出来事の直後における *Wall Street Journal* 一面の記事は、興味深い同時代的な読み物となる。「ブラックマンデー」として現在知られるものに対する反応はMetz et al., "Crash of '87"を参照。大恐慌の始まりと考えられている2つの日、ブラックチューズデーとブラックサーズデーの後だと、WSJは驚くほど平然としている。「圧力続く：記録的な売却により株価はさらに低下」（1929年10月30日紙面）は、前日からの株価暴落は指摘するものの、「産業活動は大規模でしっかりしており、不況の見通しを示す本格的な徴候はない」と述べており、「初期のショックが消えれば、株価低下は、資金を市場から産業に移すので、多くの点で有益なものとなるであろう」と予測している。「取引意欲低迷：記録的な株価低下——銀行支援の声あがる」（1929年10月25日紙面）は、状況に対してもっと驚いており、以下のような文で記事が始まっている。

「昨日の市場は多くの点で証券取引所の歴史の中で最も尋常でないものだった」。だがこの記事は、市場が間もなく回復するという予想で終わっている。Zweig, "What History Tells Us"は、先行した「ブラックウィーク」を「大暴落」の比較とその文脈の中で検討している。ブラックウェンズデー後のロンドン *Financial Times* 一面についてはStephens, "Major Puts ERM Membership on Indefinite Hold" を参照。

47 Litterman, "Right Price."

48 短期・中期の温暖化についてはずっとよくわかっている。今後20年（2016年から2035年）について、『IPCC第5次評価報告第一作業部会の政策立案者向け概要』は「中位の信頼性」をもって、過去20年間（1986–2005年）に比べ0.3–0.7℃の追加温暖化が「likely」だと述べている。

今世紀の最後の20年については、予想は劇的に分かれている。どのシナリオを選ぶか次第で、過去20年と比べた平均地球温暖化は0.3–1.7℃から2.6–4.8℃までさまざまだ。すさまじい広さの範囲であり、その影響も劇的にちがってくる。そしてこれは、ありそうな範囲でしかない。海面上昇の含意としては第1章8ページ「30センチから1メートル」を参照。

こうした推計は、海面上昇のものも含め、すべて2005年までの20年間との比較だという点に注意。「今日」と比べて追加で4.8℃の上昇は、工業化以前の水準に比べて5.5℃

の温暖化を意味する。

49　この論点については Roe and Bauman, “Climate Sensitivity”を参照。かれらは標準的な支払い意思額の枠組みを使い、ファットテールはそんなに高費用にならないかもしれないと結論づけている（同じ〈筆頭〉著者による正反対の結論としては Roe, “Costing the Earth”を参照）。

50　EUの排出取引システムに関する、早期ながら包括的なサーベイとしては Ellerman, Convery, and de Perthuis, *Pricing Carbon* を参照。

51　Hammar, Sterner, and Åkerfeldt, “Sweden's CO_2 Tax” および Johansson, “Economic Instruments in Practice”を参照。

52　代替意思決定基準に関する論点の最近の考察としては Heal and Millner, “Uncertainty and Decision” を参照。また Millner, Dietz, and Heal, “Scientific Ambiguity and Climate Policy” も参照。

53　強い道徳的な主張を行う気候科学者としては Roe, “Costing the Earth” を参照。道徳哲学者が、経済学者に道徳的な側面を重視するよう強く主張した論文としては Sandel, “Market Reasoning as Moral Reasoning” を参照。

第４章　故意の無知

1　*Global-Tech Appliances, Inc., et al. v. SEB S.A.*

2　「意図的な盲目性」に関する一般的な説明としては――気候変動もわずかばかり登場する―― Heffernan, *Willful Blindness* を参照。

3　第1章での炭素税 対 キャップアンドトレード方式に関する議論を参照。

4　第1章33ページ「年額5000億ドル」を参照。

5　第1章35ページ「ずっと多いかもしれない」を参照。

6　最近のすぐれたサーベイ2つとしては Ashenfelter, “Measuring the Value of a Statistical Life”および Viscusi and Aldy, “Value of a Statistical Life”を参照。

7　引用全文と、これがなぜ偽の等価性なのかに関する議論としては Sunstein, *Worst-Case Scenarios*（邦訳サンスティーン『最悪のシナリオ』）を参照。確実な事象がどんな被害をもたらすにしても、それが1パーセントの確率で起こるとなると、その被害推計はまともな比較の指標となるためには100で割らねばならない。

8　最悪ケースのシナリオについての出発点としてはSunstein, *Worst-Case Scenarios*（邦訳サンスティーン『最悪のシナリオ』）を参照。この問題についてもうひとつよく引用される論考としては Posner, *Catastrophe: Risk and Response* を参照。包括的なまとめと批判、さらには重要な考察の展開としては Parson, “The Big One”を参照。8つの潜在的な実存リスク一覧以外の包括的な分類の試みとしては Bostrom and Ćirković, *Global Catastrophic Risks* を参照。もっと専門的な議論と「何ができるか」的な観点としてはGarrick, *Quantifying and Controlling Catastrophic Risks* を参照。

9　まとめとして Parson, “The Big One”を参照。

10　第1章3ページ「1000年に一度くらいの現象」を参照。

11　第1章2ページ「20億～30億ドル」を参照。

12　各種文献は多いがRevesz and Livermore, *Retaking Rationality*を参照。

13　Bostrom and Ćirković, *Global Catastrophic Risks*は、カタストロフ的な核テロの可能性が1–5パーセントとしている。これに対して——そしてそして専門家による推測としては極端に位置するが—— Allison, *Nuclear Terrorism*, p.15には「アメリカでこの10年中に核テロが起こる可能性は、ほぼ確実である」と述べる。Silver, "Crunching the Risk Numbers" はこれを、今後10年でそうしたカタストロフが起こる可能性を年率5パーセントと換算している。

14　この段落の論理と一部表現は Weitzman, "Modeling and Interpreting the Economics" に基づく。

第5章：地球を救い出す

1　ここで論じている種類のジオエンジニアリングに関する専門用語は「太陽輻射管理」「短波輻射管理」で、どっちも略して「SRM」と呼ばれる。これと対照的なのが「直接炭素除去」(DCR) または「二酸化炭素除去」(CDR) だ。後者については166ページ「いろいろな装いでやってくる」と第2章46ページ「風呂桶」の節を参照。

科学としてはまだ生まれたてだが、ジオエンジニアリングはゆっくりと着実に世論に入り込みつつある。そうした公開文書の最高のもののひとつとしてはKeith, *A Case for Climate Engineering*を参照。最も手に入れやすいもののひとつとしては Goodell, *How to Cool the Planet*を参照。最も強力で議論のしっかりした反論としては Hamilton, *Earthmasters* を参照。われわれ自身の以前のコメントについては Wagner and Weitzman, "Playing God"を参照。

2　United Nations, *Our Common Future*、通称『ブルントランド報告』(邦訳環境と開発に関する世界委員会『地球の未来を守るために』)。

3　地球の平均温度は、1861–1880年の平均計測温度から、1980–1989年の平均計測温度とを比べると0.45℃上がった (IPCC第1次評価報告書第7章「Observed Climate Variations and Change」)。

4　McCormick, Thomason, and Trepte, "Atmospheric Effects."

5　推定値は二酸化硫黄1700万トン (Self et al., "Atmospheric Impact") から2000万トン以上まで (Bluth et al., "Global Tracking")。ここで計測されているのは二酸化硫黄であることに注意。硫黄だけの重さは、この推計値を2で割る。

6　この数字を計算するにあたり、ppm水準は Keeling et al., *Exchanges of Atmospheric CO_2* からの数字を使い、変換率はCarbon Dioxide Information Analysis Center ("Conversion Tables") による ppmあたり炭素21.3億トンを使用。工業化以前の大気中の二酸化炭素水準は280ppm、つまり2.19兆トンというのが通説だった。1990年の二酸化炭素濃度実測値は355ppmで、2.77兆トンに相当。これは工業化以前の水準

より5850億トン多い。現在では、平均二酸化炭素濃度は400ppm、つまり二酸化炭素3.1兆トン程度だ。引き算をすると、工業化以前の水準から9400億トン増えていることになる。

7　第1章33ページ「2ppm」を参照。

8　リトルボーイは、当時の通常爆弾の2万倍強力だった（1945年8月6日ホワイトハウスプレスリリース）。リトルボーイと通常爆発物1トンとの威力／重量比を比べると、4500倍ほどになる。リトルボーイの原爆の核燃料コアのうち分裂したのはたった1.38パーセントだったが、8万人以上を殺した（Schlosser, *Command and Control*）。使用された最も強力な原爆はアイヴィーキングで、威力／重量比はおよそ128,000—TNTだと50万トン相当だが、爆弾としての重量はたった3.9トンだった（"Operation Ivy"）。

9　Eric Schlosser, *Command and Control* は原爆の発達と世界がそれをコントロールしようとした——そしてときに、ほとんど失敗しかけた——歴史についてのすばらしいジャーナリズム的記述を提供している。

10　Keith, *A Case for Climate Engineering*, p.67は、二酸化炭素の総量と、硫黄100万トンを成層圏に毎年注入する効果とを比較している。結果として得られたレバレッジ比は100万対1に近い。

11　ピナツボ火山は、最も詳細に研究された火山噴火で、総太陽輻射への影響を推計した論文だけでも何十もある。ほとんどは、平米あたりワット数で結果を表示している。直接太陽輻射は火山噴火の直接的な結果として最大25-30パーセント下がった。最初の10カ月の平均で見ると「月次平均晴天時総太陽輻射は、ハワイのナウナロアで、最大5パーセント下がった。そして平均だと（中略）2.7パーセント下がった」(Dutton and Christy, "Solar Radiative Forcing")。後のモデルも類似の結果を出している(Stenchikov et al., "Radiative Forcing")。NASA地球観測所も、これらの数字を裏づけている:「全体としての太陽輻射低下は5パーセント以下だったが、データを見ると直接輻射は最大で30パーセント下がった」。

12　Caldeira and Wickett, "Oceanography." また第2章65ページ「海洋酸性化」の節を参照。

13　ちなみに、海洋（あるいはその他の生態系）の酸性度を高めるというのは、そうした問題のひとつではないようだ。二酸化炭素は海洋の酸性度を上げる。硫黄も、大気から洗い流された後には、硫酸となって海洋を酸性化する。でも二酸化炭素による海洋酸性化は、ピナツボ火山式のジオエンジニアリングで生じる硫黄放出のどんな影響に比べても、少なくとも酸性雨経由の被害を見れば100倍も強い。Kravitz et al., "Sulfuric Acid Deposition" は、「ジオエンジニアリングから生じる追加の硫黄放出は、あらゆる放出硫黄が硫酸という形になるという想定をしても、ほとんどの生態系にマイナスの影響を与えるには不十分だ」。

14　McCormick, Thomason, and Trepte, "Atmospheric Effects" は、ピナツボ火山噴火

は赤道上空の柱状オゾンを6-8パーセント減少させたかもしれないと推定する。Self et al., "Atmospheric Impact" は、噴火後のオゾン減少が記録以前と比べてずっと多かったと示している。Heckendorn et al., "Impact of Geoengineering Aerosols" はピナツボ火山噴火に伴うオゾン減少を事例として、硫黄ベースの微粒子を使ったジオエンジニアリングは「オゾン層の大幅な減少」につながると結論している。

ピナツボ火山の直接的な影響を、将来のジオエンジニアリングの全体的な影響と一緒にすべきではない。地球温暖化自体がオゾン破壊を加速するかもしれず、この影響はジオエンジニアリングにより逆転、もしくは阻止されるかもしれないからだ。たとえばKirk-Davidoff et al., "Effect of Climate Change" とKeith, "Photophoretic Levitation" を参照。

15 Trenberth and Dai, "Effects of Mount Pinatubo." また Jones, Sparks, and Valdes, "Supervolcanic Ash Blankets" も参照。

16 Alan Robockは、ジオエンジニアリングの効果よりも問題のほうが大きいかもしれない理由として、だれが温度計をコントロールするのかという問題を、他の19の問題とともに挙げている。Robock, "20 Reasons." 簡単に答えのでない別の問題としては、「地球をハッキング」する道徳上の問題だ。Stephen Gardinerは "Arming the Future"で、ジオエンジニアリングに反対する道徳的な議論を概説し、特にカタストロフ的な気候変動に比べればジオエンジニアリング研究が「悪としては小さい」という発想を批判している。

17 第1章33ページ「年額5000億ドル」を参照。

18 飛行機には他にもいろいろ直接間接の影響がある。包括的なサーベイとしては Dorbian, Wolfe, and Waitz, "Climate and Air Quality Benefits" および Barrett, Britter, and Waitz, "Global Mortality"を参照。

19 第1章35ページ「ずっと多いかもしれない」を参照。

20 ニューヨークからヨーロッパへの往復フライトは、乗客一人あたり2-3トンのカーボンフットプリントを持つ。Rosenthal, "Biggest Carbon Sin."

21 2012年の数字は、国際民間航空機関(ICAO)"The World of Civil Aviation: Facts and Figures" より。

22 故ロナルド・コースは、個人間の調整(「コース式交渉」)が——一定の強い条件下では——社会的に最適な解決策に到達できると論じていたので、これに同意しただろう。Glaeser, Johnson, and Shleifer, "Coase vs. the Coasians"を参照。ひとつ大きな障害は、こんなに多くのアクター同士の交渉に伴う巨額の取引費用が存在することだ。コースはその取引費用という発想そのものを、企業の役割の説明において経済学に持ち込んだと広く認識されている(Coase, "The Nature of the Firm")。後に「コース式交渉」と呼ばれるものを導入した有力な論文は、明確に定義された財産権と低い取引費用がその成功の前提であることを明らかにした(Coase, "The Problem of Social Cost")。

23 Royal Society, "Geoengineering the Climate" は、微粒子を成層圏に注入することで地球を冷やす費用が2億ドル/年/W/m^2だと推計している。これはそもそも二酸化炭素を削減するための2000億ドル/年/W/m^2と対比されるものだ。Schelling, "Economic Diplomacy of Geoengineering" は、この論点を指摘した最初の経済学者の一人となる。Barrett, "Incredible Economics of Geoengineering" は最も有名なものかもしれない。Keith, "Geoengineering the Climate"および Royal Society, "Geoengineering the Climate"は最も権威あるものだ。その後、Goes, Tuana, and Keller, "Economics (or Lack Thereof)," および Klepper and Rickels, "Real Economics of Climate Engineering" は、その後重要な注意点を追加している。McClellan, Keith, and Apt, "Cost Analysis"は最近になって、さらなる観点を追加している。最後に Bickel and Agrawal, "Reexamining the Economics" は Goes et al. の研究を拡張し、いくつかの前提を変えて、ジオエンジニアリングがもっと多くのシナリオの下で費用便益評価に合格することを発見している。

24 Berg, "Asilomar and Recombinant DNA." 最初のアシロマ宣言については Berg et al., "Summary Statement"を参照。

25 Giles, "Hacking the Planet."

26 環境防衛基金はこのイベントの共同主催者のひとつだった。

27 Schneider, *Science as a Contact Sport.*

28 "Asilomar Conference Recommendations," prepared by the Asilomar Scientific Organizing Committee.

29 ある種のタブーを破った2006年のCrutzen, "Albedo Enhancement" 刊行以来、ジオエンジニアリングはかなりの注目を集めた。*Journal Climatic Change*における「ジオエンジニアリング」についての77論文に関する非公式サーベイによれば、1977年から2005年の18年間には19本が掲載されている。2006年から2013年だと、58本になる。2013年だけでも、ジオエンジニアリングについて23本もの論文が掲載されたし、それもこの一冊の雑誌だけでだ。

30 多くの経済学者はこれを「モラルハザード」と呼ぶが、これをジオエンジニアリングの文脈で使ったのはDavid Keithが最初かもしれない(Keith, "Geoengineering the Climate")。このラベルはそのまま定着したが、Scott Barrett は厳密にはこれが正しくないことを説得力ある形で論じている。モラルハザードとは、2者間のインセンティブ問題を指す。シートベルトをしているから自動車のスピードを上げるというのは単なる自制心欠如だ。同様に、Keith, *A Case for Climate Engineering*, p.139は、その後の論争の一部を「モラルハザードではなくモラル上の混乱」と表現している。

31 Tony Leiserowitz はこの結果を2010年3月のアシロマ会議で発表した。その後かれはこの質問はしていない。

32 Menon et al., "Radiative Forcing"を 参 照。Royal Society, "Geoengineering the Climate" は屋根を白く塗るのを「検討されている中で最も効果が薄く、最も高価な手

法」と述べている。報告によれば、屋根を白く塗るのは、輻射強制のW/m^{2}で見た低下あたりで見た場合、ピナツボ火山式ジオエンジニアリングの1万倍も高価だ。

33 Curry, Schramm, and Ebert, “Sea Ice-Albedo.”

34 Oleson, Bonan, Feddema. “Effects of White Roofs”は、都市で屋根を白く塗ると都市ヒートアイランド効果を3分の1減らし、毎日の最高気温を0.6℃引き下げるとしている。

35 Jacobson and Ten Hoeve, “Urban Surfaces and White Roofs.”

36 Menon et al., “Radiative Forcing” は、都市部のすべての屋根や舗装路を白く塗ることでオフセットされる二酸化炭素が570億トン程度と推計している。ピナツボ火山の噴火は二酸化炭素5850億トンを相殺した。

37 “Cool Roof Fact Sheet.”

38 最近のいくつかの研究がこの効果を見ている。たとえばLatham et al., “Marine Cloud Brightening,” Jones, Haywood, and Boucher, “Geoengineering Marine Stratocumulus Clouds,” Latham et al., “Global Temperature Stabilization,” Salter, Sortino, and Latham, “Sea-Going Hardware”を参照。

39 Keith, *A Case for Climate Engineering, p* p.57-60 はインド洋のモンスーンに関する議論こそが、硫黄を成層圏に注入するという文脈においては最も意見が分かれるものだとしている。たとえばRobock, Oman, and Stenchikov, “Regional Climate Responses” と、Pongratz et al., “Crop Yields”を比較しよう。前者はジオエンジニアリングが「何十億人もの食料供給への降雨を減らす」可能性があると指摘する。後者はジオエンジニアリングが、インドの作物収量を増やす可能性があると指摘する。

40 ジオエンジニアリング手法の包括的な概観としては Royal Society, “Geoengineering the Climate” を参照。どの手法も独自の注意書きと例外がある。一部の手法の有効性には深刻な疑問が提示されている。たとえば最近のバイオチャーについての研究は、それがこれまで思われていたほどうまくいかないかもしれないと示している。 Jaffé et al., “Global Charcoal Mobilization”は、炭素はすべて捕捉されるわけではなく、むしろ相当部分が河川や海洋に溶けて放出されると結論している。複数の他の研究は、バイオチャーの「平均滞留時間」について各種の推計値を示しており、下は8.3年（Nguyen et al., “Long-term Black Carbon”）から上は3624年（Major et al., “Fate of Soil-Applied Black Carbon）までさまざまだ。Gurwick et al., “Systematic Review of Biochar Research” はバイオチャーについてのピアレビュー論文300本以上を検討し、現在手に入る限られたあまりに多様なデータに基づいて大した結論を出すのは不可能だと結論づけている。

41 多くの科学者は、海洋肥沃化は炭素除去の方法としては非効率だし、大規模での実施は効果がなく海洋生態系を乱すと考えている。Strong et al., “Ocean Fertilization.”

42 第1章20ページ「0.8℃温暖化」を参照。

43 『IPCC第5次評価報告第一作業部会の政策立案者向け概要』は、RCP8.5シナリオに基

づく2100年までの温度変化の範囲をおよそ3–5℃としている。アメリカEPAの推計では、2100年までの温度変化は最大11.5°F（6.4℃）としている（"Future Climate Change"）。

44 第1章21ページ「マーク・ライナス」「HELIX」を参照。

45 専門用語は「終結効果」だ。Jones et al., "Impact of Abrupt Suspension" は11種類の気候モデルを使いこの影響を検討している。長期的なジオエンジニアリングの突然の終結は、平均地球温度と降雨の急増を引き起こし、海氷被覆の激減をもたらすという結果についてどのモデルもきわめて高い合意を見せていることがわかった。Matthews and Caldeira, "Transient Climate–Carbon Simulations" は、ジオエンジニアリングの突然の終結後の温暖化速度は今日の20倍にもなりかねないと推計している。

46 最も赤裸々な記述としてはGwynne Dyer, *Climate Wars*を参照。アメリカ国防省 "Quadrennial Defense Review Report" は「気候変動とエネルギーは将来の安全保障環境の形成にあたり重要な役割を果たす2つの重要な問題だ」と宣言した。Hsiang, Meng, and Cane, "Civil Conflicts" は、歴史記録でまさにこれを示しており、エル・ニーニョ／南方振動が1950年以来の内戦の5分の1に貢献しているかもしれないと実証している。Hsiang, Burke, and Miguel, "Influence of Climate"は気候と人類紛争60件をレビューし、この両者の間にかなりの因果関係を見出している。

47 この現象についてのすぐれたサーベイとしてはRicke, Morgan, and Allen, "Regional Climate Response"を参照。Self et al., "Atmospheric Impact"は、ミシシッピー川の洪水はピナツボ火山噴火に原因があるかもしれないと述べている。またChristensen and Christensen, "Climate Modelling"も参照。ジオエンジニアリングではなく気候科学に関するもっと一般的な原因究明科学については第1章4ページ「原因究明科学」を参照。

48 第1章7ページ「原因究明科学」を参照。

49 Samuelson and Zeckhauser, "Status Quo Bias" および Kahneman, Knetsch, and Thaler, "Anomalies"を参照。密接に関連したコンセプトである「二重効果のドクトリン」についてはThomson, "The Trolley Problem"を参照。また125ページ「不作為の過誤が作為の過誤と同じくらいよくないものになる」を参照。

50 McCormick, Thomason, and Trepte, "Atmospheric Effects."

51 実験室以外でのジオエンジニアリング研究に対する倫理的な反対論としては Robock, "Is Geoengineering Research Ethical?" を参照。実はもっと広い問題群があり、ときに「コリングリッジのジレンマ」と呼ばれる。技術の影響についてはそれを手に入れるまではわからない。そしていったんその技術を手に入れたら、基本的な力によりそれを使うよう促される、というものだ（Collingridge, *The Social Control of Technology*）。

52 第2章55ページ「気候科学」の節を参照。

53 第3章78ページ「ウォリー・ブレッカー」を参照。

54 アシロマ2.0は一例にすぎない。もうひとつは太陽輻射管理ガバナンスイニシアチブで、

イギリス王立学会、発展途上世界のための科学アカデミー、環境防衛基金が主催したものだ。一部の評価だと、アシロマ自体がジオエンジニアリングに「オックスフォード原理」を拡張しただけとなる。こうした原理はイギリス下院科学技術選抜委員会報告“The Regulation of Geoengineering”に2009年に提出されたもので、その後同委員会とイギリス政府の双方が承認している。この原理の著者たちはまた、その機能を説明し、その実装の手法を提案する論文を書いている（Rayner et al., “The Oxford Principles”を参照）。

55 Parson and Keith, “End the Deadlock.” これは David Keith がガバナンス問題を扱った初めての例にはほど遠い。http://www.keith.seas.harvard.edu/geo-engineering/を参照。

第6章 007

1 Wood, “Re-engineering the Earth.” 実はこれは、少なくともきわめて小さな規模ながらすでに起こったとさえ言える。2012年にジオエンジニアリングの反対者や科学者たちは、アメリカの実業家ラス・ジョージが海洋肥沃化の抜け駆け「実験」を実施したと知って激怒した。硫酸鉄100トン（これまでのあらゆる肥沃化実験の5倍）を太平洋にぶちこんで、大規模なプランクトン成長を引き起こそうとしたのだ。それが大気から炭素を吸い取り、地元サーモン漁業再興を支援できると考えたためだった。ジョージの「実験」は非科学的で非合法で無責任だと攻撃され、当のジョージ自身も「初のジオ自警団」と呼ばれた（Specter, “The First Geo-Vigilante”; Fountain, “Rogue Climate Experiment”）。実は、ハイダネーションのオールド・マセット村は、地元サーモン漁業を破滅の縁から引き戻そうと考えて、このプロジェクトのために Haida Salmon Restoration Corporation に融資を行い、ジョージは後から主任科学者として連れてこられたのだった。この実験がサーモン個体数回復に役立つかはまだわからない（Tollefson, “Ocean-Fertilization”）。

2 ジオエンジニアリングされた地球に関する将来シナリオの別の考察としては Weitzman, “The Geoengineered Planet”を参照。ジオエンジニアリングの科学、政治、倫理に関する最も包括的な議論――強い視点を持ったもの――としては（再び）Keith, *A Case for Climate Engineering*を参照。

3 東アジアの大河の中で、ヒマラヤ氷河の融解で最も影響を受けそうなのは、ブラマプトラ川とインダス川で、これらは「推定6000万人の食料安全保障を脅かす」。Immerzeel, van Beek, and Bierkens, “Asian Water Towers.”

4 ジオエンジニアリングによる潜在的な健康への影響は、十分な研究がまだ進んでいない分野だ。ハーバード大学David KeithとMITの Sebastian Easthamによる研究の初期の結果によれば、成層圏に微粒子を注入すると年に最大数万人の死者が生じる。硫黄の直接的な健康への影響とはまったく別の問題として、海洋や他の生態系への硫黄排出の可能性がある。この点については第5章95ページ「もっと多くの問題を作り出したの

だ」を参照。

5　世界保健機構（WHO）は“Ambient (Outdoor) Air Quality and Health”で、人間活動（交通や発電など）による屋外大気汚染は年370万人の死者を出していると推計している。屋内大気汚染は、330万人を殺しており、合計で700万人だ（“7 Million Premature Deaths Annually Linked to Air Pollution”）。

6　Weaver, *Politics of Blame Avoidance*.

7　この思考実験は道徳哲学にしっかりした基盤を持っており、特筆すべきよい解決策はない。程度問題になってしまう。Parfit, “Five Mistakes in Moral Mathematics”（邦訳パーフィット「道徳数学における5つの誤り」）を参照。同じ問題が、通称トローリー問題でも提起されている。Michael Sandel, *Justice*（邦訳サンデル『これからの「正義」の話をしよう』)、David Edmonds, *Would You Kill the Fat Man?*；Thomson, “The Trolley Problem” を参照。

『理由と人格』でパーフィットはまた、別のしばしば持ち出される、気候変動（およびジオエンジニアリング）の影響についてそもそも心配すべきかという問題に対する哲学的な反対論を指摘する。それが「非同一性問題」だ。気候変動は人間の居住、移住、ひいては交配パターンなどの、いまある歴史の方向性を変えてしまう。結果として、将来世代は気候変動の影響なしには生まれなかった人々ばかりとなる。そうした人々が、気候変動（またはジオエンジニアリング）なくしてはそもそも生まれなかった以上、将来世代が気候変動で被害を受けるなどと言えるだろうか？

パーフィット自身、きわめて正当にも、この「非同一性問題」というのは即座に迂回できるものだと指摘している。やり方はいくつかある。ここでの議論に最も適しているのは、その行為（気候変動やジオエンジニアリング）自体が、そもそも生まれないという非同一性的な意味でその人を悪い目にあわせなくても、その将来の人物にとって潜在的に悪いということがある。いずれにしても、作為の過誤と無作為の過誤とのちがいは成り立つ。そしてある意味で、さまざまな度合いの作為の過誤と無作為の過誤の問題は、「非同一性問題」による根本的な（非）反論よりも解決が難しいのだ。

8　専門的な導出についてはWeitzman, “Voting Architecture”を参照。この論文は第一種過誤と第二種過誤における理想的な投票ルールを導出する。第一種過誤の専門的な定義は、ある仮説のまちがった棄却となる。気候変動があまりにひどいのでジオエンジニアリング的な介入を必要とするとしよう。それに応じて進めると、ジオエンジニアリングは実はよい面より悪い面のほうが大きいことがわかったとする。これは作為の過誤だ。第二種の過誤は、この思考実験での無作為の過誤に相当する。気候変動がジオエンジニアリング的な介入を正当化しなかったが、後になってやっぱりそれが必要だったことがわかってももう手遅れ、という場合だ。

この投票アーキテクチャについての批判的な議論やジオエンジニアリングのガバナンスに関するさらなる2つの分析としてはBarrett, “Solar Geoengineering's Brave New World” を参照。

第7章：あなたにできること

1　Gelman, Silver and Edlin, "What Is the Probability."

2　Brennan, *Ethics of Voting*, p.19は、この仮想的な例での厳密な数を$4.77×10の－2650乗としている。つまりほぼゼロだ。

3　Brennan, *Ethics of Voting*.

4　Wagner, *But Will the Planet Notice?* 主要な主張の一バージョンは、*New York Times*の論説として登場した。Wagner, "Going Green but Getting Nowhere."

5　強調は必要ない。David MacKay が以下でわれわれのかわりにこれらの用語をイタリックにしてくれた：MacKay, *Sustainable Energy—without the Hot Air*.

6　Bem, "Self-Perception Theory." また相補性の理論を個人から集合行動に至るまで総合的にサーベイし、そうしたスピルオーバーの限界を指摘する論文としては Thøgersen and Crompton, "Simple and Painless?" を参照。

7　たとえば "Bike City," "Copenhagen: Bike City for More Than a Century," "Bicycling History," *Cycling Embassy of Denmark*を参照。

8　第1章30ページ「ニクソンはその後……署名している」と、その前後の文を参照。

9　この別バージョンは「単一行動バイアス」とも呼ばれる。コロンビア大学の環境意思決定研究センターのCREDガイドは、気候変動（コミュニケーション）の心理一般に関する優れた資料であり、また単一行動バイアスについてもよい手引きとなる。

10　一部の研究は、個人行動と集合行動とのつながりを検討しはじめていて、自己強化的なつながりを示してはいるが、まだ顕示選好の文脈だけだ（Willis and Schor, "Changing a Light Bulb"）。この種の研究で経済学者は本質的に落ち着かなくなる。人々にどう行動するかを尋ねるのと、実際に観察するのとではまったくちがうからだ。

11　Titmuss, *The Gift Relationship*は、この集合行動から個人行動までの「クラウディングアウト」現象を仮説として考えた最初の文献のひとつだ。Frey and Oberholzer-Gee, "Cost of Price Incentives"は、理論的な根拠を確立することでこの研究への関心を再興させた。またその部分的な実証的正しさを示した人もいる。特に名高いのが献血の話かもしれない（Mellström and Johannesson, "Crowding Out in Blood Donation"）。

12　この一例だと、全体的に見て排出削減という面での効果はそれでもまだある。電力使用の増加分が、そもそもプログラムに参加したことからくる公害減少を完全に相殺するほどではないからだ。Jacobsen, Kotchen, and Vandenbergh, "Behavioral Response" を参照。

13　ヴァージン航空会長のサー・リチャード・ブランソン、「グローバルインパクト経済」についてのアメリカ国務省会議での発言、2012年 4月26日（"Interview of Virgin Group Ltd Chairman Sir Richard Branson by The Economist New York Bureau Chief Matthew Bishop"）。

14　第1章4ページ「イレーネは49人を殺し」と「サンディでは147人が死亡し」を参照。

15　第5章150ページ「世界中で……補助金を受けて」を参照。

16　Leurig and Dlugolecki, *Insurer Climate Risk*は警告を発している。特に小規模保険会社は、自分たち自身の気候リスクを乗り越える準備を強化する必要があるとのこと。

17　WNYCとProPublicaは連邦データを分析して、1万を超える世帯と事業所有者たちが、洪水危険地域に家屋を再建するために中小企業庁災害融資を受けることになると発見した（Lewis and Shaw, “After Sandy”）。ニューヨークは510億ドルの連邦支援パッケージの中から、買い上げプログラムに1.71億ドルの予算を確保した。だが多くの住宅所有者は、新しい地域に引っ越すよりも、洪水危険地域に家を再建している（Kaplan, “Homeowners”）。

18　第1章7ページ「3年から20年」を参照。

19　The New York Department of FinanceのFiscal Year 2014 Tentative Assessment Rollの推計では、物件価値総額を8737億ドルと推計している。

20　第1章20ページ「700ppm」を参照。

21　第3章85ページ表3.1を参照。

22　第1章16ページ「400ppm」と33ページ「2ppm」を参照。

23　第1章22ページからの「風呂桶問題」と第2章46ページ「風呂桶」の節を参照。

24　McKibben, “Global Warming's Terrifying New Math.” 追加の分析としては Generation Foundation, “Stranded Carbon Assets” を参照。よいまとめとしては “A Green Light” を参照。

25　Margolis, Elfenbein, and Walsh, “Does It Pay to Be Good”は、わずかながらプラスの効果を発見している。Eccles, Ioannou, and Serafeim, “Corporate Culture of Sustainability”は「高い」持続可能性企業と「低い」持続可能性企業を比較して、かなりのプラス効果を発見している。逆に化石燃料企業は全体的な市場平均に比べると、最近では収益性が低いようだ（Litterman, “The Other Reason for Divestment”）。不確実性の下での投資はそれ自体として重要な問題だ。オプション価格理論を排出削減とそれへの対応や気候変動からの収益に適用するというのは、さらなる研究を行うための重要な方向であるのは明らかだ。

26　オーストラリア最高裁は、*British American Tobacco Australasia Limited and Ors v. The Commonwealth of Australia* 裁判で、たばこ簡易包装法（2011）維持の判決を下した。“Tobacco Shares Fall on Australian Packaging Rule” を参照。

エピローグ：ちがう形の楽観論

1　whatweknow.aaas.orgを参照。直接の引用元は、アメリカ科学振興協会（AAAS）Climate Science Panel の背景文章 “What We Know”である。またMelillo, Richmond, and Yohe, “Climate Change Impacts in the United States”およびRisky Business Project, *Risky Business*も参照。後者は気候変動への対応がおおむねリスク管理問題であることを論じている。

2　第1章35ページ「ずっと多いかもしれない」を参照。

3　第1章33ページ「年額5000億ドル」を参照。

4　第1章8ページ「30センチから1メートル」を参照。

5　第1章15ページ「地球の平均気温」を参照。

6　第3章85ページ表3.1を参照。

7　第1章22ページ「風呂桶問題」と第2章46ページ「風呂桶」の節を参照。

8　第1章14ページ「何十年にもわたる温暖化」「何世紀にもわたる海面上昇」を参照。

9　おそらく最も包括的で現代的な議論としてはPiketty, *Capital*（邦訳ピケティ『21世紀の資本』）を参照。

10　引用元としてKlein, "Capitalism vs. the Climate"を、それに対する応答としてWagner, "Naomi Klein"を参照。Klein, *This Changes Everything*は彼女のそれまでの議論を強調している。この本の副題は「資本主義vs.気候」だ。

著者・訳者紹介

ゲルノット・ワグナー（Gernot Wagner）

ハーバード大学工学・応用科学リサーチ・アソシエイト、同大学環境科学・公共政策レクチャラー。ハーバード大学環境センターフェロー。1980年生まれ。2008年から2016年まで、米国の著名な非営利団体で、市場ベースの問題解決策を重視する環境防衛基金（EDF）のエコノミストを務める（2014年からは筆頭上級エコノミスト）。スタンフォード大学で経済学の修士号を、ハーバード大学でPEG（Political Economy and Government）の修士号と博士号を取得。

マーティン・ワイツマン（Martin L. Weitzman）

ハーバード大学経済学教授。1942年生まれ。マサチューセッツ工科大学（MIT）、イェール大学を経て現職。環境分野ではノーベル経済学賞に最も近い候補の一人であり、強い影響力を持つ経済学者。米国芸術科学アカデミーフェロー、エコノメトリック・ソサエティフェロー（終身特別会員）。スタンフォード大学で統計学・オペレーションズリサーチの修士号を、MITで経済学の博士号を取得。

山形浩生（やまがた　ひろお）

翻訳家。1964年東京生まれ。東京大学工学系研究科都市工学科修士課程、マサチューセッツ工科大学不動産センター修士課程修了。大手調査会社に勤務する一方で、科学、文化、経済、コンピュータなどの幅広い分野で翻訳・執筆活動を行っている。著書・翻訳書多数。訳書に『21世紀の不平等』（2015年）、『それでも金融はすばらしい』（2013年）、『アイデンティティ経済学』（2011年）、『アニマルスピリット』（2009年、以上、東洋経済新報社）のほか、最近の訳書に『21世紀の資本』（みすず書房、2014年）『自己が心にやってくる』（早川書房、2013年）、『自由と尊厳を超えて』（春風社、2013年）など。

気候変動クライシス

2016年9月8日発行

著　者——ゲルノット・ワグナー／マーティン・ワイツマン
訳　者——山形浩生
発行者——山縣裕一郎
発行所——東洋経済新報社
〒103-8345　東京都中央区日本橋本石町 1-2-1
電話＝東洋経済コールセンター　03(5605)7021
http://toyokeizai.net/

装丁……………橋爪朋世
ＤＴＰ…………アイランドコレクション
印刷・製本……図書印刷
編集担当………佐藤朋保

Printed in Japan　　ISBN 978-4-492-22374-1